职业教育电子信息类专业课改示范教材

高频电子技术与实践

主　编　朱　洁　刘　佳　林海峰
副主编　李佩娟　吴新杰　戴　慧　李　倩
参　编　徐宏庆　杨立生　王　朋　谢　炜
　　　　王高山　刘俊起

东南大学出版社
·南　京·

内容简介

“高频电子技术”是电子信息、通信类等专业的一门重要的专业基础课程，其以无线电通信系统为主要研究对象，研究典型单元电路的工作原理。本书对传统的高频电子技术教材的内容进行了重新编排，全书分为无线通信系统的基本原理、无线发射电路、无线接收电路以及综合实践4章，将正弦波振荡器、振幅调制电路、角度调制电路、高频功率放大器、倍频器、高频小信号放大器、混频器、检波电路、鉴频电路以及反馈控制电路等电路以任务的形式融入到各个章节中，本着“实用、够用”的原则，适当淡化理论，强调应用，每个任务后面都设有技能训练，包含思考与练习、仿真实验、操作实验3部分内容，着重培养学生实际解决问题的能力。

本书可以作为高职高专院校电子信息工程技术、通信技术、无线电技术、应用电子技术等专业“高频电子技术(线路)”课程的配套教材，也可以供相关技术人员参考。

图书在版编目(CIP)数据

高频电子技术与实践／朱洁，刘佳，林海峰主编．
—南京：东南大学出版社，2014．10
职业教育电子信息类专业课改示范教材
ISBN 978-7-5641-5251-2

Ⅰ．①高… Ⅱ．①朱… ②刘… ③林… Ⅲ．①高频—电子电路—高等职业教育—教材 Ⅳ．①TN710.2

中国版本图书馆CIP数据核字(2014)第233694号

高频电子技术与实践

出版发行 东南大学出版社
社　　址 南京市玄武区四牌楼2号(210096)
网　　址 http://www.seupress.com
出 版 人 江建中
责任编辑 姜晓乐(joy_supe@126.com)
经　　销 全国各地新华书店
印　　刷 南京京新印刷厂

开　　本 787mm×1092mm　1/16
印　　张 13.75
字　　数 343千字
版　　次 2014年10月第1版
印　　次 2014年10月第1次印刷
书　　号 ISBN 978-7-5641-5251-2
定　　价 32.00元

前　言

本着高职高专教学中“实用、够用”的原则，本书在编写过程中，重新精选、编排了传统高频电子技术的教学内容，遵从无线电通信的过程，本书分为无线通信系统的基本原理、无线发射电路、无线接收电路以及综合实践4章，每章中以任务驱动的形式进行单元电路的教学来提高学生的学习兴趣，注重实践教学，每个任务原理介绍完之后，提供了任务训练，一是思考与练习，巩固理论知识点；二是仿真实验，列举了典型的仿真电路，使学生能够方便地进行知识点验证；三是操作实验，提供了紧贴理论知识的操作内容，帮助学生掌握知识，形成技能。第4章中还提供了4个典型的无线电通信系统实训实例，可供多数高职高专院校的整周实训或课程设计选用，学生可以根据本书提供的电路图自己制作实物，提高学生的实际制作能力。

本书内容编排独特，形式新颖，任务明确，方式多样，有利于提高高职高专学生对本课程的求知欲和学习的主动性。

本书由朱洁、刘佳和林海峰担任主编并负责统稿，李佩娟、吴新杰、戴慧、李倩担任副主编，徐宏庆、杨立生、王朋、谢炜、王高山、刘俊起参编。具体的分工如下：第1章由林海峰执笔，第2章由朱洁、刘佳、李佩娟共同执笔，第3章由朱洁、刘佳、吴新杰共同执笔，第4章的4.1，4.2由刘佳、谢炜、王高山执笔，4.3由杨立生、王朋、戴慧执笔，4.4由李倩、徐宏庆、刘俊起执笔。

在本书的编写过程中，编者参考了一些相关文献和资料，在此对其作者表示衷心的感谢！由于编者水平有限，本书难免有疏漏、错误和不足之处，恳请同行和读者批评指正！

编　者

2014年8月

目　　录

1 绪 论

1.1 任务:无线通信系统的基本原理

1.1.1.1 任务要求

(1) 掌握无线通信系统的基本组成。

(2) 了解无线电波波段的划分及传播。

1.1.1.2 任务原理

1) 无线通信系统的基本组成

高频电子技术源于无线电技术,无线电技术的出现给人类的生活和社会生产带来了极为深远的影响,它广泛应用于国民经济、军事和日常生活的各个领域。人们所熟悉的无线电广播、雷达、电视以及短波电台等都是无线电技术应用的结晶。本节描述无线电信号发射、接收的主要过程,进而使学生掌握无线通信系统的基本原理。无线通信系统的基本组成如图 1-1-1 所示,它由信息源、发送设备、信道、接收设备和信宿组成。

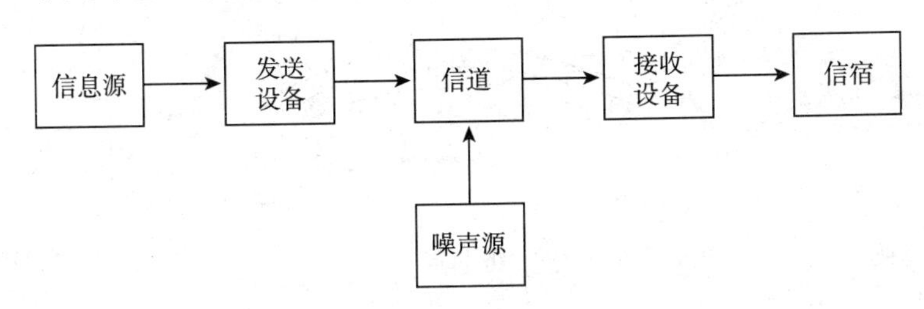

图 1-1-1 无线通信系统的基本组成

(1) 信息源就是信息的来源,它有不同的形式,如语言、音乐、文字、图像、电码等;

(2) 发送设备是将要传输的信号转换为对应的电信号(称为基带信号),再进行处理,并以足够的功率将处理过的电信号送入传输信道,以实现信号的有效传输;

(3) 信道是信号传输的通道,又称传输媒介,常分为无线信道和有线信道。无线信道利用电磁波在空间的传播来传播信号,有线信道利用电缆、光导纤维等媒质来传播信号;

(4) 接收设备把传输信道传过来的已调信号取出并进行处理,还原出基带信号;

(5) 信宿是传输信息的归宿,其作用是把基带信号转换为原来的信息。

2）无线电波波段的划分及传播

（1）无线电波波段的划分

无线电波在空间的传播速度与光波相同，约为 3×10^8 m/s。其波长 λ、频率 f 和传播速度 c 之间的关系为：

$$\lambda = \frac{c}{f}$$

表 1－1－1 列出了无线电波的划分频段范围，根据无线电波的传输特点应用于不同的领域中。

表 1－1－1　无线电波波段的划分

波段名称		波长范围	频率范围	频段名称
超长波		100~10 km	3~30 kHz	甚低频 VLF
长波		10~1 km	30~300 kHz	低频 LF
中波		1000~200 m	0.3~1.5 MHz	中频 MF
短波		200~10 m	1.5~30 MHz	高频 HF
超短波（米波）		10~1 m	30~300 MHz	甚高频 VHF
微波	分米波	10~1 dm	0.3~3 GHz	特高频 UHF
	厘米波	10~1 cm	3~30 GHz	超高频 SHF
	毫米波	10~1 mm	30~300 GHz	极高频 EHF
	亚毫米波	1~0.1 mm	300~3 000 GHz	超极高频

（2）无线电波的传播

无线电波的传播方式主要有 3 种：地波、天波、空间波，如图 1－1－2 所示。

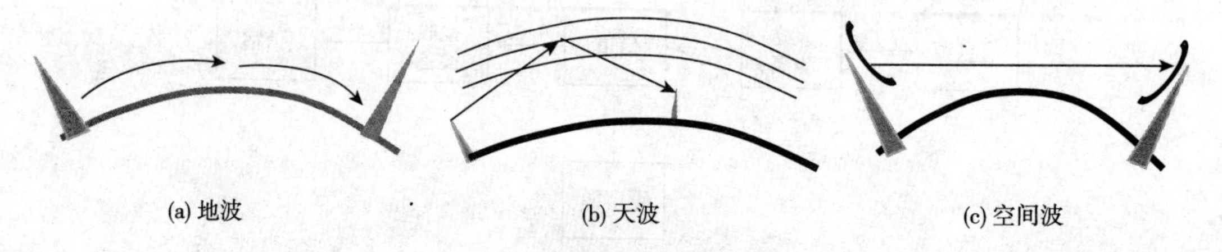

(a) 地波　(b) 天波　(c) 空间波

图 1－1－2　无线电波的传播方式

① 沿地面传播（地波传播）：频率在 1.5 MHz 以下的中、长波传播。地表导电特性稳定，故传播稳定，绕射能力强，传送距离远，多用于导航。

② 靠电离层的反射和折射传播（天波传播）：频率在 3~30 MHz 的短波传播。短波信号波长短，地面绕射能力弱，且地面吸收损耗大，主要依靠电离层的折射和反射实现远距离短波通信。

③ 沿空间直线传播（空间波或视线传播）：频率在 30 MHz 以上的超短波和微波沿空间直线传播。

不同频段的无线电波的传播方式和特点各不相同，所以它们的用途也不相同，其具体应用如

表 1－1－2 所示。

表 1－1－2 无线电波传播的应用

波段名称	传播方式	应　用
超长波	地　波	潜艇通信、远洋通信、远程导航、发送标准时间信号等
长　波	地　波	除超长波的应用范畴外，还用于地下通信
中　波	地波为主	广播、导航、船舶通信、飞行通信、船港通信等
短　波	天波为主	中远距离的广播与通信等
超短波（米波）	空间波	调频广播、电视、移动通信、雷达、导航等
微　波	空间波	电视、雷达、卫星通信、中继通信等

1.1.1.3 任务小结

（1）用电信号（或光信号）传输信息的系统称为通信系统，它由信息源，发送、接收设备，信道和信宿组成。根据信道不同，通信系统可分为有线通信系统和无线通信系统。无线通信系统成本低，方便快捷，所受限制较少，应用更广泛。

（2）无线电波波段常划分为超长波、长波、中波、短波、米波、分米波、厘米波等，其传播方式一般有地波、天波、空间波传播等。

1.1.1.4 任务训练：思考与练习

（1）画出无线通信系统的原理框图，并说出各部分的功用。

（2）无线通信信号的波段是如何划分的？各个频段的传播特性和应用情况如何？

（3）列举 2~3 个日常生活中无线通信设备的实例。

2　无线发射电路

2.1　项目1:无线调幅(AM)发射电路

2.1.1　任务1:电路组成及原理

2.1.1.1　任务要求

(1) 掌握无线调幅发射电路的组成。

(2) 了解无线调幅发射电路各部分的功能。

2.1.1.2　任务原理

无线电调幅广播发射机的构成框图如图2-1-1所示,主要由载波信号产生电路、调制信号产生电路、振幅调制电路及发射天线等组成。

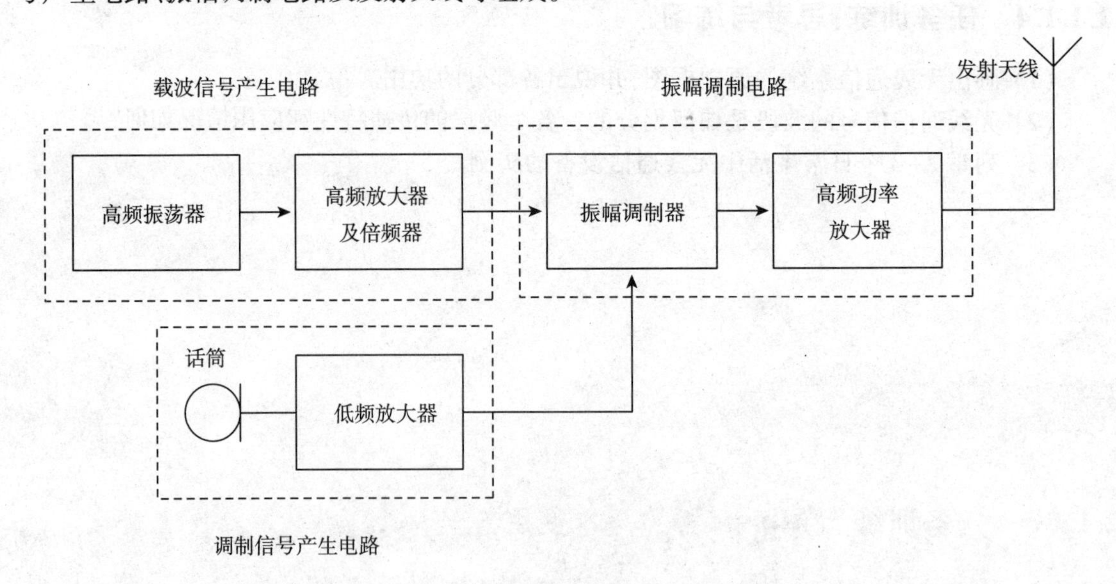

图2-1-1　调幅广播发射机的构成框图

各部分的功能如下:

(1) 载波信号产生电路

载波信号产生电路主要由高频振荡器(又称主振器)、高频放大器及倍频器组成,其基本功能是产生高频大功率的正弦波信号。

通常,主振器用来产生频率稳定的高频振荡信号 f_{osc},输出等幅高频正弦波,一般由石英晶体振荡器构成。其优点是能产生波形好、频率极其稳定的正弦波信号;缺点是振荡频率不高,通常会利用高频放大器及倍频器来提高高频振荡的频率,使频率倍增至所需的载波频率 f_c,以满足高载频的需要。一些特殊电子系统的载波也采用其他波形,如三角波、方波等。

(2) 调制信号产生电路

调制信号产生电路由话筒和低频放大器组成。声音经话筒转换成微弱的音频电信号,再经低频放大器,产生振幅调制电路要求的调制信号。

(3) 振幅调制电路

振幅调制电路的基本功能是实现低频调制信号对高频载波进行的振幅调制,并输出大功率的调幅波信号。

振幅调制器:实现调制功能,将待传输的调制信号信息“装载”到载波上,将其转变成适合通过天线发射的高频已调信号。

高频功率放大器简称高频功放,它可将已调信号放大到足够大的功率,再由天线以电磁波形式辐射出去,以满足发射功率需求,同时,它还需具有滤波作用,保证已调波有用信号的纯净,降低杂波干扰。

(4) 发射天线

将已调制高频波经过天线辐射出去,在空间形成电磁波,并传向远方,天线的好坏直接影响发射的距离和性能。

2.1.1.3 任务小结

为了改善系统性能、实现信号的有效传输及信道复用,通信系统中广泛采用调制技术。调制即用待传输的基带信号去改变高频载波信号的某一参数的过程。用基带信号去改变高频信号的幅度,称为调幅。基带信号也称为调制信号,未调制的高频信号称为载波信号,经调制后的高频信号称为已调信号。

2.1.1.4 任务训练 1:思考与练习

(1) 分析调幅发射机的基本工作原理。

(2) 观察日常生活中的各种电子设备,列举 2~3 个无线调幅发射设备。

2.1.1.5 任务训练 2:Multisim 的基本使用方法

1) 仿真目的

(1) 初步熟悉 Multisim 的基本功能。

(2) 学会使用波特图仪。

(3) 理解并联谐振电路的原理,学会使用波特仪测量其幅频特性曲线,理解相关参数。

2）Multisim 的基本使用方法

Multisim8.0 主要用来对电子电路进行仿真分析与设计，也可用来进行电路分析的相关实验。本节从一个 *LC* 并联谐振电路（图 2-1-2）分析的例子入手，帮助大家熟练掌握使用 Multisim8.0 对电路进行仿真分析。

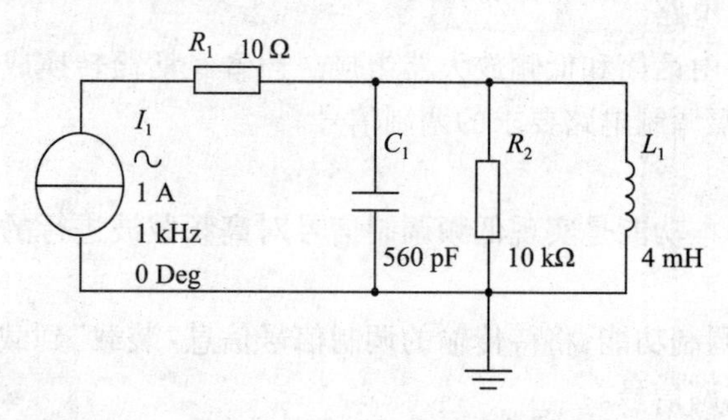

图 2-1-2　并联谐振电路

（1）新建、保存电路文件

从 Multisim8.0 的用户主界面（见图 2-1-3）可以看出，运行 Multisim8.0 时，会自动打开一个空白电路文件“Circuit 1”，若电路图窗口不是空白的，则可单击“File→New”，新建一个空白的电路文件（见图 2-1-4）。单击“File→Save”可以保存电路，单击“File→Save As”可以保存并重新命名电路，如图 2-1-5 所示。

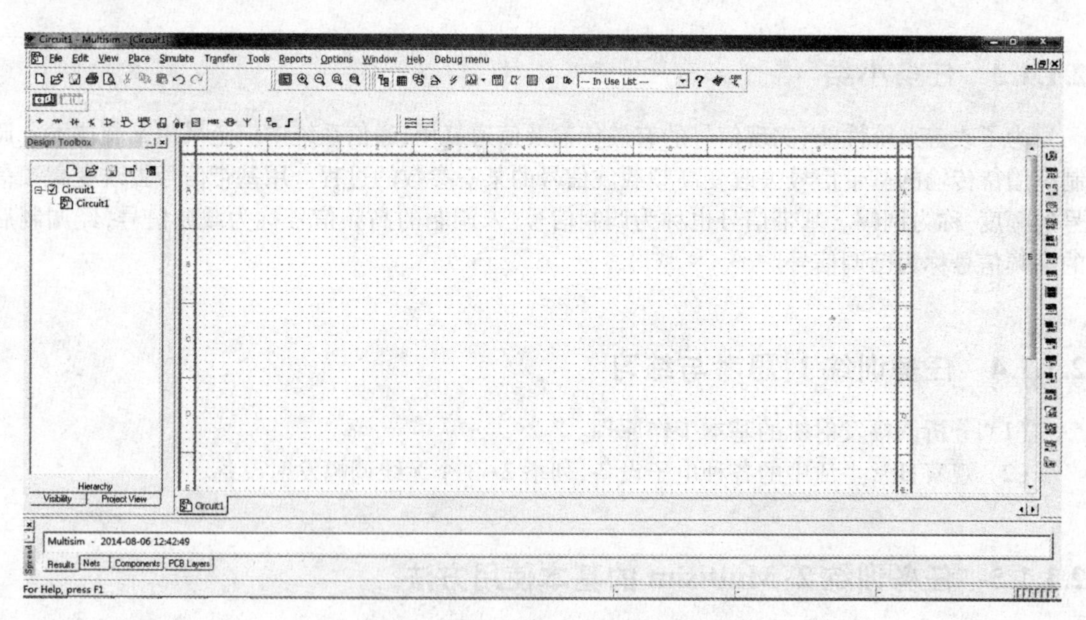

图 2-1-3　Multisim 主界面

（2）绘制仿真电路（DIN 标准、新建、保存）

Multisim 主界面由工作区、元器件库、虚拟仪表库以及主菜单栏、系统工具栏等组成。点击“启动/停止”按钮可控制仿真实验的操作进程。将要进行仿真分析的电路图画在如图 2-1-3

所示的电路窗口中，首先应挑选合适的电路元件放在电路图窗口中，进行相应的选择。

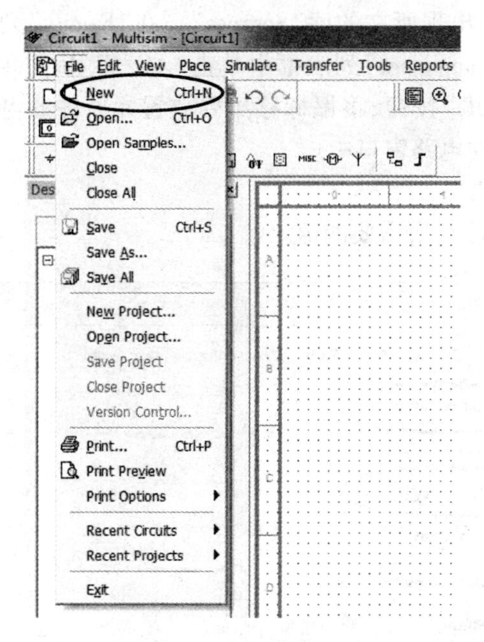

图 2-1-4　新建电路

图 2-1-5　保存电路并重新命名

① 放置交流电源

a. 放置电源

单击元器件工具栏中的电源按钮(当鼠标指向该按钮时，会出现提示“Sources”)，或单击主菜单中“Place”菜单下的“Component...”，弹出“Select a Component”窗口，如图 2-1-6 所

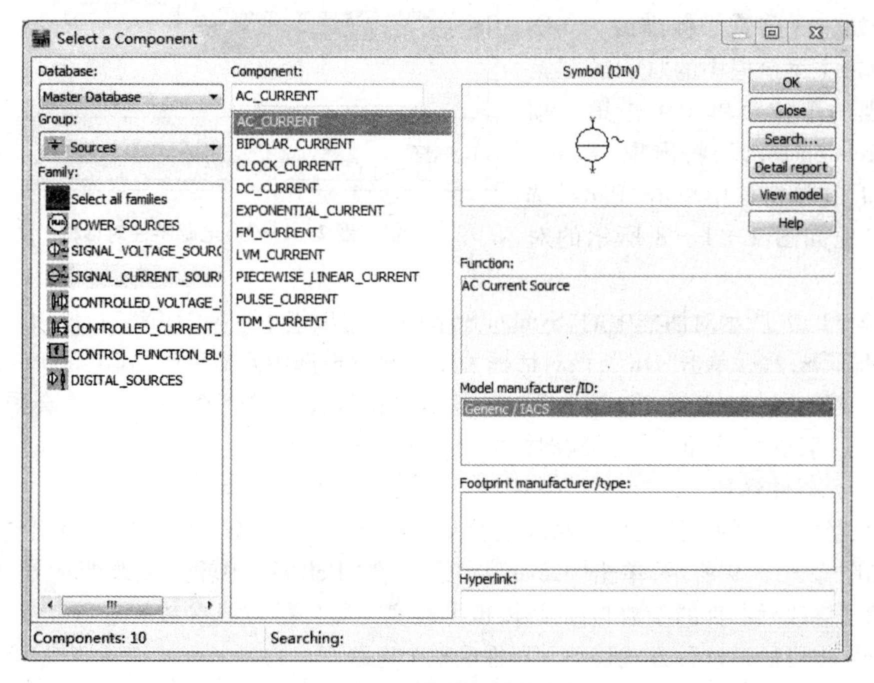

图 2-1-6　选取元器件窗口

示。在“Database”下拉列表框下面的“Group”下拉列表框是要选择的元器件所在的元器件库，单击元器件工具栏中的电源按钮时，该栏将自动出现所在的库“Sources”。在“Family”列表框中单击“SIGNAL_CURRENT_SOURCES”。在“Component”列表框中单击“AC_CURRENT”，所选电源即可出现在“Symbol”文本框中。单击“OK”按钮，将鼠标移到要放置元器件的电路窗口中的合适位置，单击鼠标左键，电源就会出现在电路窗口中。

b. 修改电源参数

电流源的默认值是 1 A，1 kHz，可以将其值改为所需要的值。

双击电路窗口中的电源，弹出电源特性对话框，如图 2－1－7 所示。

可在“Value”选项卡的“Current”与“Frequency”文本框中将电流值和频率改为所需要的参数值，单击“OK”即可。参数值的改变只对虚拟（Virtual）元器件有效，虚拟元器件不是真实的，无法从供应商那里买到。虚拟元器件包括所有的电源和虚拟的电阻、电感、电容等。

Multisim8.0 中虚拟元器件与真实元件稍有不同。首先，虚拟元器件与真实元器件颜色不同。其次，虚拟元器件的值（Value）是可以自定义的。

在 Multisim8.0 中提供了两套电路符号，即欧洲标准（DIN）和美式标准（ANSI）。如将电路符号标准改为 DIN 标准，则单击主菜单栏中的“Options”菜单，在出现的下拉菜单中单击第一项“Global Preferences…”，将出现“Preferences”窗口，在该窗口中单击“Parts”选项卡，将出现如图 2－1－8 所示的对话框。

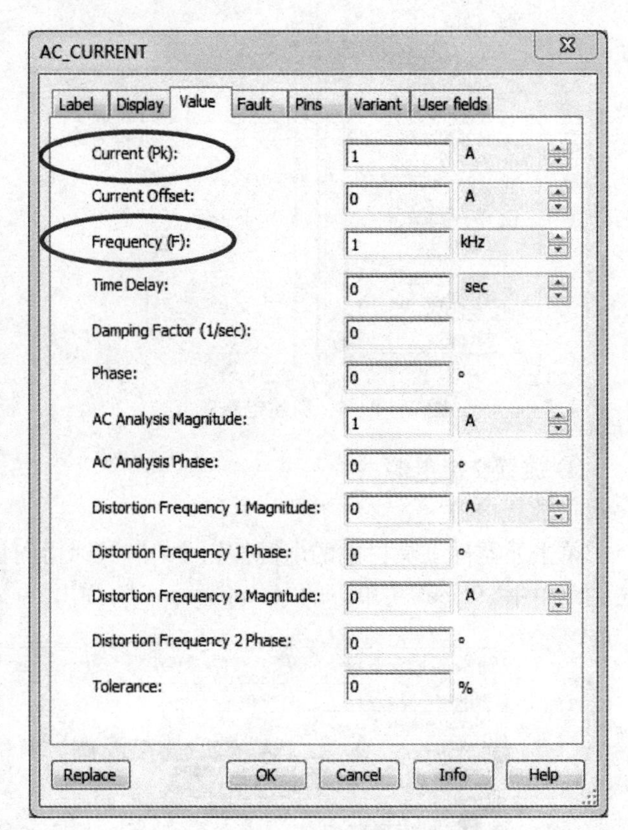

图 2－1－7　电源特性对话框

在图 2－1－8 所示对话框中的“Symbol Standard”选项组中选择“DIN”时，该项左边电阻符号将变为，然后单击“OK”，该对话框关闭。此后再选用元器件时，其电路符号均将采用欧洲标准。若选用“ANSI”标准，该选项左边的电阻符号会变成，此时将会采用另一套电路符号。一般情况下，我们采用欧洲标准（DIN）。

c. 修改元器件标号

修改元器件标号的方法类似于修改元器件参数，双击需要修改的元器件，将出现元器件特性窗口，如图 2－1－9 所示，单击“Label”选项卡，在“RefDes”中输入或改变标号，然后单击“OK”。除了修改元器件的参数与标号外，也可改变元器件标号或参数的显示位置，只需单击并拖动即可，也可通过这种方式移动元器件或整个电路图。

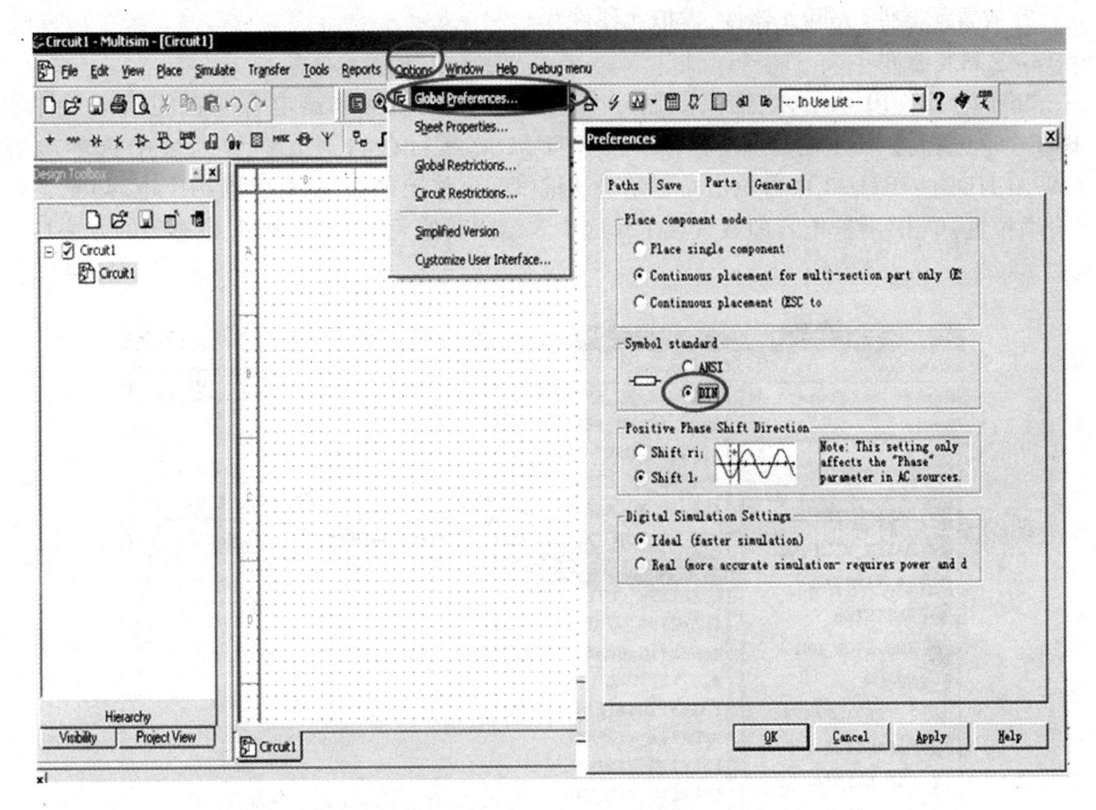

图 2-1-8　DIN 标准设置

AC_CURRENT
Label Display Value Fault Pins Variant User fields
RefDes:
I1
Label:
Attributes:
Name Value Show
Replace OK Cancel Info Help

图 2-1-9　元器件特性窗口

② 放置元器件(实际元器件、虚拟元器件)

a. 绘制元器件

如图 2-1-10 所示,当需要绘制一个电容时,先用鼠标单击电容所在的基本元件库(Basic)→选择虚拟元器件库(BASIC_VIRTUAL),然后在右边元器件列表中选中电容(CAPACITOR_VIRTUAL),再单击右上角确认键(OK),移动鼠标(鼠标上有一个电容)至工作区合适位置,单击左键,电容即放置在工作区中。绘制其他元器件,如电阻、电感等的方法与之类似。

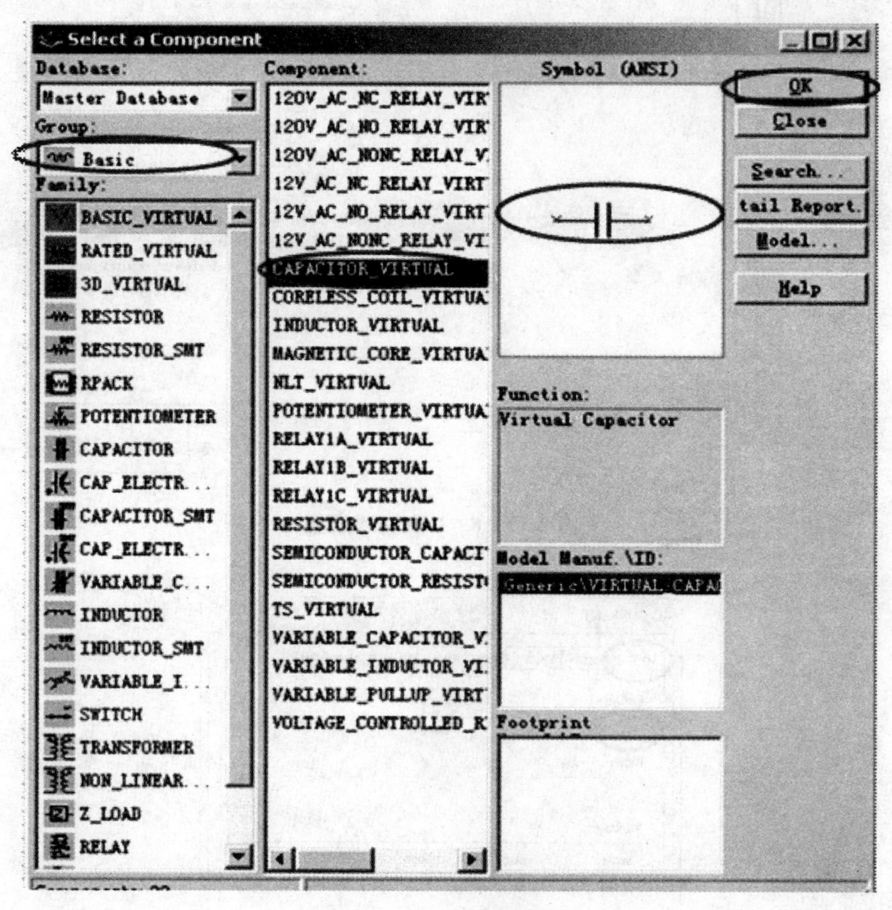

图 2-1-10 选取元器件

b. 修改元器件参数

对元器件的标号、标称值进行设置时先将鼠标移至相关元件处,单击右键,弹出菜单,选择其中的"Properties"(参数),如图 2-1-11 所示。虚拟元器件参数的修改方式与电源参数的修改方式相似。

c. 调整元器件位置

调整元器件位置的方法是:用鼠标单击相关元器件并将它拖到适合的位置。调整元器件方向的方法是:将鼠标移至相关元器件处,单击右键,弹出菜单,如图 2-1-12 所示,选择"Flip Horizontal"、"Flip Vertical"、"90 Clockwise"、"90 CounterCW"中的某一选项,可分别实现器件的水平、垂直、顺时针 90°、逆时针 90°的旋转。

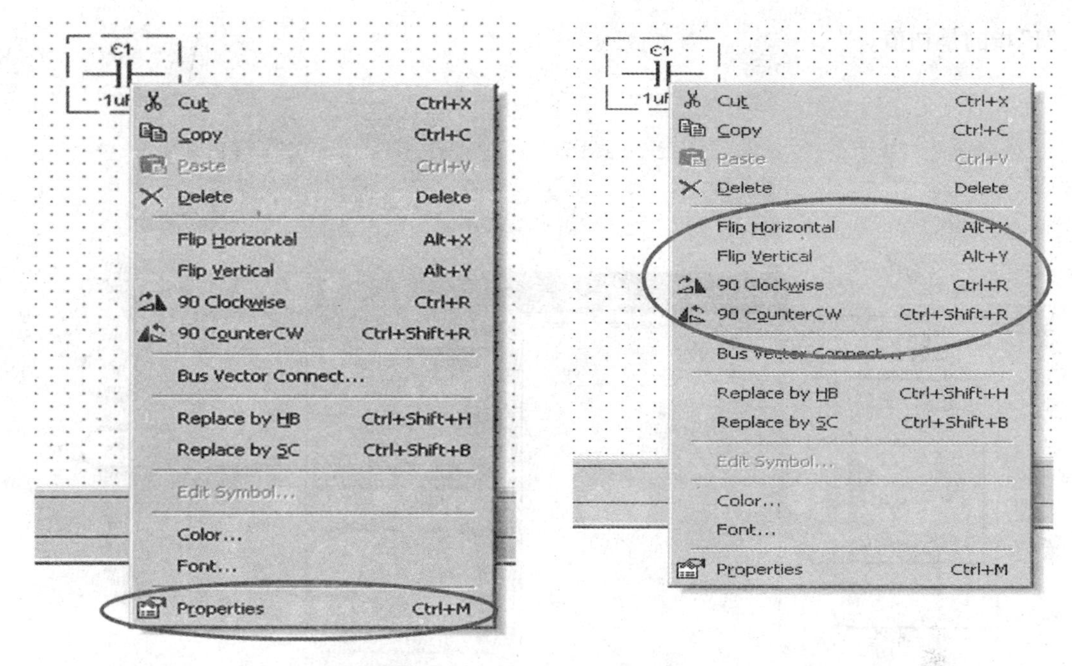

图 2-1-11　设置元件参数　　　　图 2-1-12　调整元器件位置

③ 添加接地端

在 Multisim8.0 中,所有电路都必须有接地端。接地端是一个公共参考点,该点电位为 0。在电路中,根据情况可放置多个接地端,但不管接地端有几个,其实际电位均为 0,属于同一点。在 Multisim8.0 中,如果一个电路没有接地端,一般不能进行仿真分析,所以必须在电路连接时加接地端。

添加接地端的方法为:单击电源工具按钮,打开"Select a Component"窗口,在"Family"列表框中单击选中"POWER_SOURCES"系列,然后在"Component"列表框中单击选中"GROUND"(接地端),单击"OK"按钮并将其放在合适的位置即可。

④ 连接电路

把鼠标指向一个元器件的接线端,这时会出现一个小黑点,按住鼠标左键,移动鼠标,使光标指向另一个元器件的接线端,此时又出现一个小黑点,放开鼠标,这两个元器件的接线端就连接起来了。当从元器件的接线端往一根连线上连线时,拖动鼠标靠近该连线时,光标处会出现一个小黑点,此时放开鼠标,则该器件就会与该连线相连接,并自动产生一个接点。

电路绘制过程中注意随时保存!

(3) Multisim 中波特图仪的使用

Multisim 中提供了许多虚拟仪表。波特图仪是用来测量电路幅频特性和相频特性的虚拟仪表,其图标如图 2-1-13 所示。

波特图仪有 IN 和 OUT 两对端口,其中 IN 端口的 V+端和 V-端分别接被测电路的输入端的正端和负端;OUT 端口的 V+端和 V-端分别接被测电路的输出端的正端和负端。

特别强调:使用波特图仪时,必须在被测电路的输入端接入交流信号源!

如图 2-1-13 所示,波特图仪的控制面板上有"Magnitude"(幅值)或"Phase"(相位)的模式选择,也有进行"Horizontal"(横轴)设置和"Vertical"(纵轴)设置。面板上的"F"指的是终值,“I”指的是初值。

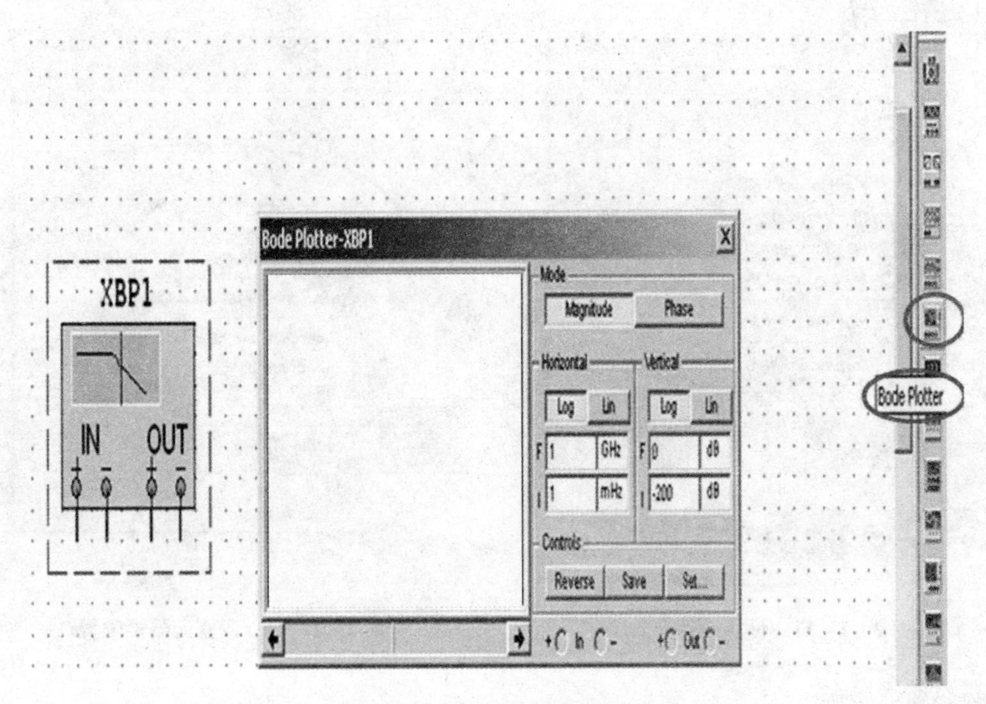

图 2-1-13　波特图仪图标

① 幅度和相位特性设置

在图 2-1-13 的控制面板中,按下“Magnitude”按钮表示测量幅频特性,单位可为倍数(按下“Vertical”中的“lin”(线性)按钮)或 dB(按下“Vertical”中的“Log”(对数)按钮)。

按下“Phase”按钮表示测量相频特性,单位是度(Deg)。

② 纵轴和横轴设置

横轴代表频率,可通过设置初始频率(I)和终止频率(F)人为设定测量电路的某一段频率响应。当测量“Magnitude”时,纵轴代表幅度,一般选用对数坐标(Log),单位为 dB;当测量“Phase”时,纵轴代表相位,单位是度(Deg)。

③ 数据读出

图 2-1-13 左边显示区中显示被测电路的幅频特性(或相频特性)。单击左下方的箭头或拖动垂直指针到相应的位置,左下方可显示指针所在位置的频率值和幅度增益(或相移值)。

④ 仿真

打开仿真开关,点击幅频特性,在波特图仪观察窗口可以看到幅频特性曲线;点击相频特性,可以在波特图仪观察窗口显示相频特性曲线。

说明:电路启动后,可修改波特图仪的参数设置(如坐标范围等)及其在电路中的测试点,但修改后,建议重启电路,以确保曲线的完整与准确。

(4) Multisim 中示波器的使用

示波器是仿真实验中最常使用的仪器仪表之一,用于直观地观测电路中各测量点的输入/输出波形,也可测读测量点的电压及交流信号的周期与频率。在 Multisim 中,示波器的控制面

板如图 2-1-14 所示,其设置类似于实际示波器。

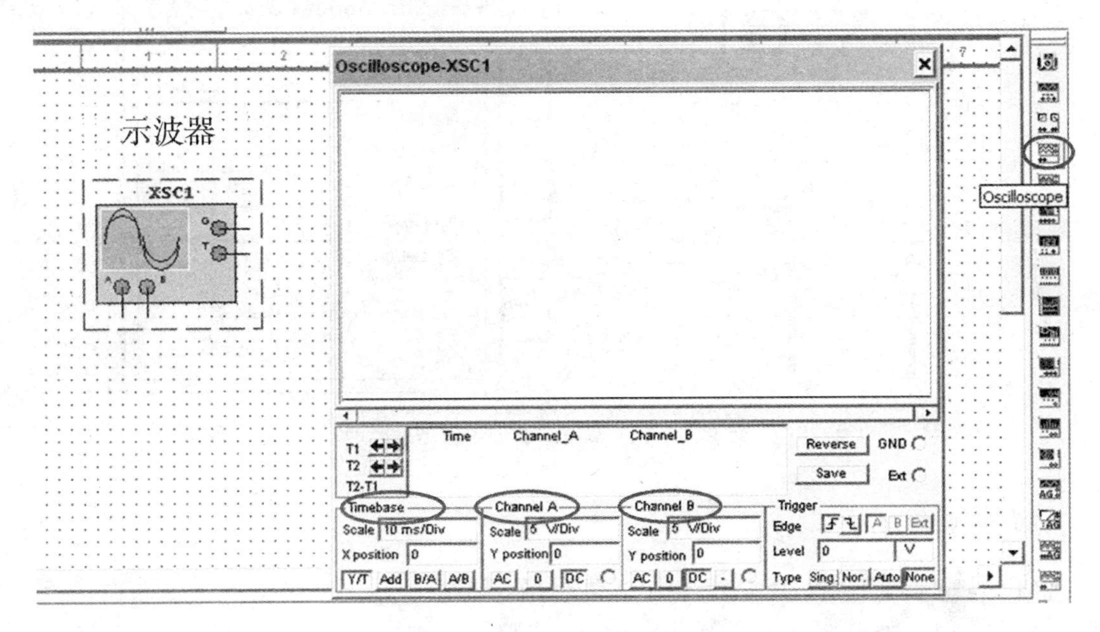

图 2-1-14 示波器控制面板

① 在示波器下方的第一栏是时基调节(Timebase),用于调节示波器横坐标刻度。

X 轴灵敏度(Scale):如果设置成 1 ms/Div,表示横坐标每格(厘米)代表 1 ms 时间。

X 轴位移(X position):如果设置成 0,表示波形从原点开始。

显示方式有四种,当选择“Y/T”时,表示纵坐标代表幅度,横坐标代表时间。

② 在示波器下方的第二栏是 A 通道(Channel A)设置。

Y 轴灵敏度(Scale):如果设置成 20 mV/Div,表示纵坐标每格(厘米)代表 20 mV。

Y 轴位移(Y position):如果设置成 1,表示波形电压位置在 1 cm 位置。

耦合方式有三种: AC 表示交流耦合、DC 表示直流耦合、0 表示接地。

③ 在示波器下方的第三栏是 B 通道(Channel B)设置。

Y 轴灵敏度(Scale):如果设置成 2 V/Div,表示纵坐标每格(厘米)代表 2 V。

Y 轴位移(Y position):设置成-1,表示波形电压位置在-1 cm 位置。

耦合方式有三种: AC 表示交流耦合、DC 表示直流耦合、0 表示接地。

④ 在示波器下方的第四栏是触发方式设置(Trigger),一般取默认值。

(5) Multisim 中函数信号发生器的使用

Multisim 提供了一种函数信号发生器,其控制面板如图 2-1-15 所示,该函数信号发生器可以分别产生正弦波、三角波和方波,在面板中的①区域选择要产生的波形,在面板中的②区域对相应波形的参数进行设置,如信号的频率、幅度等,在面板中的③区域产生信号的上升、下降时间。

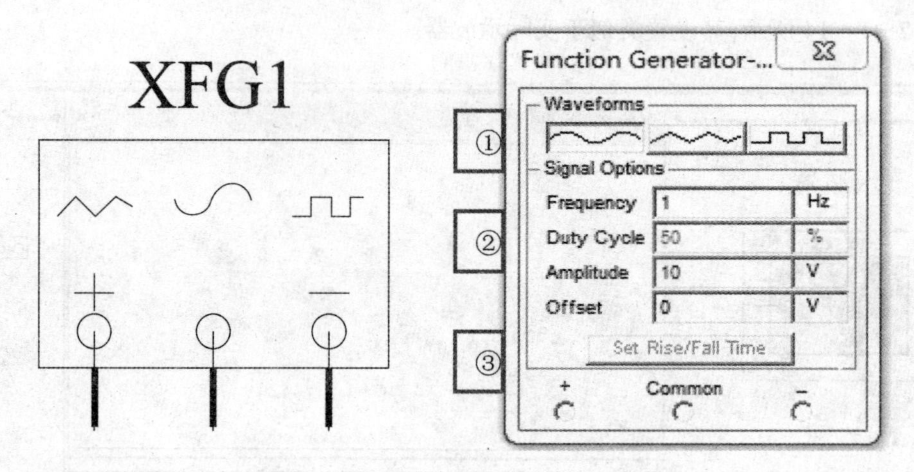

图 2-1-15　函数信号发生器控制面板

3）仿真练习

（1）构造如图 2-1-16 所示的 *LC* 并联谐振电路。

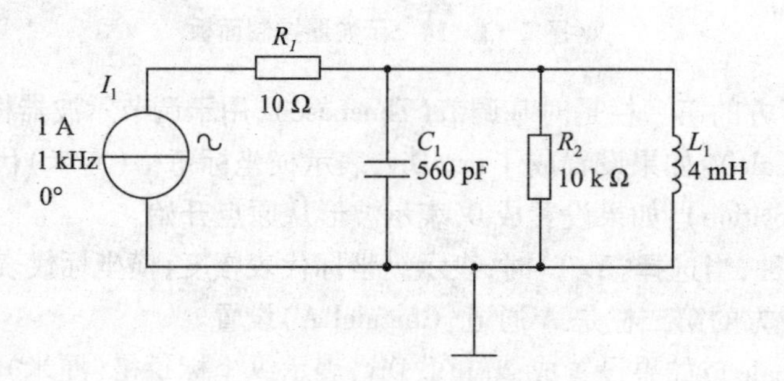

图 2-1-16　*LC* 并联谐振电路

（2）构造如图 2-1-17 所示的并联谐振电路的幅频特性和相频特性的测量电路。

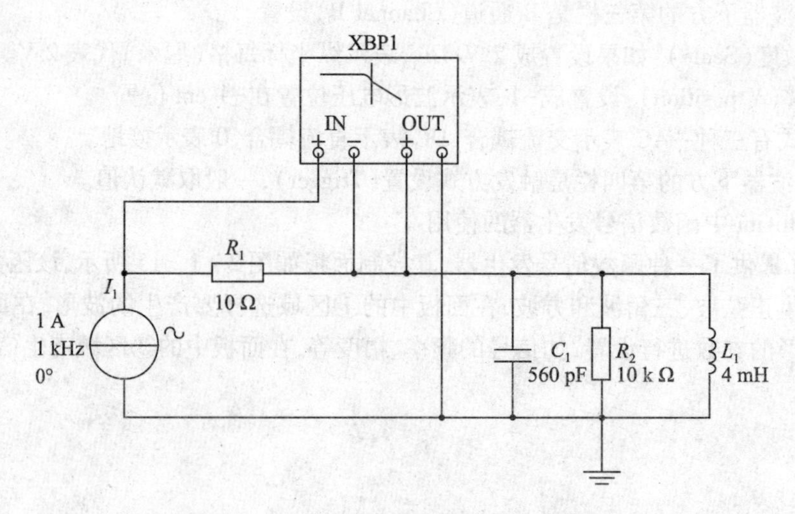

图 2-1-17　并联谐振电路的特性测量电路

（3）设置波特图仪并运行电路。

如图 2－1－18 所示，将面板设置为测量幅频特性，测量频率范围为：起始频率为 10 kHz，终止频率为 1 MHz。幅度采用对数坐标，测量幅度范围为：起始 0 dB，终止 100 dB。并联谐振电路的幅频特性曲线如图 2－1－18 所示，为钟形带通滤波特性，从图的左下方读得：谐振频率约为 105 kHz，最大幅度约为 59.9 dB；通频带的带宽是幅频特性曲线上的幅度比最大幅度小 3 dB时对应的两个端点的频率差，在本电路中约为 32 kHz。

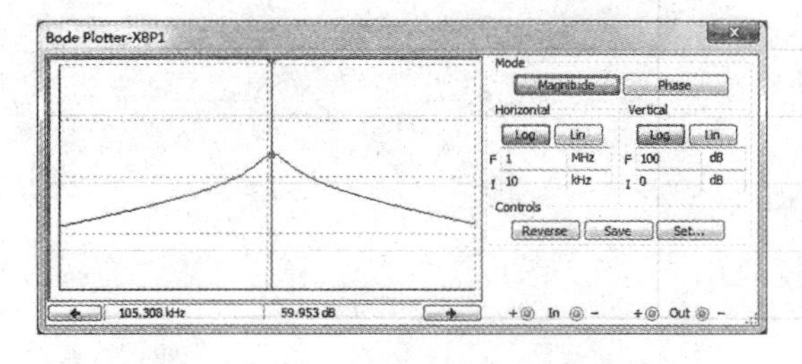

图 2－1－18　波特图仪测量幅频特性

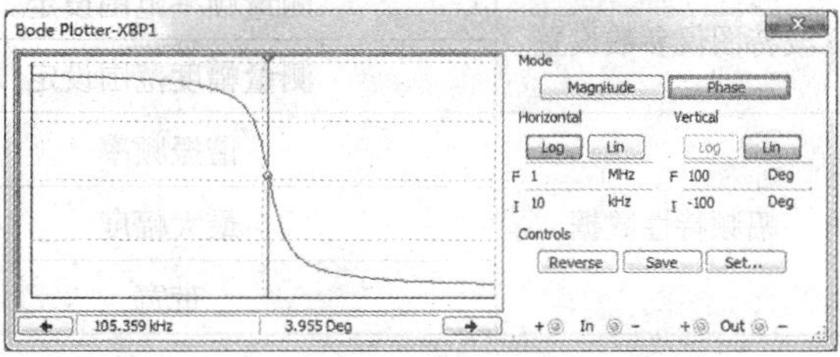

图 2－1－19　波特图仪测量相频特性

如图 2－1－19 所示，将面板设置为测量相频特性，测量频率范围为：起始频率为 10 kHz，终止频率为 1 MHz。测量相位范围为：起始-100°，终止 100°。并联谐振电路的相频特性曲线如图 2－1－19，为单向递减，从左下方读到：当谐振频率 $f \approx 105$ kHz 时，相移约为 4°；当 $f > 105$ kHz 时，相移为负值，电路呈容性；当 $f < 105$ kHz 时，相移为正值，电路呈感性。

4）仿真及仿真结果记录

（1）*LC* 并联谐振电路例题仿真练习

① 构造如图 2－1－16 所示的并联谐振电路，并保存电路；

② 构造如图 2－1－17 所示电路，测量并联谐振电路的幅频和相频特性曲线，并保存电路；

③ 设置波特图仪并运行电路，仿真结果截图保存；

④ 将并联谐振电路仿真结果的相应数据记录在表 2－1－1 和表 2－1－2 中。

表 2－1－1　例题幅频特性仿真结果记录

测量频率范围设定	
测量幅度范围设定	
谐振频率	
最大幅度	
带宽	

表 2－1－2　例题相频特性仿真结果记录

测量频率范围设定	
测量相位范围设定	
谐振频率	
最大相移	

(2) 巩固练习

参考(1)中的 LC 并联谐振电路例题,将 C_1 改成 56 pF,L_1 改为 4 μH,测量并联谐振电路的幅频和相频特性曲线,设置波特图仪(注意波特图仪的参数设置范围)并运行电路,根据并联谐振电路仿真结果,将相应数据填入表 2-1-3 和表 2-1-4 中。保存电路、保存仿真结果截图。

表 2-1-3　练习幅频特性仿真结果记录

波特图仪参数设置	测量频率范围设定	
	测量幅度范围设定	
幅频特性数据	谐振频率	
	最大幅度	
	带宽	

表 2-1-4　练习相频特性仿真结果记录

波特图仪参数设置	测量频率范围设定	
	测量相位范围设定	
相频特性数据	谐振频率	
	最大相移	

(3) 仿真作业提交要求

① 新建以自己学号和姓名命名的文件夹;

② 在以上文件夹中新建名为"LC 并联谐振电路仿真"的文件夹;

③ 在以上文件夹中新建 Multisim 仿真电路文件(共 2 个),文件名为"学号 电路名.ms8",如"＊＊LC 并联谐振电路例题.ms8"和"＊＊ LC 并联谐振电路练习.ms8";

④ 将电路仿真结果截图(波特图仪测量结果,共 4 个)以及记录表格(4 个)保存为 Word 文档,文档名为"学号 姓名"。

2.1.1.6　任务训练 3:常用仪表的使用

1) 实验目的

(1) 熟练使用高频实验箱中的信号源、频率计。

(2) 熟练使用示波器。

2) 仪器仪表介绍

(1) 高频实验箱中的信号源

① 高频信号源

a. 输出频率范围:400 kHz~45 MHz(连续可调);

b. 频率稳定度:10^{-4};

c. 输出波形：正弦波，谐波≤−30 dB_a；

d. 输出幅度：1 mV_{p-p}～1 V_{p-p}（连续可调）；

e. 输出阻抗：75 Ω。

② 音频信号源（低频信号源）

a. 输出频率范围：200 Hz～16 kHz（连续可调）；

b. 频率稳定度：10^{-4}；

c. 输出幅度：10 mV_{p-p}～5 V_{p-p}；

d. 输出阻抗：100 Ω。

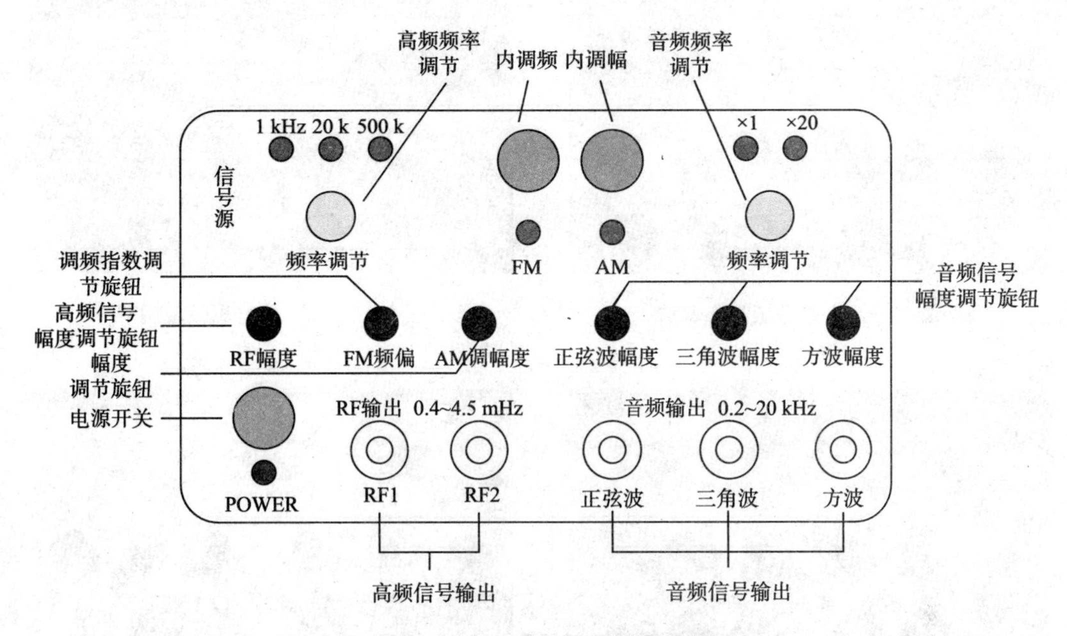

图 2－1－20　实验箱信号源面板

实验箱信号源面板如图 2－1－20 所示。使用时按下“POWER”开关，红灯点亮。高频信号源频率调节有四个挡位：1 kHz，20 kHz，500 kHz 和1 MHz挡。如图 2－1－21 所示，旋转面板左上方的频率调节旋钮可以在各个挡位间切换，当为 1 kHz，20 kHz和 500 kHz 挡时，相对应的绿灯亮；当三灯齐亮时，即为 1 MHz 挡。调节该旋钮可改变输出高频信号的频率。音频信号源频率调节有三个挡位：×1 Hz，×20 Hz 和×500 Hz 挡。旋转面板右上方的频率调节旋钮，可以在各个挡位间切换，当为×1 Hz 和×20 Hz 挡时，相对应的绿灯点亮；当两灯齐亮时，即为 500 Hz 挡，调节该旋钮可改变输出音频信号的频率。

如图 2－1－22 所示，调节“RF 幅度”旋钮可以改变输出高频信号源的幅度，顺时针旋转幅度增加。调节“正弦波幅度”、“三角波幅度”和“方波幅度”旋钮可分别改变对应输出正弦波、三角波和方波等音频信号源的幅度，对应输出为正弦波、三角波和方波。

内调制功能如图 2－1－23 所示，“FM”开关按下，下方对应绿灯亮，高频信号“RF_1”和“RF_2”输出调频波，其中调制信号为本信号源的音频正弦波信号，载波信号为本信号源的高频信号；“FM”开关弹出，绿灯灭，输出无调制的高频信号。“AM”开关按下，下方对应绿灯亮，输出调幅波，调制信号为本信号源的音频正弦波信号，载波信号为本信号源的高频信号；“AM”

开关弹出，绿灯灭，输出无调制的高频信号。两个开关同时按下，两灯同时亮起，输出为调频调幅波。“FM”灯亮时，调节“FM 频偏”旋钮可改变调频波的调制指数 m_f；“AM”灯亮时，调节“AM 调幅度”旋钮可改变调幅波的幅度 m_a。

面板下方有 5 个信号源信号输出插孔，如图 2－1－24 所示。“RF_1”和“RF_2”插孔输出 0.4～45 MHz 的正弦波信号（两路信号相同）；“正弦波”插孔输出 0.2～20 kHz 的正弦波信号；“三角波”插孔输出 0.2～20 kHz 的正三角波信号；“方波”插孔输出0.2～20 kHz 的方波信号。

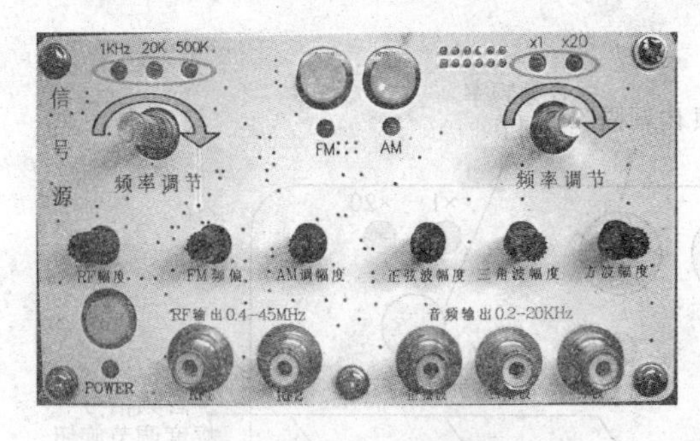

图 2－1－21　信号源频率调节

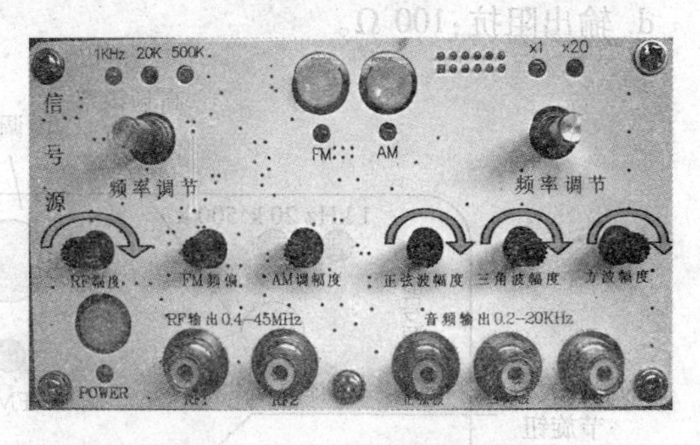

图 2－1－22　信号源幅度调节

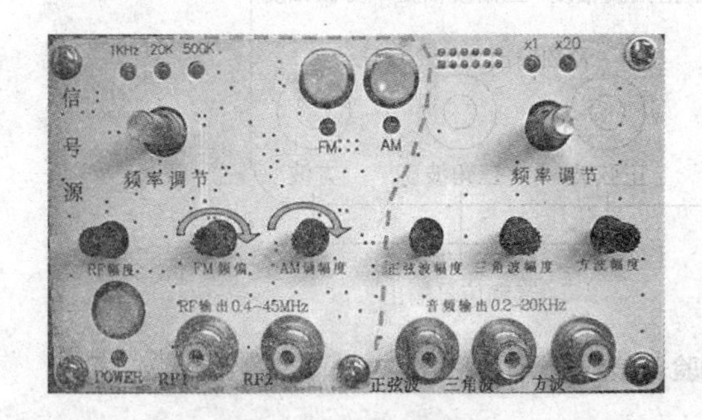

图 2－1－23　内调制功能

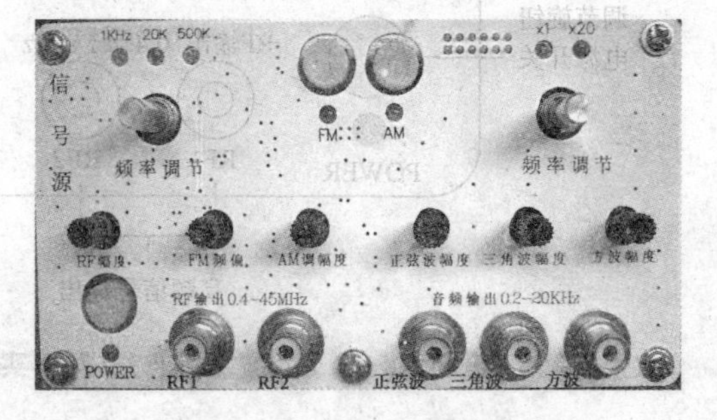

图 2－1－24　信号源信号输出插孔

（2）高频实验箱中的频率计

频率计的功能为测量信号频率，如图 2－1－25 所示，实验箱自带高频频率计和音频频率计。

频率计参数如下：

① 频率测量范围：50 Hz～99 MHz；

② 输入电平范围：100 mV_{rms}～2 V_{rms}；

③ 测量误差：≤±0.2%；

④ 输入阻抗：1 MΩ/10 pF；

⑤ 使用时，按下“POWER”开关，红灯点亮；

⑥ 高频频率计显示部分由八个数码管组成；

⑦ 音频（低频）频率计显示部分由四个数码管组成。

高频频率计有 kHz 和 MHz 两个级别单位。当测量的频率低于 1 MHz 时，高频频率计“kHz”处的数码管的小数点点亮，表示此时测量的频率单位是“kHz”。例如：此小数点前的

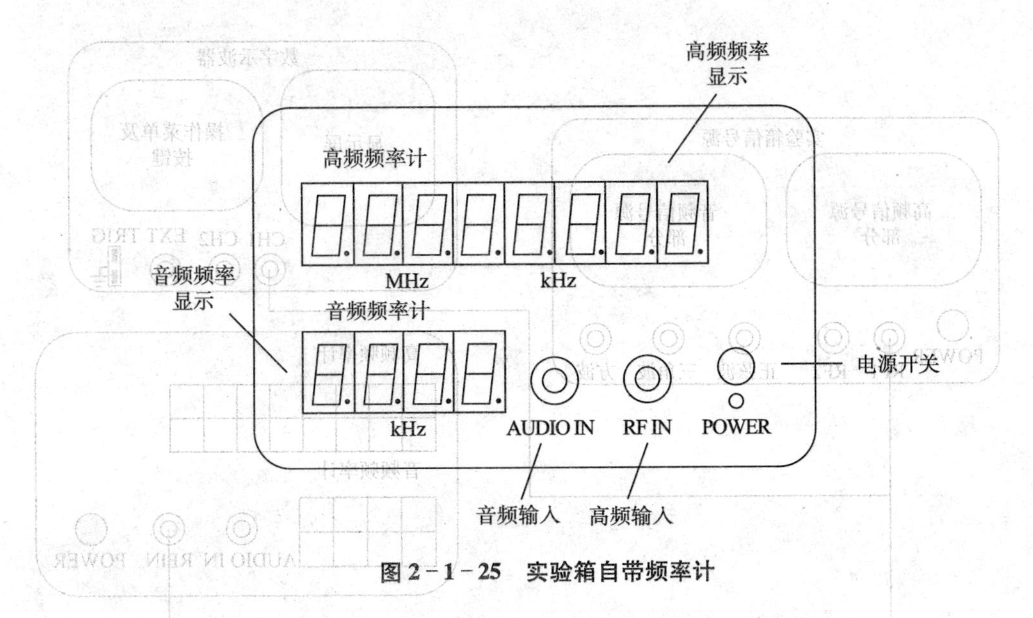

图 2-1-25 实验箱自带频率计

数字是 500,小数点后的数字是 123,则所测得的频率为 500.123 kHz,即 500 123 Hz。当测量的频率高于 1 MHz 时,高频频率计"MHz"处的数码管的小数点亮,表示此时测量的频率单位是"MHz"。例如:此小数点前的数字是 15,小数点后的数字是 123 456,则测得的频率是 15.123 456 MHz,即 15 123 456 Hz。

音频频率计有 kHz 和 Hz 两个级别单位。当测量的频率高于 10 kHz 时,音频频率计"kHz"处的数码管的小数点点亮,表示此时测量的频率单位是"kHz"。当测量的频率低于 10 kHz 时,此时测量频率单位是"Hz",数码管显示的读数即测量的频率。

(3) 示波器

示波器的功能是观察信号波形,测量信号的幅度、周期、相位差等。

在测量信号幅度时,示波器 Y 轴灵敏度的微调旋钮要顺时针旋转到头(校准位置)。

被测信号的峰-峰值 = Y 轴灵敏度(V/格) × 信号垂直方向的距离(格)

在测量信号周期、相位差时,示波器 X 轴灵敏度的微调旋钮要顺时针旋转到头(校准位置)。

被测信号的周期 = X 轴灵敏度(s/格) × 信号一周在水平方向的距离(格)

被测信号的相位差 = (两相位间水平距离(格) ÷ 信号一周在水平方向的距离(格)) × 360°

3) 实验内容与步骤

(1) 用示波器测量高频正弦信号的峰-峰值和周期

运用实验箱自带的高频信号源产生高频正弦波信号,接到示波器及实验箱自带的音频频率计测读该信号的峰值、频率及周期,连接方式如图 2-1-26 所示,并填写表 2-1-5。

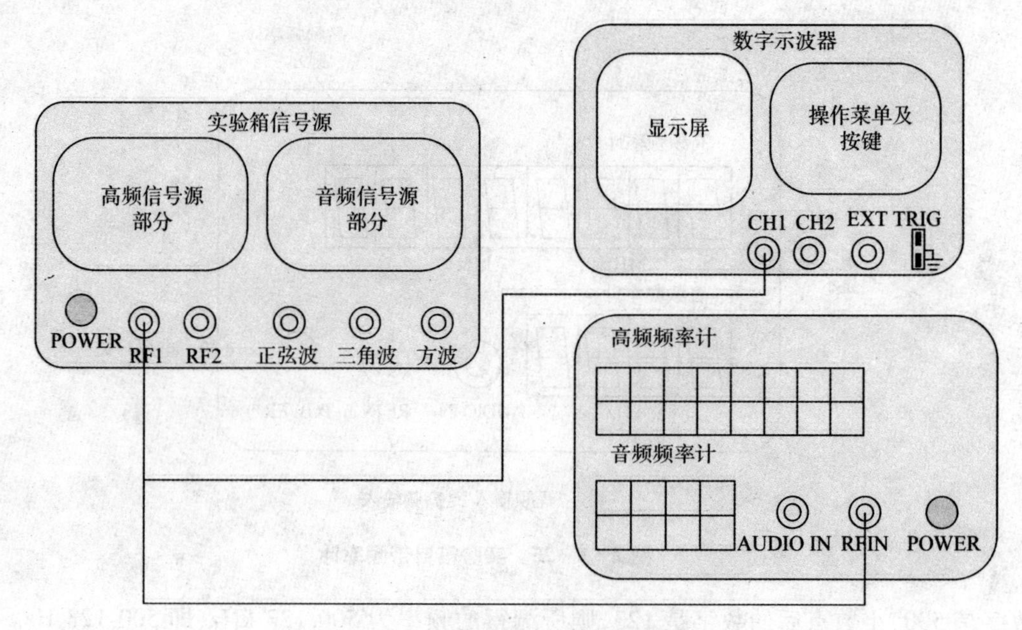

图 2-1-26　测量高频信号电路连接图

表 2-1-5　测量数据记录 1

序号	名　称	设置/测量	设置/测量
1	高频信号源产生信号的最大值 U	100 mV	0.5 V
2	高频频率计	500 kHz	5 MHz
3	正弦波峰-峰值 U_{p-p}		
4	示波器 Y 轴灵敏度 D_y		
5	信号垂直方向距离 y		
6	示波器 X 轴灵敏度 D_x		
7	信号一周在水平方向的距离 x		
8	信号周期 $T = D_x \times x$		
9	信号频率 $f = 1/T$		

(2) 示波器测量低频正弦信号的峰-峰值和周期

运用实验箱自带的低频信号源产生低频正弦波信号，接到示波器及实验箱自带的音频频率计测读该信号峰值、频率及周期，连接方式如图 2-1-27 所示，并填写表 2-1-6。

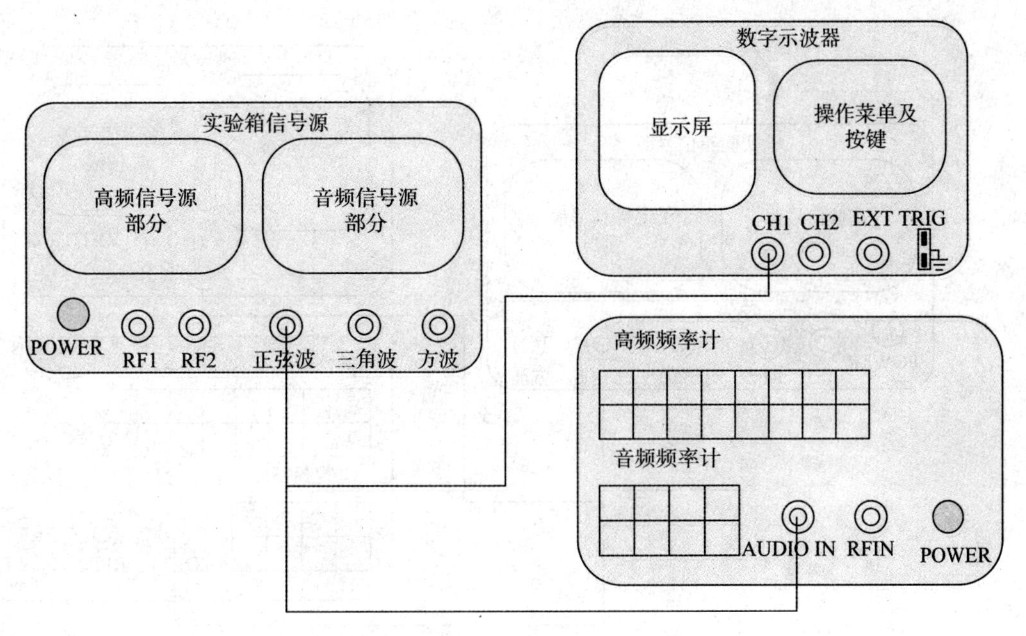

图 2-1-27 测量低频信号电路连接图

表 2-1-6 测量数据记录 2

序号	名　称	设置/测量	设置/测量
1	音频信号源产生正弦波信号的最大值 U	70 mV	2 V
2	音频频率计	1 kHz	12 kHz
3	正弦波峰-峰值 U_{p-p}		
4	示波器 Y 轴灵敏度 D_y		
5	信号垂直方向距离 y		
6	示波器 X 轴灵敏度 D_x		
7	信号一周在水平方向的距离 x		
8	信号周期 $T = D_x \times x$		
9	信号频率 $f = 1/T$		

（3）用示波器测量低频三角波信号的峰-峰值和周期

运用实验箱自带的低频信号源产生低频三角波信号，接到示波器及实验箱自带的音频频率计测读该信号的峰值、频率及周期，连接方式如图 2-1-28 所示，并填写表 2-1-7。

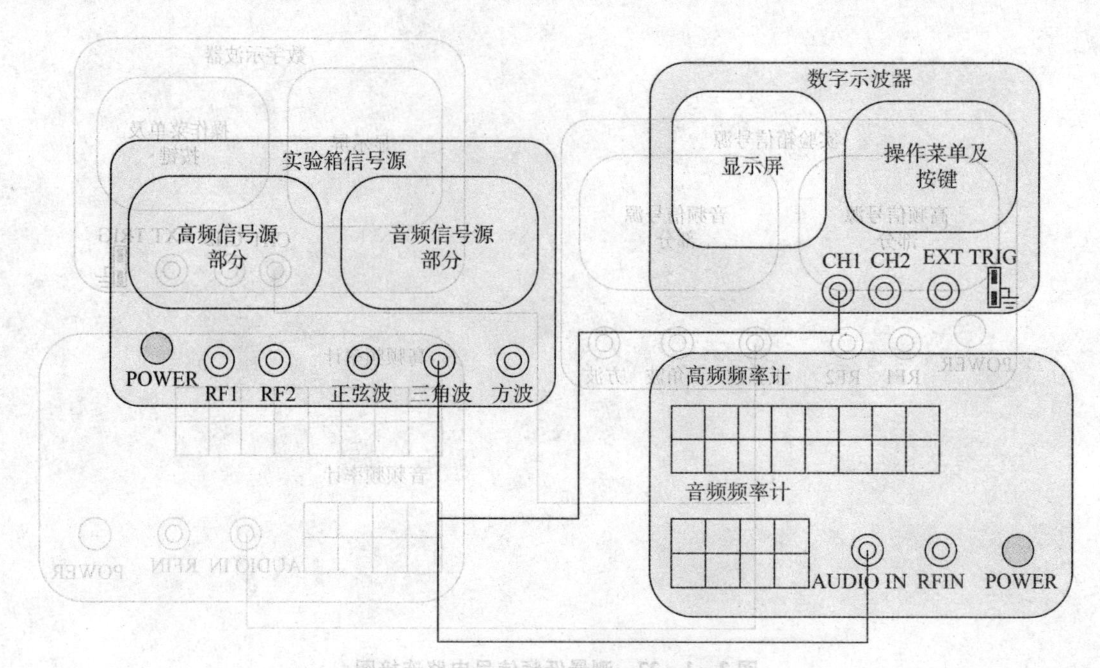

图 2-1-28　测量低频三角波连接图

表 2-1-7　测量数据记录 3

序号	名　　称	设置/测量	设置/测量
1	音频信号源产生三角波信号的最大值 U	80 mV	1 V
2	音频频率计	3 kHz	9 kHz
3	正弦波峰-峰值 U_{p-p}		
4	示波器 Y 轴灵敏度 D_y		
5	信号垂直方向距离 y		
6	示波器 X 轴灵敏度 D_x		
7	信号一周在水平方向的距离 x		
8	信号周期 $T = D_x \times x$		
9	信号频率 $f = 1/T$		

（4）用示波器测量低频方波信号的峰-峰值和周期

运用实验箱自带的低频信号源产生低频方波信号，接到示波器及实验箱自带的音频频率计测读该信号的峰值、频率及周期，连接方式如图 2-1-29 所示，并填写表 2-1-8。

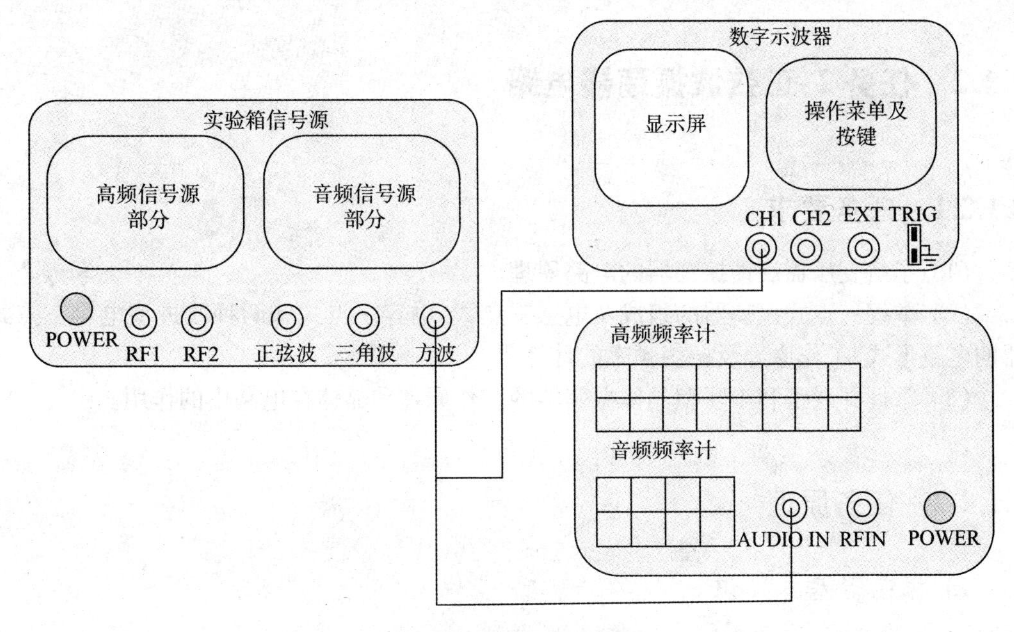

图 2-1-29 测量低频方波连接图

表 2-1-8 测量数据记录 4

序号	名 称	设置/测量	设置/测量
1	音频信号源产生方波信号的最大值 U	60 mV	2.5 V
2	音频频率计	2 kHz	10 kHz
3	正弦波峰-峰值 U_{p-p}		
4	示波器 Y 轴灵敏度 D_y		
5	信号垂直方向距离 y		
6	示波器 X 轴灵敏度 D_x		
7	信号一周在水平方向的距离 x		
8	信号周期 $T = D_x \times x$		
9	信号频率 $f = 1/T$		

4) 实验报告要求及思考题

(1) 分析实验目的;

(2) 根据实验步骤中的提示搭建实验线路,记录测量数据;

(3) 在实验报告中回答如下思考题:

① 如何改变实验箱中低频信号源的频率、幅度及波形?

② 如何改变实验箱中高频信号源的频率与幅度?

③ 如何应用高频信号源产生 AM 信号或 FM 信号?

2.1.2 任务2:正弦波振荡器电路

2.1.2.1 任务要求

(1) 了解变压器反馈振荡器的电路原理。

(2) 掌握三点式振荡器的组成及电感三点式、电容三点式和两种改进型电容三点式振荡器的电路形式、工作原理及振荡频率的计算。

(3) 掌握并联型和串联型晶体振荡器的工作原理和晶体在电路中的作用。

2.1.2.2 任务原理

1) 振荡器基本知识

(1) 振荡器的定义

在无需外加激励信号的情况下,将直流电源的能量转换成按特定频率变化的交流信号能量的电路称为振荡器或振荡电路。振荡器与放大器都是能量转换装置,它们都是把直流电源的能量转换为交流能量输出,但是,放大器需要外加激励,即必须有信号输入,而振荡器不需要外加激励。因此,振荡产生的信号是自激信号,常称为自激振荡器。

(2) 振荡器的分类

振荡器按输出波形可分为正弦波振荡器和非正弦波振荡器;按选频回路元件可分为*RC*振荡器、*LC*振荡器和晶体振荡器等;按原理、性质可分为反馈振荡器和负阻振荡器。

反馈振荡器是目前应用最多的一类振荡器,主要利用正反馈原理;负阻振荡器是利用负阻器件的负阻效应去抵消回路中的损耗,从而产生等幅的振荡波形,这类振荡器主要应用于微波波段,可参阅相关资料自学。

(3) 反馈振荡器

① 定义

凡是从输出信号中取出一部分反馈到输入端作为输入信号,无需外部提供激励信号,能产生等幅正弦波输出的电路称为正反馈振荡器。

② 用途

可作为无线发射机中的载波信号源,超外差接收机中的本振信号源,电子测量仪器中的正弦波信号源,数字系统中的时钟信号源等。

③ 反馈式正弦波振荡器的工作原理

a. 反馈式正弦波振荡器的原理

实际中的反馈振荡器是由反馈放大器演变而来,反馈放大器和振荡器的原理框图如图2-1-30所示。图中,u_i为输入信号,u_F为反馈信号,u_o为输出信号。将开关K拨向“1”时,电路为调谐放大器,若将开关K快速拨向“2”,调谐放大器就变为自激振荡器。若$u_F=u_i$,放大电路依靠来源于输出端的反馈电压工作。此时即使没有输入信号,放大器仍有电压输出,放大器变为振荡器。反馈振荡器利用正反馈适时地给回路补充能量,使之刚好与损耗的能量相等,那么就可以获得等幅的正弦振荡信号。因此,一个完整的正弦波发生电路应该由放大电路、正反馈网络、选频网络、稳幅电路组成。

b. 反馈式正弦波振荡器的工作过程和条件

反馈振荡器刚通电时,须经历一段振荡电压从无到有逐步增长的过程;进入平衡状态后,振荡电压的振幅和频率要能维持在相应的平衡值上。当外界电压不稳时,振幅和频率仍应稳定,而不会产生突变或停止振荡。

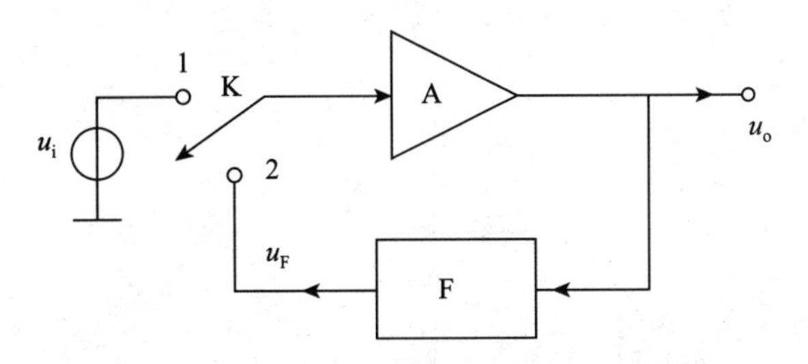

图 2-1-30　反馈放大器和振荡器的原理框图

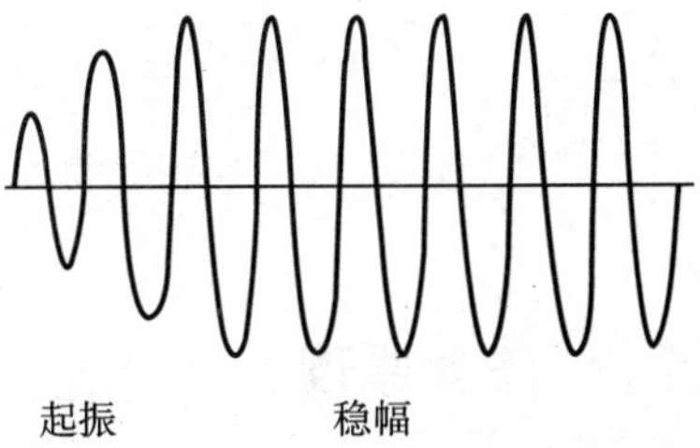

起振　　稳幅

图 2-1-31　自激振荡过程

闭合环路成为反馈振荡器需满足三个条件:

Ⅰ. 起振条件——保证接通电源后从无到有地建立起振荡

凡是振荡电路,均没有外加输入信号,那么,电路接通电源后是如何产生自激振荡的呢?这是由于在电路中存在着各种电的扰动(如通电时的瞬变过程、无线电干扰、工业干扰及各种噪声等),使输入端有一个扰动信号。如果电路本身具有选频、放大及正反馈能力,电路会自动从扰动信号中选出适当的振荡频率分量,经正反馈,再放大,再正反馈,即 $|\dot{A}\dot{F}| > 1$,从而使微弱的振荡信号不断增大,自激振荡就逐步建立起来,如图 2-1-31 所示。

振幅起振条件: $u_F > u_i$

相位起振条件: $\varphi_T = 2n\pi$

Ⅱ. 平衡条件——保证进入平衡状态后能输出等幅持续振荡

振荡器起振后,振荡幅度不会无限增长下去,而是在某一点达到平衡状态。在接通电源后,环路增益具有随振荡器电压振幅增大而下降的特性,直到振荡器进入平衡状态,环路增益为 1,在相应的平衡振幅上维持等幅振荡。同时,环路增益的相角维持在 $2n\pi$ 上,即同相正反馈。

振幅平衡条件: $u_F = u_i$

相位平衡条件: $\varphi_T = 2n\pi$

Ⅲ. 稳定条件——保证平衡状态不因外界不稳定因素影响而受到破坏

当振荡建立起来之后,这个振荡电压会不会无限增大呢? 由于基本放大电路中三极管本身的非线性或反馈支路自身输出与输入关系的非线性,当振荡幅度增大到一定程度时 $\dot{A}$ 或 $\dot{F}$ 便会降低,使 $|\dot{A}\dot{F}| > 1$ 自动转变成 $|\dot{A}\dot{F}| = 1$,振荡电路就会稳定在某一振荡幅度。因此,振荡环路中必须包含具有非线性特性的环节,即稳幅环节,这个环节的作用一般由放大器实现,实现 $\dot{A}_u$ 随振幅的增大而下降。

总之,要产生稳定的正弦振荡,振荡器必须满足起振条件、平衡条件和稳定条件,缺一不可。

2) LC 正弦波振荡器

LC 正弦波振荡器：采用 LC 谐振回路作为相移网络的振荡器。LC 正弦波振荡器可分为变压器反馈式振荡器、三点式振荡器等。本书重点介绍三点式振荡器。

(1) 三点式振荡器的组成原则

晶体三极管有三个电极(b、e、c)分别与三个电抗性元器件相连，形成三个接点，故称为三点式振荡器，如图 2-1-32 所示。

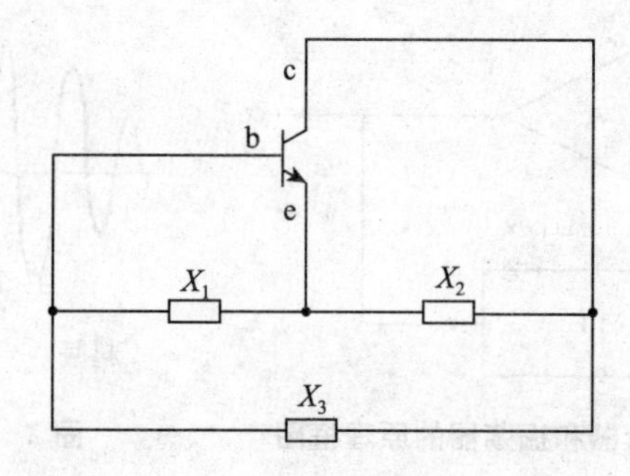

图 2-1-32　三点式振荡器的交流通路

三点式振荡器要实现振荡，必须满足相位平衡条件与振幅平衡条件。为此，电路组成结构必须遵循两个原则：与晶体管发射极相连的电抗 X_1、X_2 性质必须相同，即 be、ce 间电抗性质相同；不与晶体管发射极相连的另一电抗 X_3 的性质必须与其相反，即 be、ce 与 bc 间电抗性质相反。遵循以上两个原则才能满足相位平衡条件，适当选择 X_1 与 X_2 的比值就能满足振幅平衡条件。

(2) 电感三点式振荡器

电感三点式振荡器也称为哈特莱振荡器，电感三点式振荡器实际电路如图 2-1-33(a) 所示，三极管的三个极分别与电感的三个引出点相接，故称为电感三点式振荡器。其交流等效电路如图 2-1-33(b) 所示，与晶体管发射极相连的电抗性元件 L_1 和 L_2 为感性，不与发射极相连的另一电抗性元件 C 为容性，满足三点式振荡器的组成原则。因反馈网络是由电感元器件完成的，适当选择 L_1 与 L_2 的比值，则可满足振幅条件。

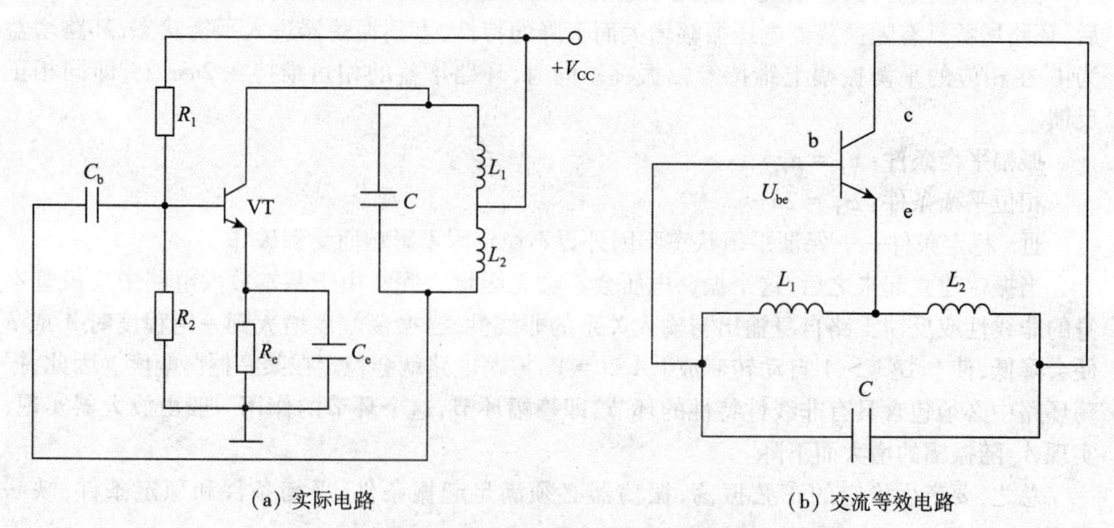

图 2-1-33　电感三点式振荡器的实际电路及其等效电路

① 相位平衡条件

根据瞬时极性法，U_F 与 U_I 同相，电路中引入正反馈，满足振荡的相位平衡条件。

② 振荡频率

令 $L = L_1 + L_2 + 2M$ 为回路的总电感，则振荡频率为

$$f_0 \approx \frac{1}{2\pi\sqrt{(L_1 + L_2 + 2M)C}} = \frac{1}{2\pi\sqrt{LC}}$$

③ 特点

优点：易起振，输出电压幅度较大；C 采用可变电容后很容易实现振荡频率在较宽频带内的调节，且调节频率时基本不影响反馈系数。

缺点：高次谐波成分较大，输出波形差；由于 L_1 和 L_2 的分布电容及管子的输出/输入电容分别并联在 L_1 和 L_2 两端，使振荡频率较高时反馈系数减小，甚至不满足起振条件。因此这种振荡器多用在振荡频率在几十兆赫兹以下的电路中。

(3) 电容三点式振荡器

电容三点式振荡器也称为考必兹振荡器，电容三点式振荡器的实际电路如图 2－1－34(a)所示，三极管的三个极分别与 C_1、C_2 的三个引出点相接，故称为电容三点式振荡器。其交流等效电路如图 2－1－34(b)所示，与晶体管发射极相连的电抗性元件 C_1和 C_2为容性，不与发射极相连的另一元件 L 为感性，满足三点式振荡器的组成原则。因反馈网络是由电容元器件完成的，适当选择 C_1与 C_2的比值，则可满足振幅条件，故称为电容反馈三点式振荡器。

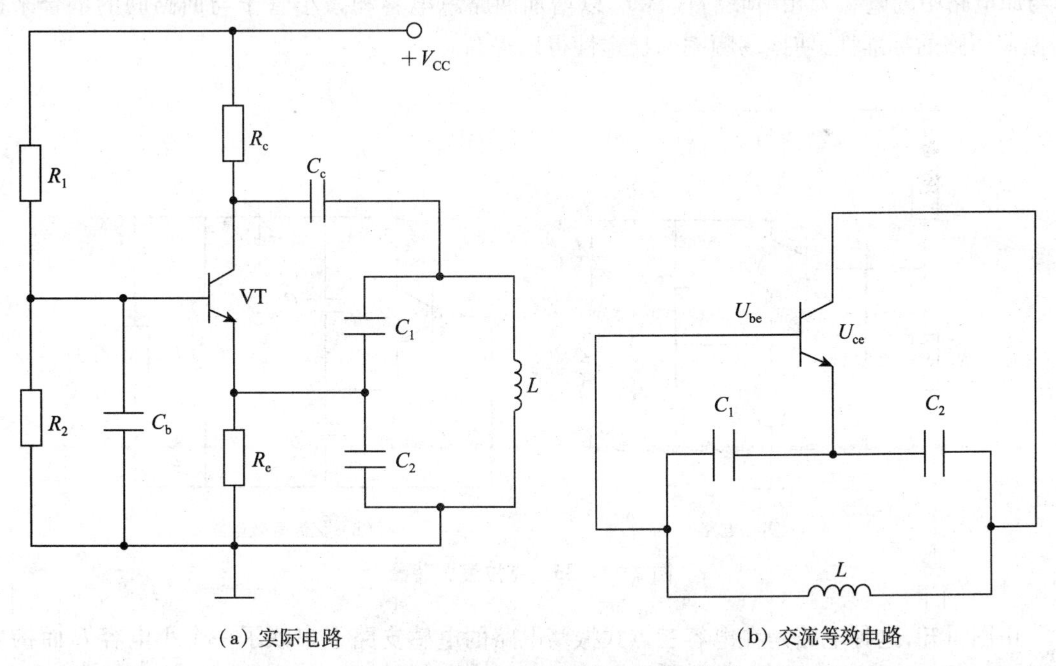

(a) 实际电路　　(b) 交流等效电路

图 2－1－34　电容三点式振荡器实际电路及其等效电路

① 相位平衡条件

根据瞬时极性法，U_F 与 U_I 同相，电路中引入正反馈，满足振荡的相位平衡条件。

② 振荡频率

$$f_0 \approx \frac{1}{2\pi\sqrt{LC}}$$

式中，$C = C_1C_2/(C_1 + C_2)$，为回路的总电容。

在实际电路中考虑到 r_{be} 和 r_{ce} 的影响，实际振荡频率会稍高于 $\frac{1}{2\pi\sqrt{LC}}$。

③ 特点

优点：高次谐波成分少，输出波形好；频率稳定度高；振荡频率高；

缺点：频率不易调（调 L，调节范围小）。

增大 C_1/C_2，可增大反馈系数，提高输出幅值，但会使三极管输入阻抗的影响增大，使 Q 值（品质因数，表示谐振回路损耗的大小，Q 值越大，回路的损耗越小，其选频特性就越好）下降，不利于起振，且波形变差，故 C_1/C_2 不宜过大，一般取 0.1~0.5。

（4）改进型电容三点式振荡器

电容三点式振荡器的缺点：调节频率会改变反馈系数，管子的输入电容 C_i 和输出电容 C_o 对振荡频率的影响限制了振荡频率的提高。

① 串联改进型电容三点式振荡器（克拉泼振荡器）

图 2－1－35(a)(b) 分别是克拉泼振荡器的实际电路和交流等效电路。特点是用一电容 C 与原电路中的电感 L 相串联后代替 L，以增加回路总电容和减小管子与回路间的耦合来提高振荡回路的标准性，使振荡频率的稳定性得以提高。

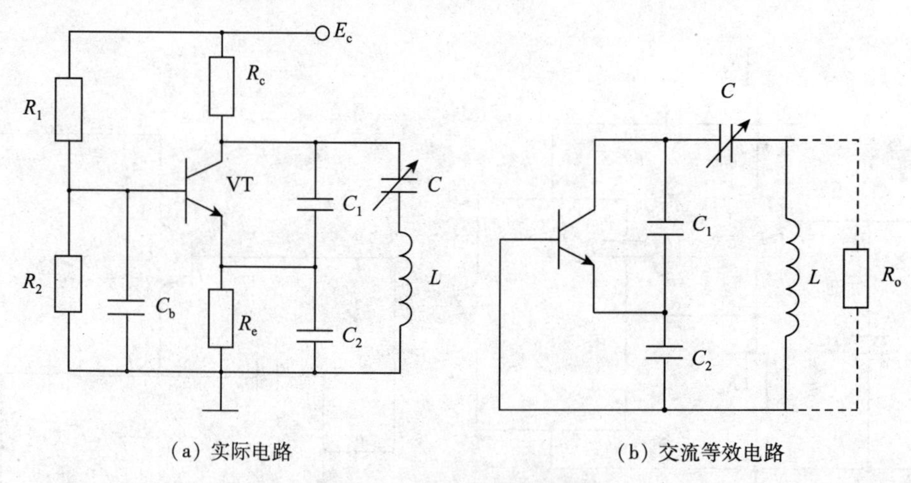

图 2－1－35　克拉泼振荡器

由图可知，这种电路是在电容三点式振荡电路的电感支路上串联了一个小电容 C 而构成的，C_1、C_2、C 及 L 组成谐振回路。因为 C 远远小于 C_1 或 C_2，所以三电容串联后的等效电容和振荡频率分别为：

$$\frac{1}{C_{总}} = \frac{1}{C} + \frac{1}{C_1} + \frac{1}{C_2} = \frac{1}{C} + \frac{1}{C_1 + C_o} + \frac{1}{C_2 + C_i}$$

$$f_0 = \frac{1}{2\pi\sqrt{LC_{总}}} \approx \frac{1}{2\pi\sqrt{LC}}$$

由上式可见，振荡频率基本上与 C_1、C_2、C_o、C_i 无关，因此，可选 C_1、C_2的值远大于极间电容，这就减小了极间电容变化对振荡频率的影响，提高了振荡频率的稳定性。

电路的振荡频率主要由 C 来决定，基本不受其他电容（C_1、C_2）的影响，这对提高振荡频率的稳定性是有利的，但也有缺点，如 C_1、C_2过大，振荡幅度就太低；若减小 C，可提高振荡频率，但可能停振，因此也就限制了振荡频率的提高；频率覆盖系数不高，一般在 1.2~1.3。

②并联改进型电容三点式振荡器（西勒振荡器）

图 2－1－36 是并联型三点式振荡器的实际电路和交流等效电路，又称西勒振荡电路，它是在串联型电容三点式振荡电路的电感 L 旁并联了一个电容 C_4而构成的。回路总电容及振荡频率分别为：

$$C_{总} = C_4 + \frac{1}{\frac{1}{C_3} + \frac{1}{C_1'} + \frac{1}{C_2'}} \approx C_4 + C_3$$

$$f_0 = \frac{1}{2\pi\sqrt{LC}} \approx \frac{1}{2\pi\sqrt{L(C + C_3)}}$$

$C_3 > C_4$，当 C_4变小时，振荡幅度的变化程度不如克拉泼电路中那样显著，从而削弱了振荡幅度受频率改变的影响。因此，西勒振荡电路的频率调节范围较克拉泼电路要宽。

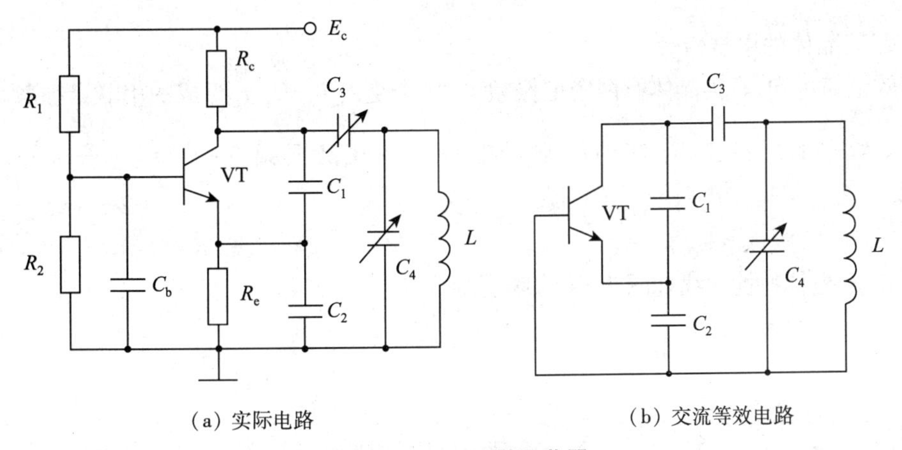

（a）实际电路　　（b）交流等效电路

图 2－1－36　西勒振荡器

西勒振荡器的优点：振荡幅度比较稳定；振荡频率可以比较高，如可达千兆赫；频率覆盖率比较大。所以在一些短波、超短波通信机，电视接收机中用得比较多。

3）石英晶体振荡器

晶体振荡器：采用石英谐振器控制和稳定振荡频率的振荡器。晶体振荡器突出的优点是可以产生频率稳定度和准确度很高的正弦波振荡。

(1) 石英晶体的特性

石英晶体的化学成分是 SiO_2,具有稳定的物理化学特性。石英晶体具有正、反两种压电效应。当石英晶体沿某一电轴受到交变电场作用时,就能沿机械轴产生机械振动,反过来,当机械轴受力时,就能在电轴方向产生电场,且换能性能具有谐振特性,在谐振频率时,换能效率最高。

(2) 石英晶体的符号及等效电路

石英晶体的符号和等效电路如图 2-1-37 的(a)、(b)所示,电容 C_0 称为石英谐振器的静电容,其容量主要取决于石英片的尺寸和电极面积; L_q、C_q、r_q 等效为它的串联谐振特性,L_q 为晶体的质量(惯性),C_q 为等效弹性模数,r_q 为机械振动中的摩擦损耗。

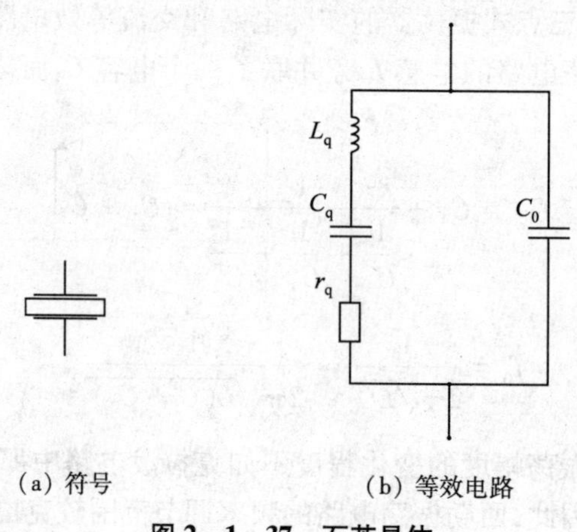

图 2-1-37 石英晶体

(3) 石英晶体的电抗特性

由等效电路可知,石英晶体有两个谐振频率:一个是由 L_q、C_q、r_q 组成的串联谐振频率: $f_q = \frac{1}{2\pi\sqrt{L_q C_q}}$,另一个是包含 C_0 在内的整个电路的并联谐振频率: $f_p = \frac{1}{2\pi\sqrt{L_q \frac{C_q C_0}{C_q + C_0}}} \approx f_q\left(1 + \frac{C_q}{2C_0}\right)$。电抗特性曲线如图 2-1-38 所示。

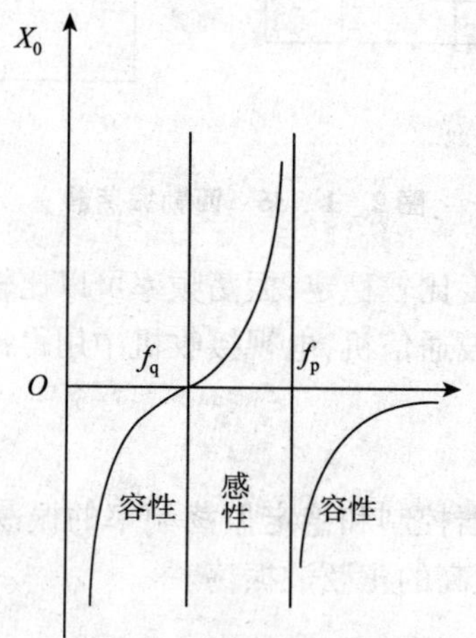

图 2-1-38 石英晶体的电抗特性曲线

由图 2－1－38 可知：

当$f > f_p$或$f < f_q$时，均有 $x < 0$，晶体呈现容性；

当$f_q < f < f_p$时，均有 $x > 0$，晶体呈现感性。

(4) 晶体振荡电路

① 并联型晶体振荡电路

晶体在电路中当等效电感元件使用时称为并联型晶体振荡电路，有两种形式：皮尔斯电路和密勒电路，如图 2－1－39 所示。

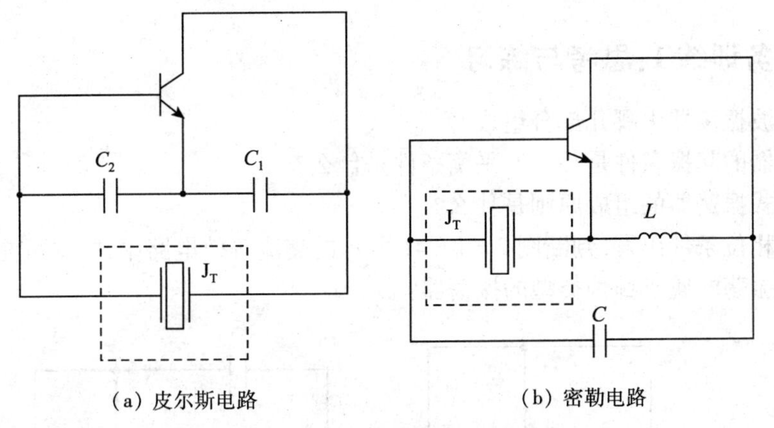

图 2－1－39　并联型晶体振荡电路

② 串联型晶体振荡电路

晶体在电路中当串联谐振元件使用时称为串联型晶体振荡电路，如图 2－1－40 所示。晶体具有高 Q 短路器的作用。

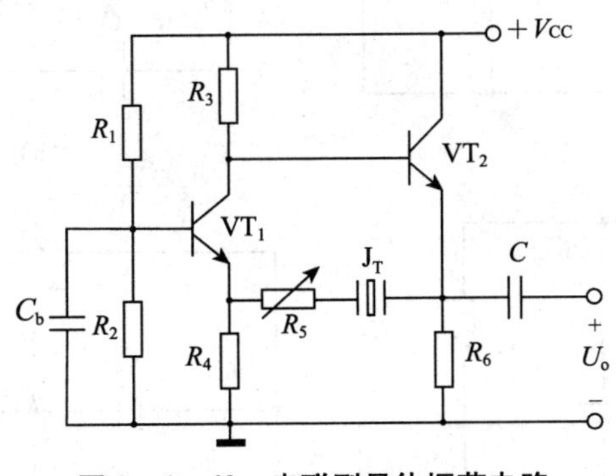

图 2－1－40　串联型晶体振荡电路

2.1.2.3　任务小结

(1) 反馈振荡器是由放大器和反馈网络组成的具有选频能力的正反馈系统。反馈振荡器必须满足起振、平衡、稳定三个条件。

(2) 三点式振荡器是 LC 正弦波振荡器的主要形式，常用“射同基（集）反”来判断三点式振荡器的相位条件。

（3）为了提高频率稳定度，首先从减小寄生电容对回路的影响入手，提出了改善普通三点式振荡电路频率稳定性的两种改进电路：克拉泼和西勒电路。然后从提高回路有载 Q 值出发，设计出高稳定度的石英晶体振荡器。

（4）石英晶体振荡器是采用石英晶体谐振器构成的振荡器，其振荡频率的准确性和稳定性很高。石英晶体振荡器有并联型和串联型。并联型晶体振荡器中，石英晶体的作用相当于一个高 Q 电感；串联型晶体振荡器中，石英晶体的作用相当于一个高选择性的短路元件。

2.1.2.4 任务训练 1：思考与练习

（1）正弦波振荡器由哪几部分组成？

（2）振荡器的起振条件是什么？平衡条件是什么？

（3）三点式振荡器的组成原则是什么？

（4）试从相位条件出发，判断图 2－1－41 所示的交流等效电路中，哪些可能振荡，哪些不可能振荡。能振荡的属于哪种类型的振荡器？

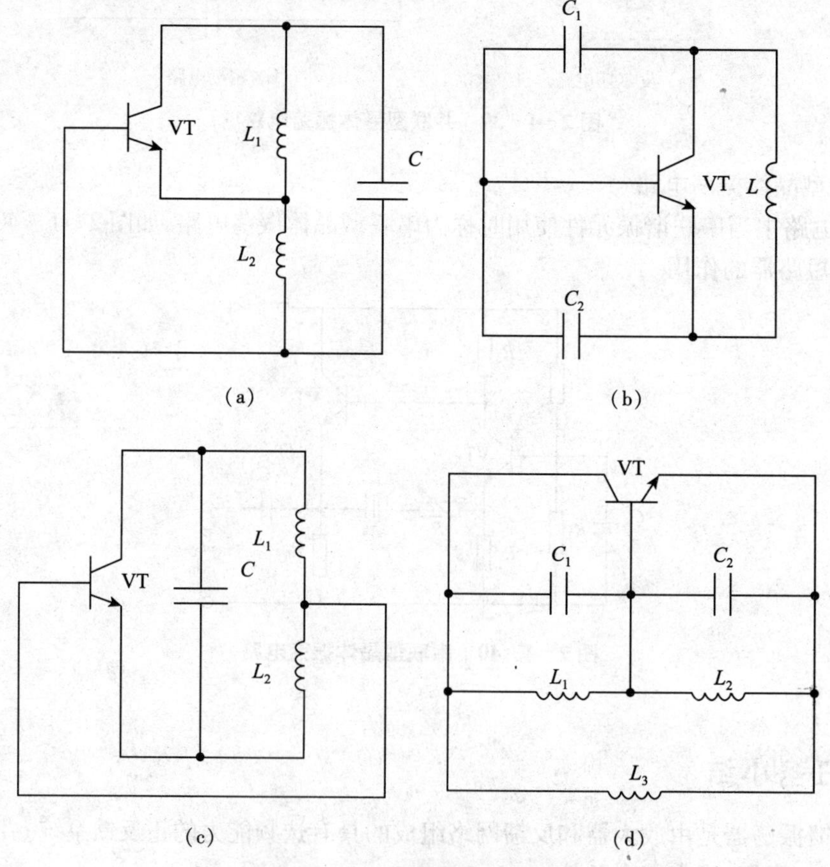

图 2－1－41　思考与练习第 4 题

（5）画出电感三点式振荡器和电容三点式振荡器的交流等效电路，写出振荡频率的计算公式。

(6) 根据振荡的相位平衡条件,判断图 2-1-42 所示电路能否产生振荡。在能产生振荡的电路中,画出交流通路,求出振荡频率的大小。

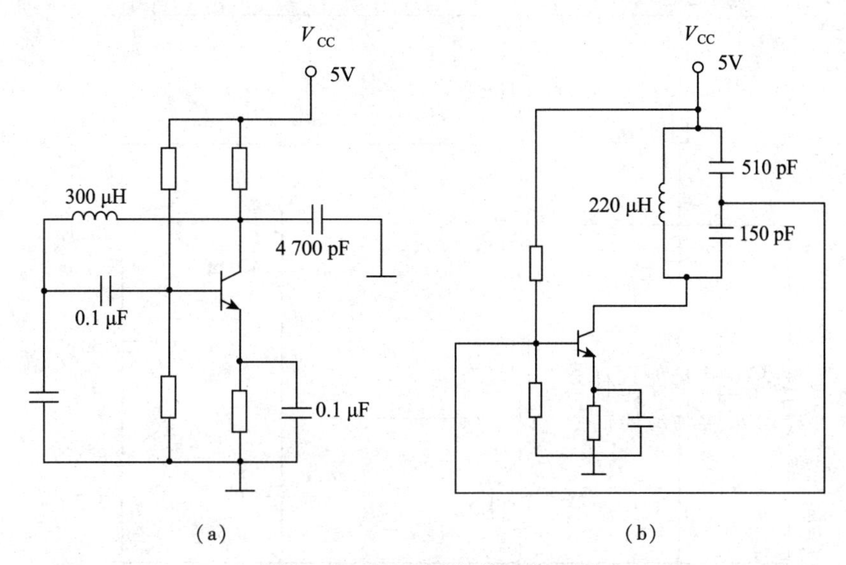

图 2-1-42　思考与练习第 6 题

(7) 为什么石英谐振器具有很高的频率稳定性?

(8) 若石英晶片的参数为 $L_q = 4$ mH, $C_q = 6.3 \times 10^{-3}$ pF, $C_0 = 2$ pF, $r = 100\ \Omega$, 试求:① 串联谐振频率 f_q;② 并联谐振频率 f_p 与 f_q 相差多少?

2.1.2.5　任务训练 2:正弦波振荡器仿真实验

1) 仿真目的

(1) 理解正弦波振荡器的功能、组成及指标。

(2) 理解电路参数、电路结构对放大器指标的影响。

(3) 掌握仿真软件中示波器、频率计的使用。

2) 仿真内容与步骤

(1) 绘制正弦波振荡器电路图(如图 2-1-43 所示),并保存电路

(2) 用示波器观察正弦波振荡器

正弦波振荡器是用于产生某一频率的正弦波信号,将该仿真电路的输出端接至频率计与示波器,测读输出信号的波形、频率及幅度。

如图 2-1-44 所示,将电路通过电容 C_5 接至示波器,设置示波器的参数,可观察到如图2-1-45所示的波形,用示波器测量正弦波信号的频率与幅度,截图保存并将数据记录在表 2-1-9 中。

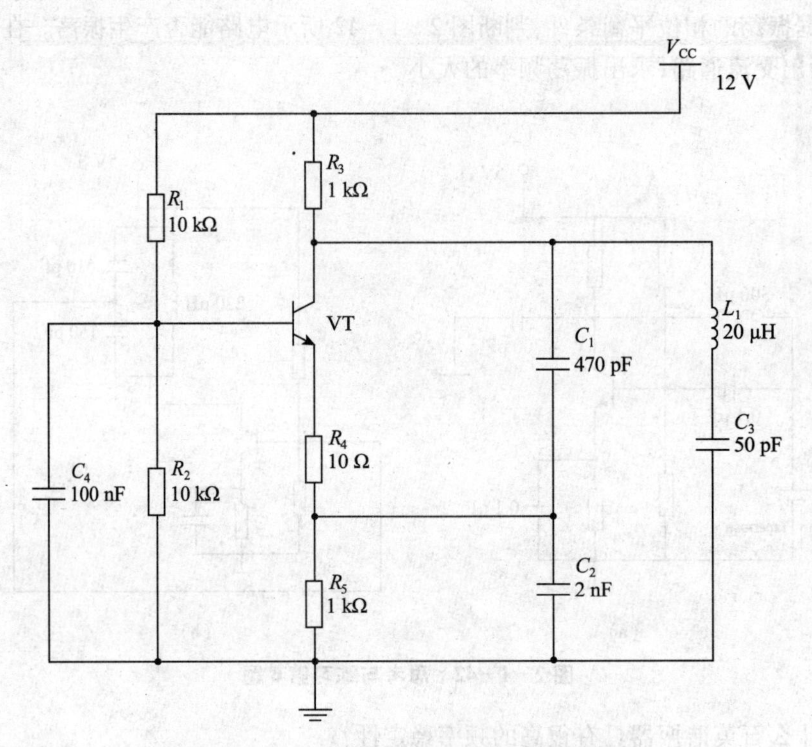

图 2－1－43　电容三点式振荡器原理电路

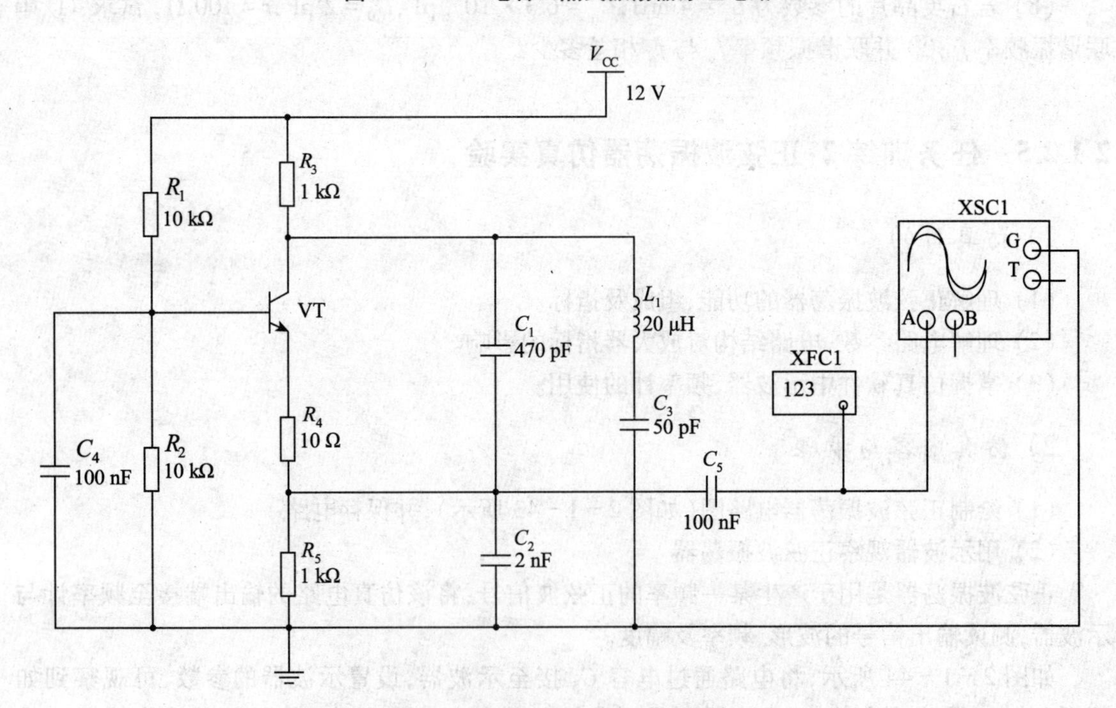

图 2－1－44　电容三点式振荡器仿真测试电路

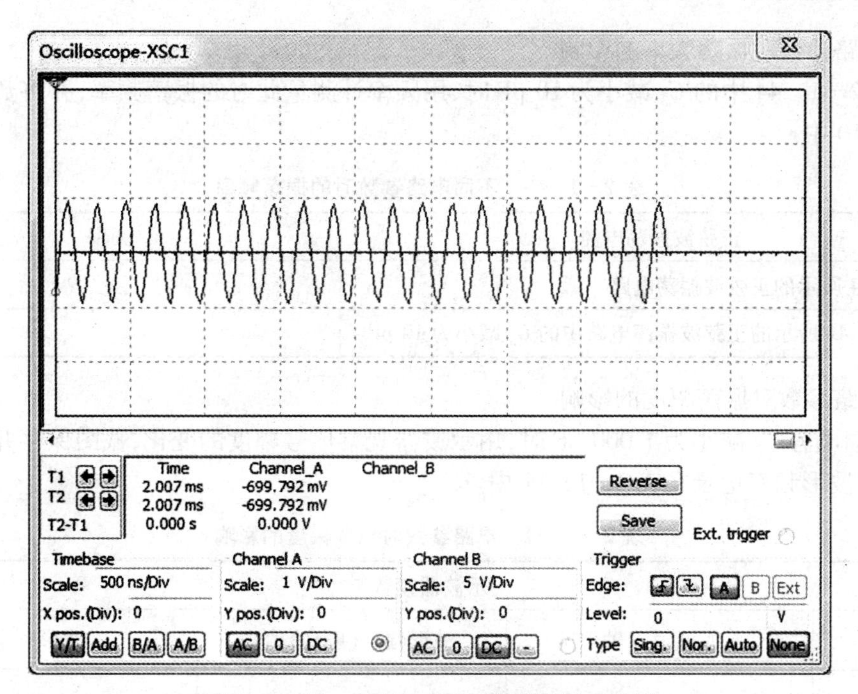

图 2－1－45　电容三点式振荡器的输出波形

表 2－1－9　电容三点式振荡器输出波形读数

示波器读数			
X 轴	A 通道 *Y* 轴	波形幅度(峰-峰值)	波形频率

(3) 分析电路参数对振荡器的影响

① 用频率计测量振荡频率

参考图 2－1－44 的电路,将频率计的面板参数设置为如图 2－1－46 所示,测读频率计测得的频率,并将数据填入表 2－1－10 中。

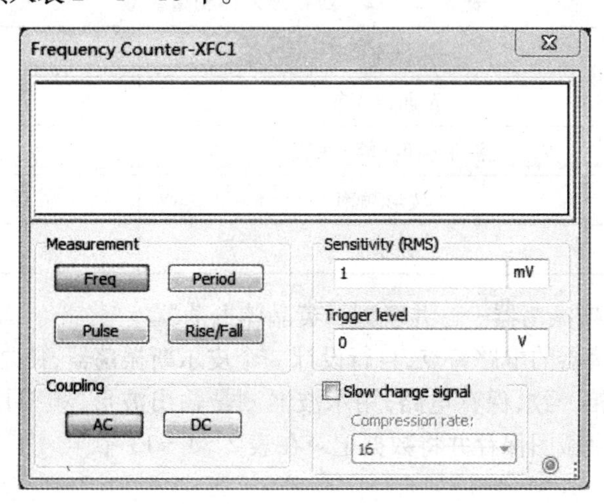

图 2－1－46　频率计面板设置

② 电路参数对振荡频率的影响

将图 2－1－44 中的 C_3 减小为 10 pF 时，用频率计测量此时的振荡频率，并将数据记录在表 2－1－10 中。

表 2－1－10　不同电路参数时的振荡频率

正弦波振荡电路	频率
图 2－1－44 所示的正弦波振荡电路	
将图 2－1－44 所示的正弦波振荡电路中的 C_3 减小为 10 pF	

③ 电路参数对振荡幅度的影响

将反馈电容 C_2 减小为 1 000 pF 时，用示波器观察信号幅度的变化，截图保存并将信号的峰-峰值与波形频率记录在表 2－1－11 中。

表 2－1－11　电路参数对振荡幅度的影响

示波器读数			
X 轴	A 通道 *Y* 轴	波形幅度（峰-峰值）	波形频率

④ 试分析对于三点式振荡器而言，当电路参数发生变化时振荡频率与幅度是否会发生较大变化，原因是什么？如果变化大，如何改进电路使得振荡器更加稳定？给出改进方法并将分析的结论写在仿真报告中。

（4）改进型振荡器电路及其稳定性分析

① 设计一个西勒振荡器——改进型电容三点式振荡器

分析改进型电容三点式振荡器的电路特点，自行设计一个西勒振荡器，保存电路，用示波器测量输出波形，用频率计测量振荡器频率 f_1。分别将电路与仿真结果截图保存并将数据记录在表 2－1－12 中。

表 2－1－12　西勒振荡器测量参数

示波器读数	*X* 轴	
	A 通道 *Y* 轴	
	波形幅度（峰-峰值）	
	波形频率	
频率计读数	频率 f_1	

② 设计一个皮尔斯振荡器——并联型石英晶体振荡器

分析石英晶体振荡器的电路特点，自行设计一个皮尔斯振荡器，使之振荡频率与①中的西勒振荡器的振荡频率相一致，保存电路，用示波器测量输出波形，频率计测量振荡器频率 f_2。分别将电路与仿真结果截图保存并将数据记录在表 2－1－13 中。

表 2-1-13 皮尔斯振荡器测量参数

示波器读数	X 轴	
	A 通道 Y 轴	
	波形幅度(峰-峰值)	
	波形频率	
频率计读数	频率 f_2	

③ 两种改进型振荡器频率稳定性的比较

小范围改变以上两种振荡器中的电容值,观察振荡器的频率变化情况,试分析两种振荡器的稳定情况,哪一种更稳定?

改变西勒振荡电路中的电容(即在图 2-1-47 所示电路中的 C_3 两端并联一个 100 pF 的电容),用频率计记录新的频率 f_{11};

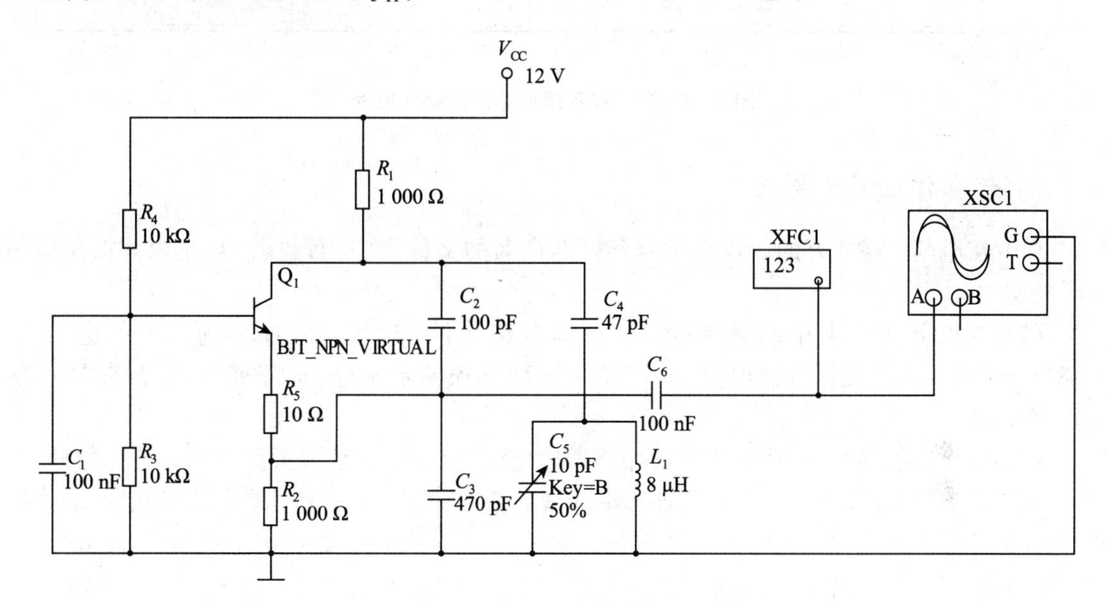

图 2-1-47 西勒振荡器的参考电路

改变皮尔斯振荡电路中的电容(即在图 2-1-48 所示电路中的 C_3 两端并联一个 100 pF 的电容),用频率计记录新的频率 f_{22}。

将改变后的测量结果记录于表 2-1-14 中,并分析哪一种振荡器更为稳定。

表 2-1-14 两种振荡器频率稳定性的比较

西勒振荡器			皮尔斯振荡器			结论
f_1	f_{11}	$\gamma_1 = \frac{f_{11} - f_1}{f_1}$	f_2	f_{22}	$\gamma_2 = \frac{f_{22} - f_2}{f_2}$	

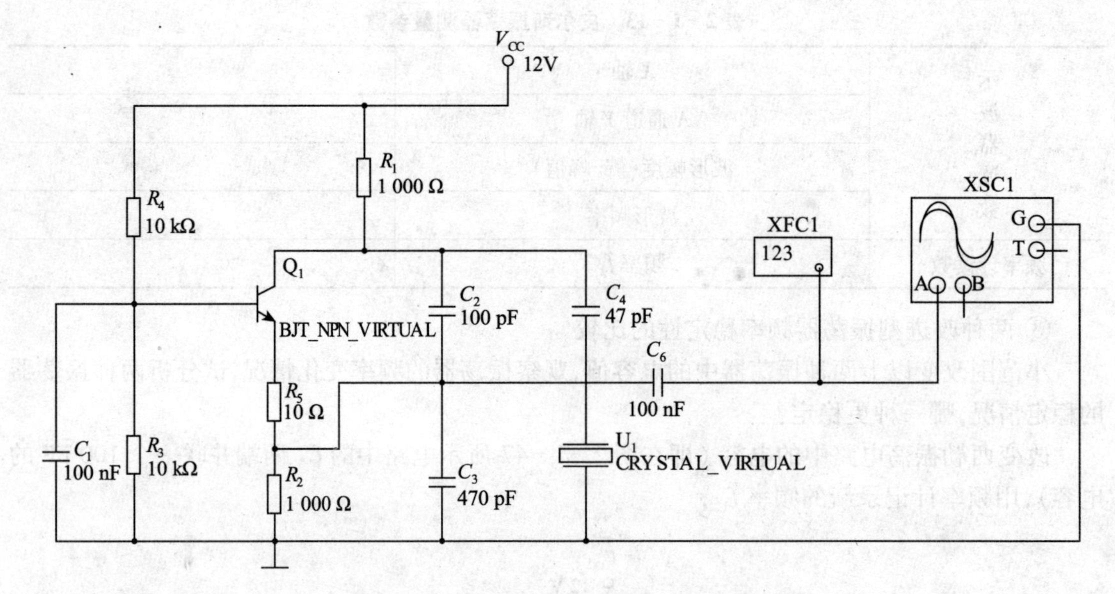

图 2-1-48　皮尔斯振荡器的参考电路

3) 仿真作业提交要求

(1) 在电脑中建立好的以自己学号和姓名命名的文件夹中，新建名为“正弦波振荡器仿真”的文件夹。

(2) 在以上文件夹中新建 Multisim 仿真电路文件（3 个），文件名为“学号 电路名.ms8”，如“＊＊正弦波振荡器电路.ms8”、“＊＊西勒振荡器电路.ms8”或“＊＊皮尔斯振荡器电路.ms8”。

(3) 将电路仿真结果截图（正弦波振荡器输出波形截图、正弦波振荡器频率计读数截图、西勒振荡器输出波形截图、西勒振荡器频率计读数截图，皮尔斯振荡器输出波形截图、晶体振荡器频率计读数截图，共 6 个）以及结果记录表格（6 个）保存在实验报告中，保存为 Word 文档，文档名为“学号 姓名”。

(4) 总结电路中哪些参数会影响振荡器的振荡频率，根据实验电路的仿真结果分析，应如何提高振荡器的稳定性，将分析结果写入实验报告中。

4) 思考题

(1) 振荡器的功能是什么？

(2) 振荡器的频率由什么参数决定？

(3) 振荡器正常工作的条件是什么？

(4) 振荡器的主要指标有哪些？如何提高这些指标？

2.1.2.6 任务训练 3:正弦波振荡器操作实验

1) 实验目的

(1) 掌握三点式 *LC* 振荡器、晶体振荡器、变容二极管压控振荡器的组成和工作原理。
(2) 掌握设计各种正弦波振荡器振荡频率的方法。
(3) 了解各种正弦波振荡器的特点和应用场合。

2) 实验电路

正弦波振荡器的实验电路板如图 2-1-49 所示。

图 2-1-49 正弦波振荡器实验电路板

(1) 三点式 *LC* 振荡器

正弦波振荡器实验的电路原理图如图 2-1-50 所示。

实验板中的三点式 *LC* 振荡器电路的交流通路如图 2-1-51 所示。

将图 2-1-49 中开关 S_2 的 1 拨上、2 拨下,S_1 全部断开,则由晶体管 Q_3 和 C_{13}、C_{20}、C_{10}、C_{CI}、L_2 构成西勒振荡器,其交流通路如图 2-1-52 所示。该西勒振荡器的振荡频率计算公式为:

$$f_0 = \frac{1}{2\pi\sqrt{L_2(C_{10} + C_{CI})}}$$

故可通过调节电容 C_{CI} 来改变振荡频率。该电路的振荡频率约为 4.5 MHz。

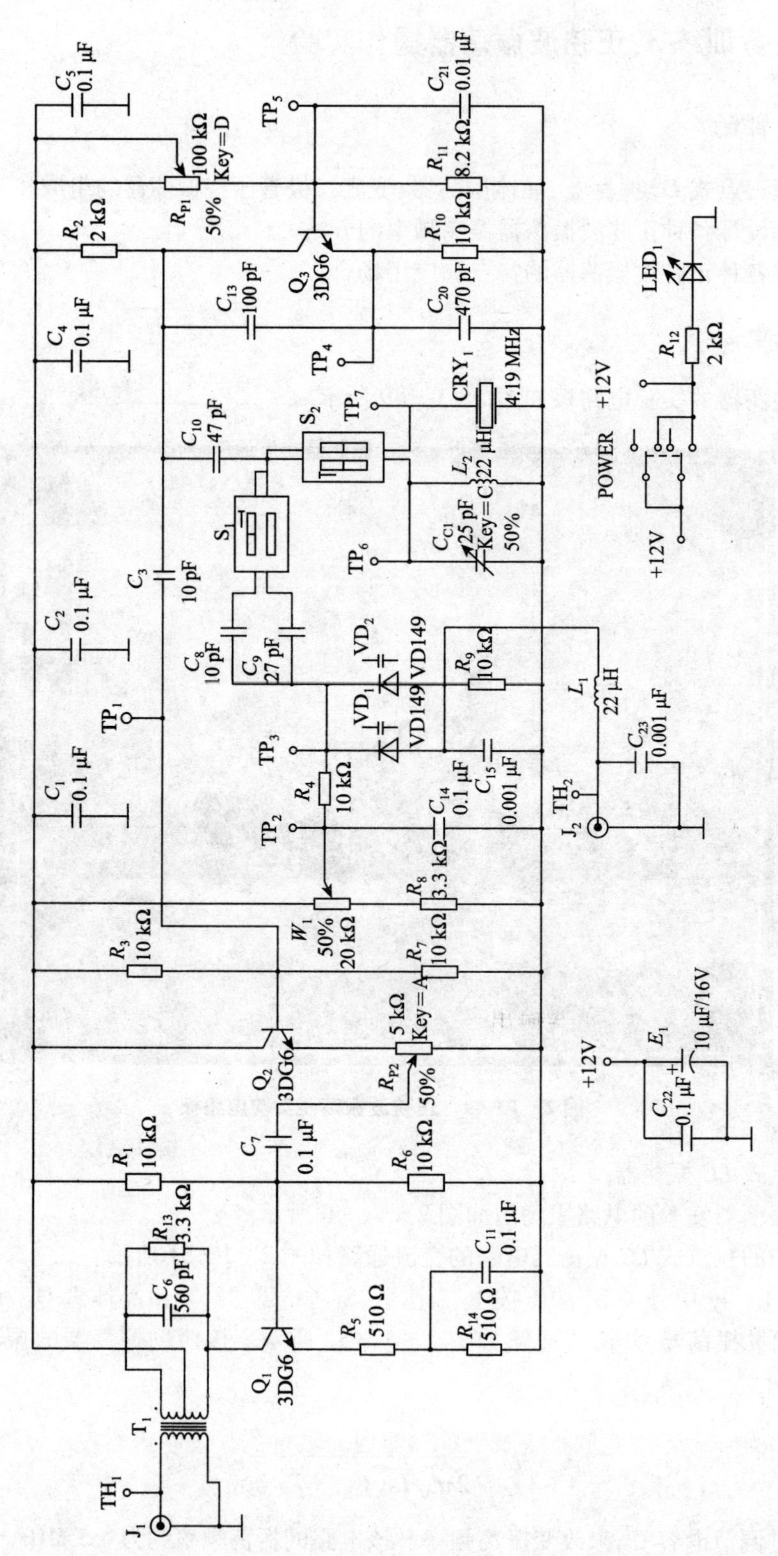

图 2-1-50 正弦波振荡器的电路原理图

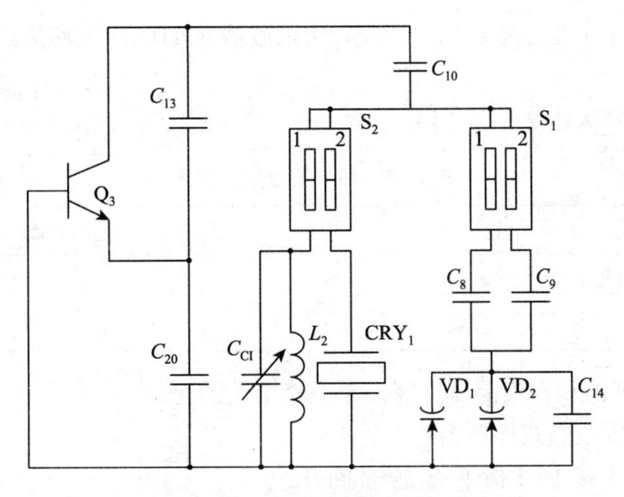

图 2-1-51 振荡器交流通路

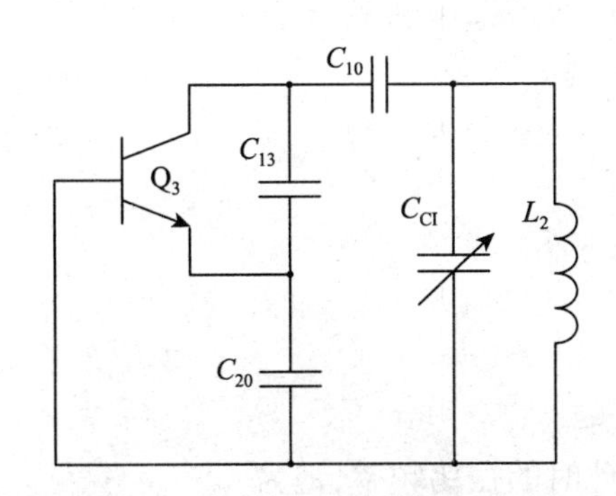

图 2-1-52 西勒振荡器交流通路

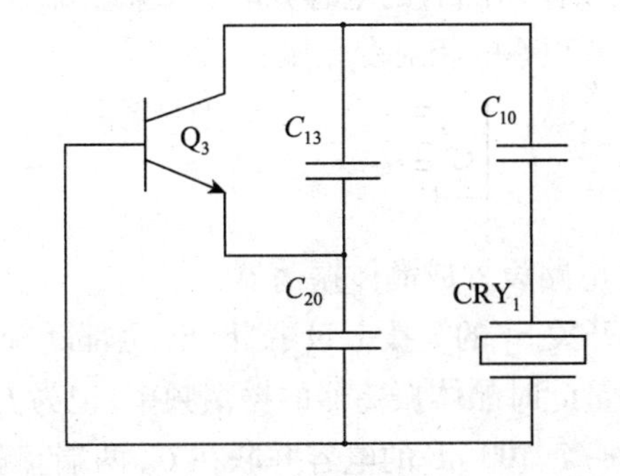

图 2-1-53 并联型石英晶体振荡器交流通路

从图 2-1-50 中可以看到，振荡器输出通过耦合电容 C_3(10 pF)加到由 Q_2 组成的射极跟随器的输入端，因为 C_3 的容量很小，再加上射极跟随器的输入阻抗很高，可以减小负载对振荡器的影响。射极跟随器输出信号通过 Q_1 组成的调谐放大电路进行放大，再经变压器耦合从 J_1 输出。

(2) 并联型石英晶体振荡器

将图 2-1-49 中开关 S_2 的 2 拨上、1 拨下，S_1 全部断开，则晶体管 Q_3 和 C_{13}、C_{20}、C_{10}、晶体 CRY_1 构成晶体振荡器(皮尔斯振荡器)，其交流通路如图 2-1-53 所示。该电路为一个典型的并联型石英晶体振荡电路，其工作原理与一般的三点式 LC 振荡器相同，只是把其中一个电感元件用晶体置换，即晶振 CRY_1 此时在电路中作为一个高选择性的电感元件使用。

3) 实验内容与步骤

(1) 熟悉实验电路

根据图 2-1-50 在实验板上找到振荡器各元器件的位置并熟悉各元器件的作用。

(2) 三点式振荡器

① 将开关 S_2 的 1 拨上、2 拨下，S_1 全部断开，构成 LC 振荡器；

② 用示波器从 TH_1 处观察波形，记录波形；

③ 将频率计接于 J_1 处，改变 C_{CI} 的大小，用示波器从 TH_1 处观察波形，并观察输出波形的频率变化。

④ 将测量结果填入表 2-1-15 中。

表 2-1-15　测量数据记录 1

C_{CI}	输出频率
5 pF	
28 pF	

(3) 三点式振荡器和石英晶体振荡器频率稳定性的比较

① 将电路设置成三点式振荡器

a. 将开关 S_2 的 1 拨上、2 拨下，S_1 全部断开；

b. 测量此时三点式振荡器的振荡频率，记为 f_1；

c. 将一个 100 pF 的电容并联在 C_{20} 两端，测量此时的振荡频率，记为 f_{11}；

d. 计算频率的相对变化量：

$$\gamma_1 = \frac{f_{11} - f_1}{f_1}$$

② 将电路设置成晶体振荡器

a. 将开关 S_2 的 2 拨上、1 拨下，S_1 全部断开；

b. 测量此时晶体振荡器的振荡频率，记为 f_2；

c. 将一个 100 pF 的电容并联在 C_{20} 两端，测量此时的振荡频率，记为 f_{22}；

d. 计算频率的相对变化量：

$$\gamma_2 = \frac{f_{22} - f_2}{f_2}$$

③ 比较两种电路的频率稳定程度，将比较结果填入表 2-1-16 中。

表 2-1-16　测量数据记录 2

f_1	f_{11}	$\gamma_1 = \frac{f_{11} - f_1}{f_1}$	f_2	f_{22}	$\gamma_2 = \frac{f_{22} - f_2}{f_2}$

4) 实验报告要求

(1) 实验目的。

(2) 分析实验电路的原理。

(3) 记录实验数据。

(4) 回答思考题。

5）思考题

（1）振荡器由哪几部分构成？

（2）振荡器正常工作的条件是什么？

（3）振荡频率由哪些元件决定？

（4）Q_1、Q_2 构成的放大器起什么作用？

（5）石英晶体振荡器有什么特点？

2.1.3 任务3：振幅调制电路

2.1.3.1 任务要求

（1）掌握振幅调制（即调幅）的原理。

（2）掌握三种振幅调制（AM、DSB、SSB）的表达式、波形及频谱特点。

（3）了解 AM、DSB 和 SSB 的应用场合。

2.1.3.2 任务原理

1）基础知识

（1）频率变换

频率变换是指输出信号的频率与输入信号的频率不同，而且满足一定的变换关系。从频谱的角度来看，可分为：

- 调制：把低频的调制信号频谱变换为高频的已调波频谱；
- 解调：把高频的已调波频谱变换为低频的调制信号频谱；
- 变频：把高频的已调波频谱变换为中频的已调波频谱。

因此调制、解调和变频电路都属于频谱变换电路。

频谱变换电路分为频谱搬移电路和频谱非线性变换电路两种。

① 频谱搬移电路：将输入信号频谱沿频率轴进行不失真的搬移，频谱内部结构保持不变，如调幅、检波、变频电路都是这类电路。

② 频谱非线性变换电路：将输入信号频谱进行特定的非线性变换，如调频、鉴频、调相、鉴相等电路。

（2）模拟乘法器

模拟乘法器是一种完成两个模拟信号相乘作用的电子器件，如图 2-1-54 所示，通常具有两个输入端和一个输出端，若输入信号用 u_X、u_Y 表示，输出信号为 u_o，k_m 为比例系数，称为模拟乘法器的相乘增益，其单位为 V^{-1}，则 $u_o = k_m u_X u_Y$。

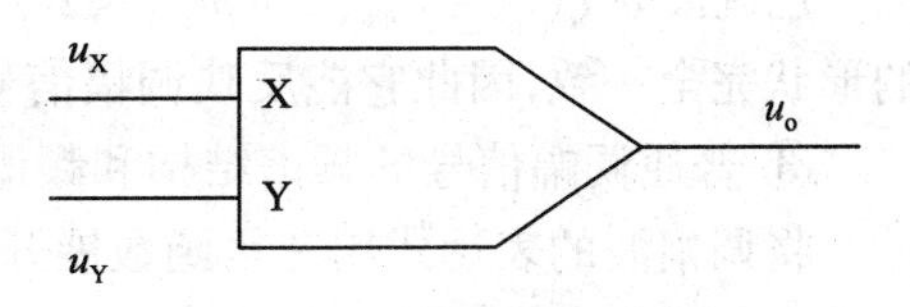

图 2-1-54 模拟乘法器的符号

(3) 频谱搬移

模拟乘法器实现频谱搬移的原理：设乘法器的输入信号为 $u_c(t)=U_{cm}\cos\omega_c t$ 和 $u_i(t)$，乘法器的输出信号为 $u_o(t)$。为方便讨论，设相乘增益 $k_m = 1\ V^{-1}$，$U_{cm} = 1\ V$，则乘法器的输出电压为：

$$u_o(t)=u_c(t)u_i(t)=u_i(t)U_{cm}\cos\omega_c t=u_i(t)\cos\omega_c t$$

若 $u_i(t)$ 为单频信号，即 $u_i(t)=U_{im}\cos\omega_i t$，设 $\omega_i < \omega_c$，则

$$u_o(t)=U_{im}\cos\omega_i t\cos\omega_c t=\frac{1}{2}U_{im}\cos(\omega_c-\omega_i)t+\frac{1}{2}U_{im}\cos(\omega_c+\omega_1)t$$

由上式可知，此时输出信号 $u_o(t)$ 的频率成分为 $f_i \pm f_c$，它们的振幅均为$\frac{U_{im}}{2}$。输入信号$u_i(t)$、$u_c(t)$和输出信号 $u_o(t)$ 的频谱如图 2-1-55 所示。

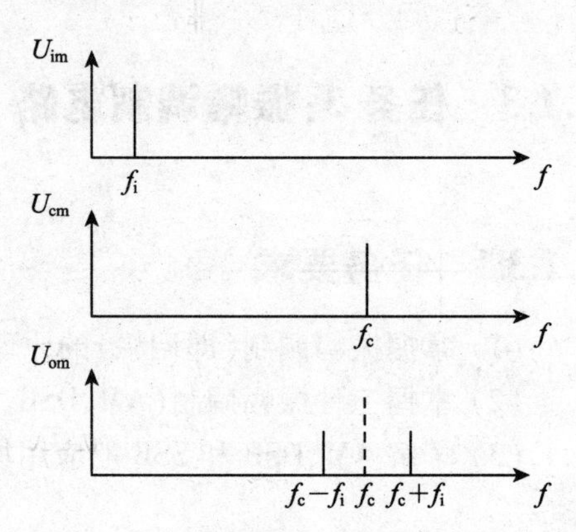

图 2-1-55 模拟乘法器实现频谱变换

2) 调幅波的基本性质

(1) 普通调幅(AM)

① 普通调幅信号的数学表达式

设高频载波 $u_c(t)=U_{cm}\cos\omega_c t=U_{cm}\cos 2\pi f_c t$，调幅时，载波的频率和相位不变，而振幅将随着调制信号 $u_\Omega(t)=U_{\Omega m}\cos\Omega t$ 线性地变化，因此调制后形成的已调波可以表示为：

$$u_{AM}(t)=U_{cm}+k_d U_{\Omega m}\cos\Omega t=U_{cm}\left(1+\frac{k_d U_{\Omega m}}{U_{cm}}\cos\Omega t\right)=U_{cm}(1+m_a\cos\Omega t)$$

其中 $m_a=\frac{k_d U_{\Omega m}}{U_{cm}}$ 称为调幅系数或调制度，它反映了载波振幅受调制信号控制的程度，m_a 与 $U_{\Omega m}$成正比。在调制信号的一个周期内，调制波的最大振幅 $U_{cm,max}=U_{cm}(1+m_a)$，最小振幅 $U_{cm,min}=U_{cm}(1-m_a)$，故有

$$m_a=\frac{U_{cm,max}-U_{cm,min}}{U_{cm,max}+U_{cm,min}}=\frac{U_{cm,max}-U_{cm}}{U_{cm}}=\frac{U_{cm}-U_{cm,min}}{U_{cm}}$$

一般 $0 < m_a \leqslant 1$。未调幅时，$m_a=0$；m_a 值越大，调幅越深，当 $m_a=1$ 时则达到最大值，称为百分之百调幅；$m_a > 1$ 时，包络出现过零点，上下包络不反映调制信号的变化，称为过调幅。

② 普通调幅信号的波形

已调波 $u_{AM}(t)=U_{cm}(1+m_a\cos\Omega t)$ 的波形如图 2-1-56 所示，调幅波的包络与调制信号的形状完全一致，因此它能反映调幅信号包络线的变化。

③ 普通调幅信号的频谱结构和频谱宽度

将调幅波的表达式用三角函数展开，得到：

$$u_{AM}(t)=U_{cm}\cos\omega_c t+\frac{1}{2}m_a U_{cm}\cos(\omega_c-\Omega)t+\frac{1}{2}m_a U_{cm}\cos(\omega_c+\Omega)t$$

上式表明，单频正弦信号调制的调幅波是由三个频率分量构成的：第一项为载波分量 ω_c；第二项的频率为 $\omega_c-\Omega$，称为下边频分量，其振幅为$\frac{1}{2}m_a U_{cm}$；第三项的频率为 $\omega_c+\Omega$，称为上边频分量，其振幅为$\frac{1}{2}m_a U_{cm}$。由此可画出相应的调幅波的频谱，如图 2－1－57 所示。由图可以看出，上、下边频分量对称地排列在载波分量的两侧。调幅波的频谱宽度简称为带宽，用 B 表示。

$$B=(f_c+F)-(f_c-F)=2F$$

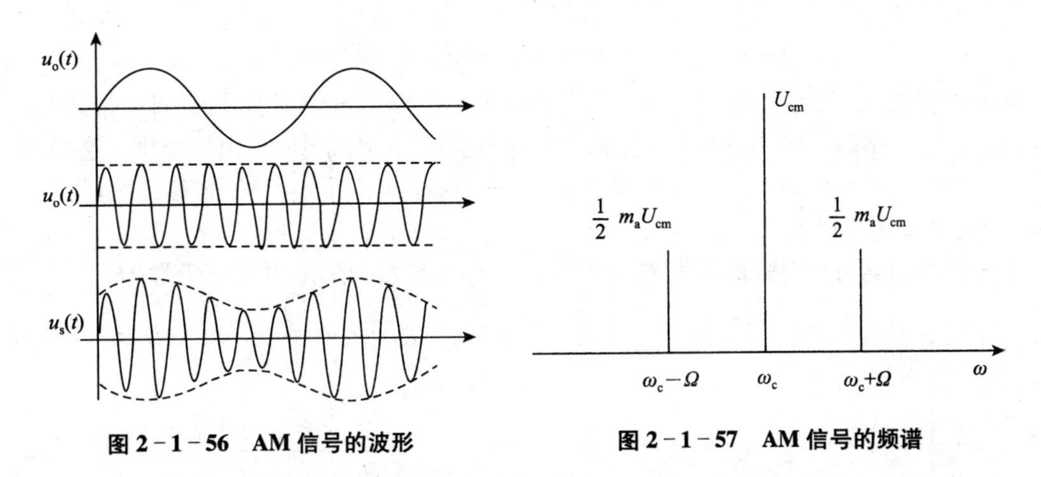

图 2－1－56　AM 信号的波形

图 2－1－57　AM 信号的频谱

因此，调幅电路的作用是在时域实现 $u_\Omega(t)$ 和 $u_c(t)$ 相乘，反映在波形上就是将 $u_\Omega(t)$ 不失真地搬移到高频振荡的振幅上，而在频域则是将 $u_\Omega(t)$ 的频谱不失真地搬移到 f_c 的两边。

④ 调幅波的功率分配关系

设调制信号为单频信号，调幅波电压加到负载电阻 R_L 的两端，则可分别得到载波功率和每个边频功率：

$$P_c=\frac{1}{2}\frac{U_{cm}^2}{R_L}$$

$$P_{sb1}=P_{sb2}=\frac{1}{2}\left(\frac{m_a}{2}U_{cm}\right)^2\frac{1}{R_L}=\frac{m_a^2}{4}P_c$$

边频总功率为：

$$P_{sb}=\left(\frac{m_a}{2}U_{cm}\right)^2\frac{1}{R_L}=\frac{m_a^2}{2}P_c$$

在调制信号的一个周期内，调幅波输出的平均功率为

$$P_{av}=P_c+P_{sb1}+P_{sb2}=\left(1+\frac{m_a^2}{2}\right)P_c$$

上式表明，调幅波的输出功率随 m_a 的增加而增加。

载波不包含待传输的调制信号，而所要传输的信号（调制信号）只存在于边频功率中，因此从传输信息的角度看，调幅波的平均功率 P_{av} 中真正有用的是边频功率 P_{sb}，载波功率 P_c 是没有用的。当 $m_a=1$ 时，P_{sb} 在 P_{av} 中所占的比例最大，这时 $P_{sb}=\frac{P_{av}}{3}$。由此可得，有用的边频功率占整个调幅波平均功率的比例很小，发射极的效率很低。

（2）双边带调幅（DSB）

既然载波分量不包含任何信息，又占整个调幅波平均功率的很大比重，那么在传输前把它抑制掉，就可以在不影响传输信息的条件下，大大提高发射机的发射功率。这种仅传输两个边带的调幅方式称为抑制载波的双边带调幅，简称双边带调幅，用 DSB 表示。单频调制时双边带调幅信号的数学表达式为：

$$u_{DSB}(t)=k_a u_\Omega(t)\cos\omega_c t=m_a U_{cm}\cos\Omega t\cos\omega_c t$$

双边带调幅信号的输出波形如图 2-1-58(a)所示，从波形中可以看出，双边带调制与普通调幅信号的区别就在于其载波电压振幅不是在 U_{AM}上、下按调制信号规律变化。这样，当调制信号 $u_\Omega(t)$进入负半周时，$u_{AM}(t)$就变为负值，表明载波电压产生 180°相移，其包络已不再反映 $u_\Omega(t)$的变化规律。

双边带调制仍为频谱搬移电路，频谱图如图 2-1-58(b)所示，其带宽仍为 $2F$。

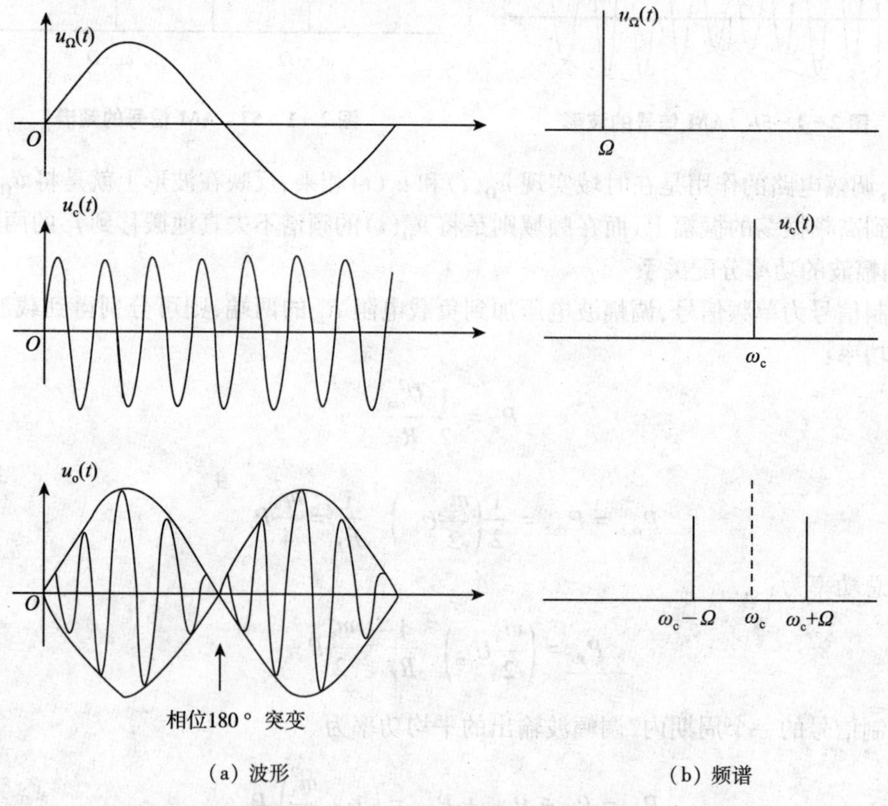

图 2-1-58 DSB 信号的波形和频谱

(3) 单边带调幅(SSB)

双边带调幅信号的上边带或下边带都包含了调制信号的全部信息。因此,从信息传输的角度来看,还可以进一步把其中的一个边带抑制掉。这种仅传输一个边带(上边带或下边带)的调幅方式称为抑制载波的单边带调幅,简称单边带调幅,用 SSB 表示。

当调制信号为单频时,单边带调幅信号的数学表达式为:

$$u_{\text{SSB}}(t)=\frac{1}{2}m_{\text{a}}U_{\text{cm}}\cos(\omega_{\text{c}}+\Omega)t \qquad (\text{上边频})$$

$$u_{\text{SSB}}(t)=\frac{1}{2}m_{\text{a}}U_{\text{cm}}\cos(\omega_{\text{c}}-\Omega)t \qquad (\text{下边频})$$

单边带信号的波形如图 2－1－59(a)所示。

单边带调制仍为频谱搬移电路,频谱如图 2－1－59(b)所示,其带宽为 F。

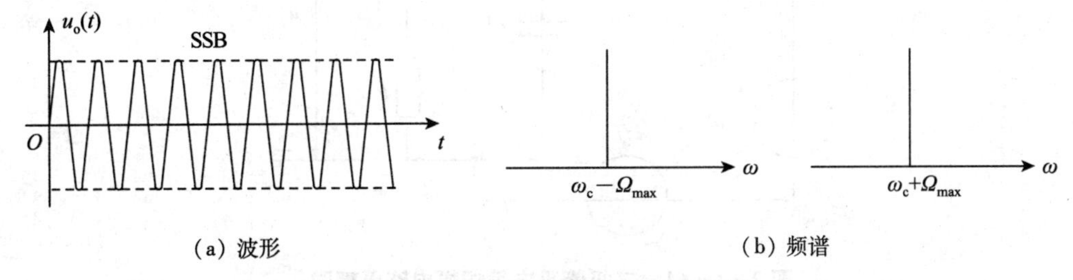

图 2－1－59　SSB 信号的波形和频谱

单边带调制可把 AM 或 DSB 信号的带宽压缩一半,大大提高了短波波段的频带利用率。

综上所述,普通调幅方式所占的频带较宽,还要传输不含信息的较大载波功率,但它的发射机和接收机都比较简单。因此,在拥有众多接收机的广播系统中,多采用普通调幅方式,以降低接收机的成本。双边带调幅方式可以大大节省发射机的功率,但所占的频带较宽,且发射机和接收机都比较复杂,因此应用得很少。单边带调幅方式既可大大节省发射机的功率,又能节约频带,因此,虽然它的发射机和接收机都比较复杂,却在短波无线通信中得到广泛的应用。

3) 调幅电路

(1) AM 普通调幅电路

① 模拟乘法器调幅电路

由模拟乘法器和集成运放组成的普通调幅电路如图 2－1－60 所示。

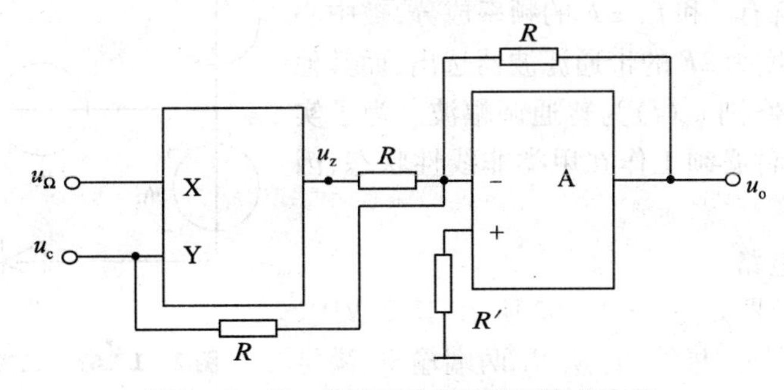

图 2－1－60　模拟乘法器的普通调幅电路

若 $u_{\Omega}(t)=U_{\Omega m}\cos\Omega t$ 为单频信号，$u_{c}(t)=U_{cm}\cos\omega_{c}t$ 为载波信号，则输出电压

$$u_{o}(t)=-[u_{c}(t)+u_{z}(t)]=-U_{cm}(1+k_{M}U_{\Omega m}\cos\Omega t)\cos\omega_{c}t=-U_{cm}(1+m_{a}\cos\Omega t)\cos\omega_{c}t$$

式中，$m_{a}=k_{M}U_{\Omega m}$，为保证不失真，要求 $|k_{M}U_{\Omega m}|<1$。显然，该电路的输出信号为普通的调幅波。

② 二极管平方律调幅电路

由于非线性器件具有相乘作用，因此可以用它构成调幅电路，如图 2-1-61 所示为二极管构成的普通调幅电路。

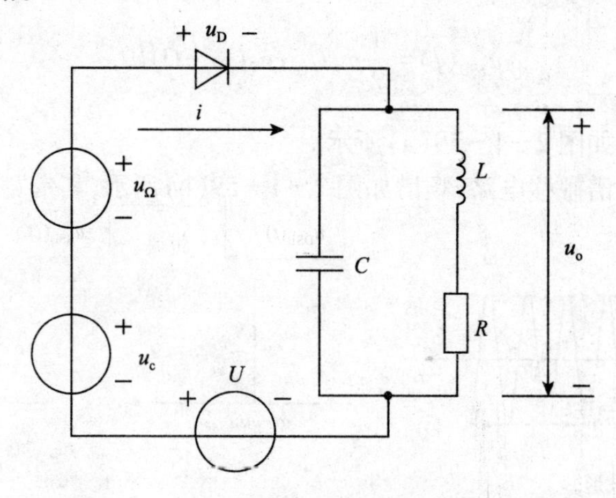

图 2-1-61　二极管平方律调幅电路原理图

其中，U 为偏置电压，使二极管的静态工作点位于特性曲线的非线性较严重的区域；调制信号$u_{\Omega}(t)$和载波 $u_{c}(t)$相加后再和 U 叠加；L、C 组成中心频率为 f_{c} 的带通滤波器。若忽略输出电压的反作用，则二极管两端电压

$$u_{D}(t)=U+u_{\Omega}(t)+u_{c}(t)=U_{Q}+U_{\Omega m}\cos\Omega t+U_{cm}\cos\omega_{c}t$$

流过二极管的电流

$$i=f(u)=a_{0}+a_{1}(U_{\Omega m}\cos\Omega t+U_{cm}\cos\omega_{c}t)+a_{2}(U_{\Omega m}\cos\Omega t+U_{cm}\cos\omega_{c}t)^{2}+\cdots$$
$$+a_{n}(U_{\Omega m}\cos\Omega t+U_{cm}\cos\omega_{c}t)^{n}+\cdots$$

上式含有无限多个频率成分，其一般表达式为：

$$f_{k}=|\pm pf_{c}\pm qF|\ (p,q=0,1,2,\cdots)$$

该组合频率中含有f_{c}和$f_{c}\pm F$ 的频率成分，被中心频率为f_{c}，通频带宽度为 $2F$ 的带通滤波器选出，而其他组合频率成分被滤掉，则 $u_{o}(t)$为普通调幅波。为了实现平方律调幅，元器件必须工作在甲类非线性状态，因此效率不高。

(2) DSB 调幅电路

二极管平衡调幅器如图 2-1-62 所示，其中 VD_1、VD_2为两个特性相同的二极管，u_{o} 从 R_{L} 两端输出，满足

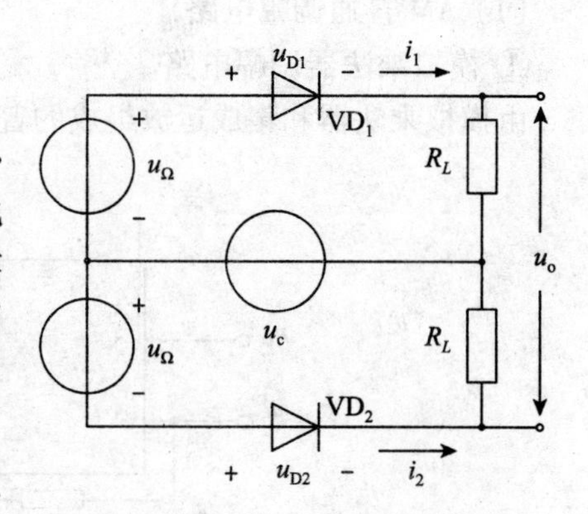

图 2-1-62　二极管平衡调幅器

$u_o = iR = (i_1 - i_2)R$。平衡调幅器可以看作是由两个平方律调幅器连接而成。

$$u_o = 2R[a_1 U_{\Omega m}\cos\Omega t + a_2 U_{cm} U_{\Omega m}\cos(\omega_c + \Omega)t + a_2 U_{cm} U_{\Omega m}\cos(\omega_c - \Omega)t]$$

由此式可知,输出中没有载波分量。若用中心频率为 f_c、通带宽度为 $2F$ 的带通滤波器接在输出端,则得到的只有 $f_c + F$ 的上、下边频分量,实现了双边带调幅。

(3) SSB 调幅电路

① 滤波法单边带调制电路

通过带通滤波器滤除 DSB 信号中的一个边带,就可以获得 SSB 信号,其原理图如图 2-1-63所示。滤除法的关键是带通滤波器。

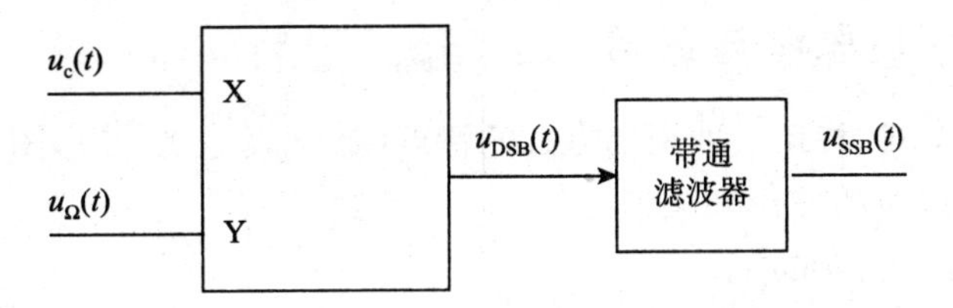

图 2-1-63 滤波法单边带调幅器的原理电路

$$u_{SSB}(t) = \frac{1}{2}k_a U_{\Omega m}\cos(\omega_c + \Omega)t$$

或

$$u_{SSB}(t) = \frac{1}{2}k_a U_{\Omega m}\cos(\omega_c - \Omega)t$$

② 相移法单边带调制电路

相移法单边带调制电路如图 2-1-64 所示,相移法的关键是移相器,要求精确移相 90°且幅频特性为常数。

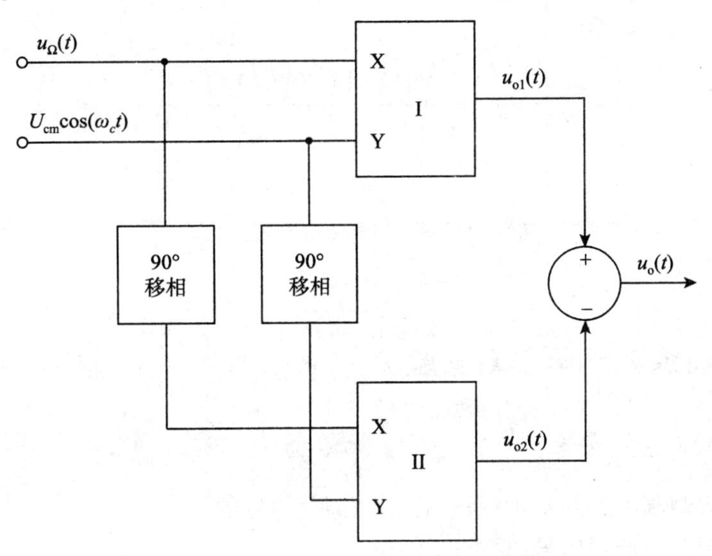

图 2-1-64 相移法单边带调制电路原理图

2.1.3.3 任务小结

（1）振幅调制是用调制信号去改变高频载波振幅的过程。振幅调制电路都属于频谱搬移电路，可以用乘法器和滤波器组成的电路模型来实现。其中，乘法器的作用是将输入信号频率不失真地搬移到参考信号频率两边；滤波器用来取出有用频率分量，抑制无用频率分量。调幅电路的输入信号是低频调制信号，参考信号为等幅载波信号，采用中心频率为载频的带通滤波器，输出为已调高频波。

（2）振幅调制有普通调幅（AM）、双边带调幅（DSB）和单边带调幅（SSB）。

2.1.3.4 任务训练1：思考与练习

（1）试分析 AM、DSB、SSB 三种调幅方式的特点（数学表达式、波形图、频谱图以及带宽）。

（2）画出下列已调波的波形和频谱图（设 $\omega_c = 5\ \Omega$）。

① $u(t) = (1 + \sin\Omega t)\sin\omega_c t$；

② $u(t) = (1 + 0.5\cos\Omega t)\cos\omega_c t$；

③ $u(t) = 2\cos\Omega t\cos\omega_c t$。

（3）已知某普通调幅波的最大振幅为 10 V，最小振幅为 6 V，求其调幅系数 m_a。

（4）已知调制信号及载波信号的波形如图 2-1-65 所示，试画出普通调幅波的波形。

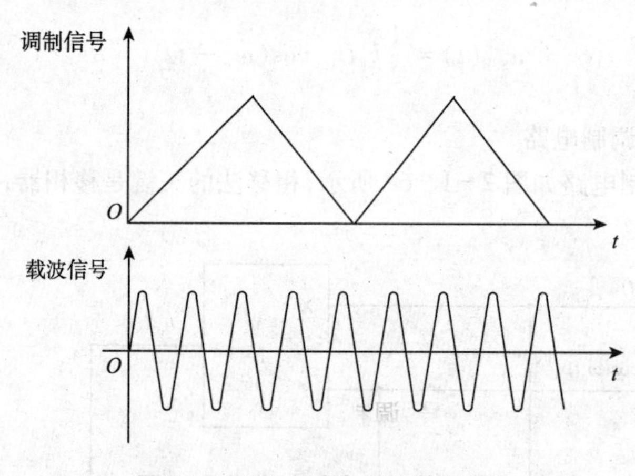

图 2-1-65 思考与练习第(4)题

2.1.3.5 任务训练2：调幅仿真实验

1）仿真目的

（1）了解振幅调制电路的基本构成、作用和调制的目的。

（2）理解已调波与调制信号、载波的关系。

（3）掌握调幅系数的控制和测量方法。

（4）对比全载波、抑制载波的双边带调幅和单边带调幅的波形和频谱。

（5）在仿真环境下，学会使用频谱分析仪。

2）仿真内容与步骤

（1）绘制振幅调制原理图

振幅调制的原理图如图 2－1－66 所示，该电路由非线性乘法器构成。调制电路的作用是将低频调制信号加载到高频载波信号的振幅上，产生振幅随调制信号规律变化的高频已调波信号，从而可使携带有低频调制信号的高频已调波信号符合无线电发射、接收的条件。图 2－1－66 仿真电路中的运算放大器和集成模拟乘法器分别从模拟元器件库（Analog\ANALOG_VIRTUAL\OPAMP_3T_VIRTUAL）和信号源库（Sources\CONTROL_FUNCTION_BLOCKS\MULTIPLIER）中选取。绘制该电路并保存。

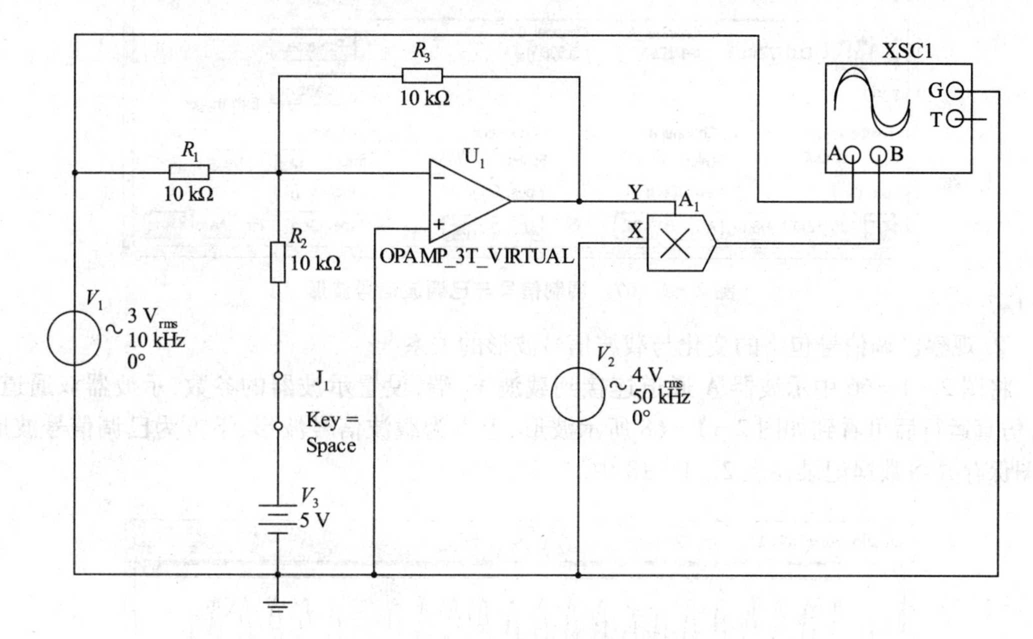

图 2－1－66　振幅调制原理电路

（2）用示波器观察全载波已调信号、调制信号、载波信号

① 观察已调信号包络的变化与调制信号波形的关系

示波器的连接如图 2－1－66 所示，设置示波器的参数，示波器双通道显示，仿真运行后可看到如图 2－1－67 所示波形，上方为调制信号波形，下方为已调信号波形。可看到调制信号变化规律同已调波信号的包络吻合。截图保存示波器中的波形并将数据记录在表 2－1－17 中。

表 2－1－17　数据记录 1

示波器读数				
X 轴	A 通道 *Y* 轴	B 通道 *Y* 轴	调制信号频率	调制信号幅度

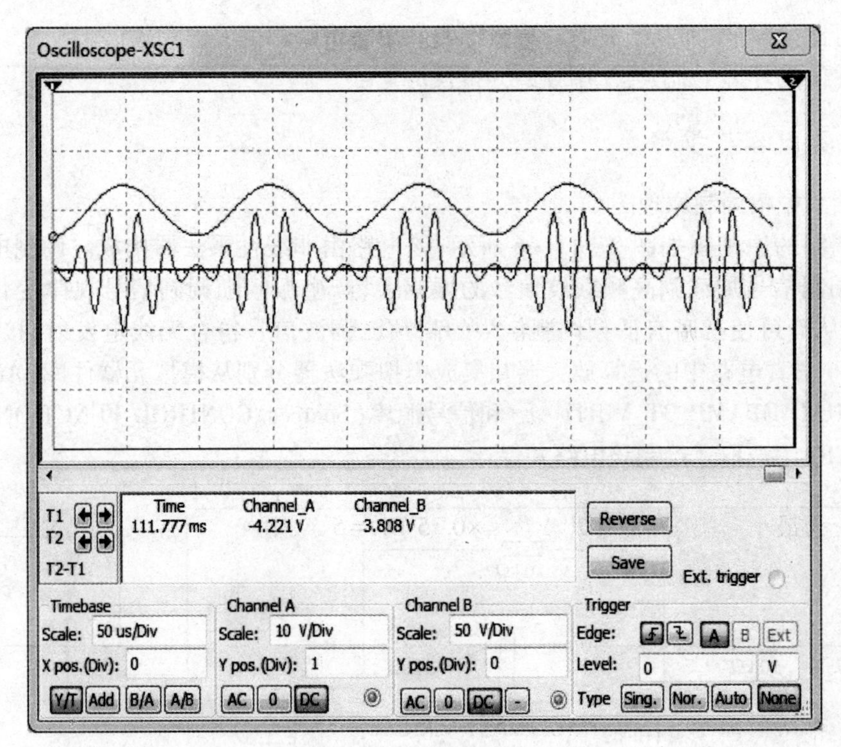

图 2-1-67　调制信号与已调波信号波形

② 观察已调信号包络的变化与载波信号波形的关系

将图 2-1-66 中示波器 A 通道连接到载波 V_2 端，设置示波器的参数，示波器双通道显示，仿真运行后可看到如图 2-1-68 所示波形，上方为载波信号波形，下方为已调信号波形，截图保存并将数据记录在表 2-1-18 中。

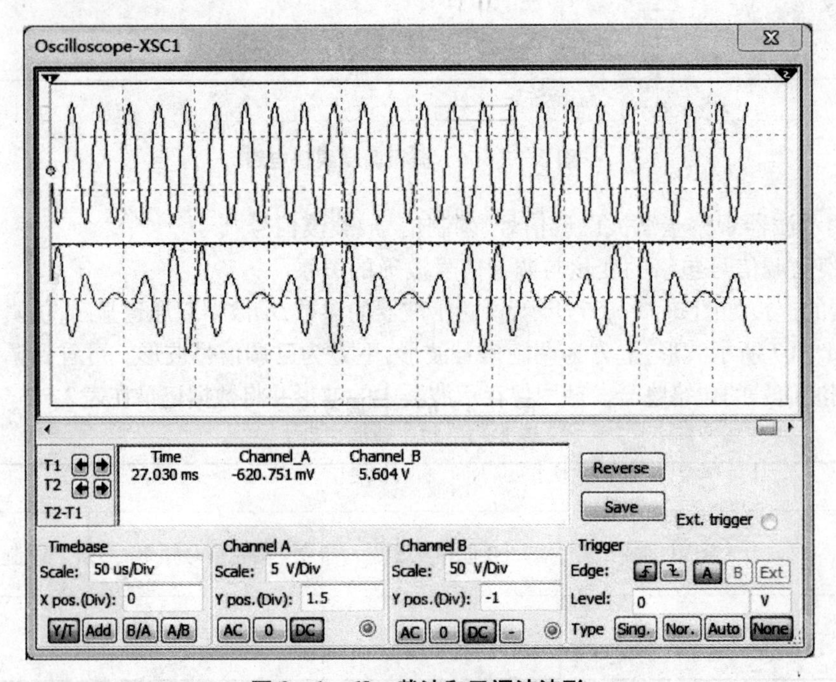

图 2-1-68　载波和已调波波形

表 2-1-18 数据记录 2

示波器读数				
X 轴	A 通道 Y 轴	B 通道 Y 轴	载波信号频率	载波信号幅度

(3) 测量全载波已调信号的调制指数(调幅系数 m_a)

实验中,全载波已调信号的调制指数的计算公式为:

$$m_a = \frac{U_{m,max} - U_{m,min}}{U_{m,max} + U_{m,min}}$$

其中,$U_{m,max}$ 为最大振幅,从仿真图 2-1-69 中可以看出,$U_{m,max}$ = 20 V/Div×2.4 Div = 48 V;$U_{m,min}$ 为最小振幅,$U_{m,min}$ = 20 V/Div×0.25 Div = 5 V,则:

$$m_a = \frac{U_{m,max} - U_{m,min}}{U_{m,max} + U_{m,min}} = \frac{48 - 5}{48 + 5} \approx 0.81$$

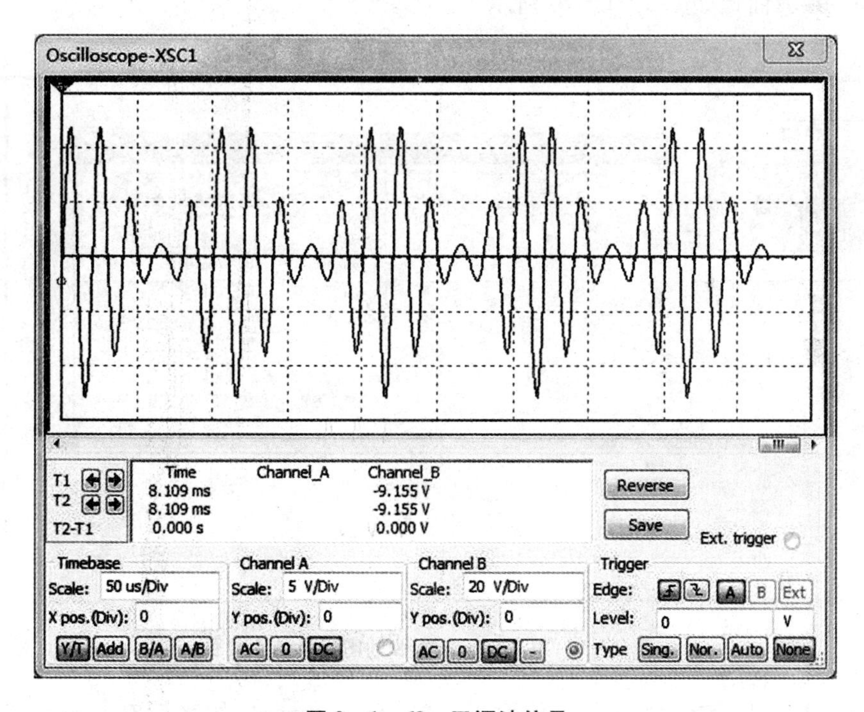

图 2-1-69 已调波信号

① 将图 2-1-66 中示波器 B 信道显示的已调信号波形截图保存,并计算该波形的调制指数 m_a,再将数据记录在表 2-1-19 中;

② 将图 2-1-66 中直流电压减小到 3 V,运行仿真电路,并截图保存示波器显示的波形,重新计算 m_a,再将数据记录在表 2-1-19 中;

③ 将图 2-1-66 中调制电压增加到 5 V,运行仿真电路,并截图保存示波器显示的波形,重新计算 m_a,再将数据记录在表 2-1-19 中;

④ 将图 2-1-66 中载波电压增加到 6 V,运行仿真电路,并截图保存示波器显示的波形,重新计算 m_a,再将数据记录在表 2-1-19 中;

⑤ 归纳 m_a 与电路中哪些参数有关,并记录于表 2-1-19 中。

表 2-1-19 数据记录 3

	最大振幅 $U_{m,max}$	最小振幅 $U_{m,min}$	调制指数 m_a
仿真图 2-1-66 电路中的参数			
直流电压减小到 3 V 时			
调制电压增加到 5 V 时			
载波电压增加到 6 V 时			
归纳 m_a 与哪些参数有关			

(4) 分析全载波已调信号、调制信号、载波信号的频率成分

① Multisim 中频谱分析仪的使用

频谱分析仪是用来分析信号的频域特性的仪表,被测信号接频谱分析仪的输入端(IN)。在 Multisim 中,其面板如图 2-1-70 所示。

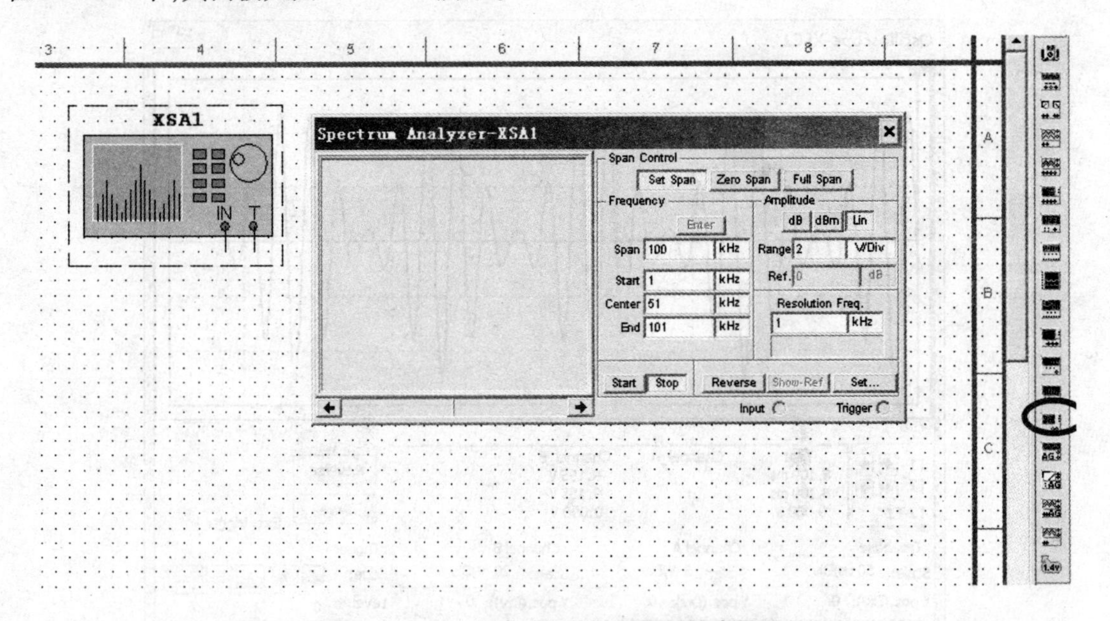

图 2-1-70 频谱分析仪的图标及仿真界面

如图 2-1-71 所示,频谱分析仪面板上的“Span control”用来控制频率范围,选择“Set span”时频率范围由“Frequency”区域决定;选择“Zero span”时频率范围由“Frequency”区域的中心频率决定;选择“Full span”时频率范围为 1 kHz~4 GHz。

“Frequency”区域用来设定频率:“Span”设定频率范围,“Start”设定起始频率,“Center”设定中心频率,“End”设定终止频率。

“Amplitude”区域用来设定幅值单位,有三种选择: dB = 10lg10 V;dBm = 20lg10(V/0.775); Lin 为线性表示。

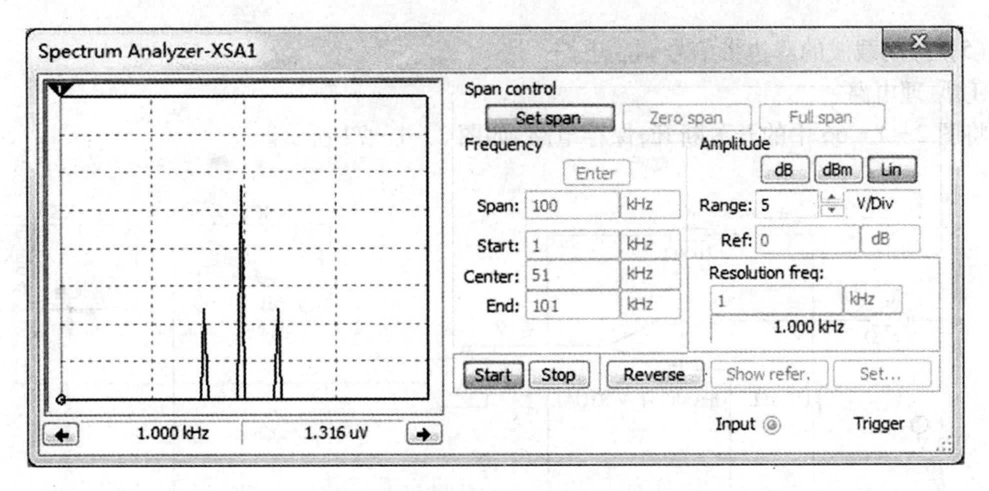

图 2-1-71 频谱分析仪的面板

"Resolution freq"区域用来设定频率分辨的最小频谱线间隔,简称频率分辨率。

② 已调波的频率成分

将频谱分析仪接到图 2-1-66 中乘法器输出端(已调信号),运行仿真电路,观察频谱分析仪的输出波形,截图保存,并将数据记录在表 2-1-20 中。

表 2-1-20 全载波已调波的频率成分频谱记录表

序号	频率	幅度
1		
2		
3		

③ 调制信号的频率成分

将频谱分析仪接到图 2-1-66 中调制信号 V_1 端,运行仿真电路,观察频谱分析仪的输出波形,截图保存,并将数据记录在表 2-1-21 中。

表 2-1-21 全载波信号的调制信号频率成分频谱记录表

频率	幅度

④ 载波的频率成分

将频谱分析仪接到图 2-1-66 中调制信号 V_2 端,运行仿真电路,观察频谱分析仪的输出波形,截图保存,并将数据记录在表 2-1-22 中。

表 2-1-22 全载波信号的载波信号频率成分频谱记录表

频率	幅度

⑤ 总结已调波的频率成分与调制信号的频率成分和载波的频率之间的关系,将结论写入实验报告中。

（5）抑制载波的双边带信号调制电路

① 原理电路

将图 2－1－66 中的开关断开，保存电路，如图 2－1－72 所示。

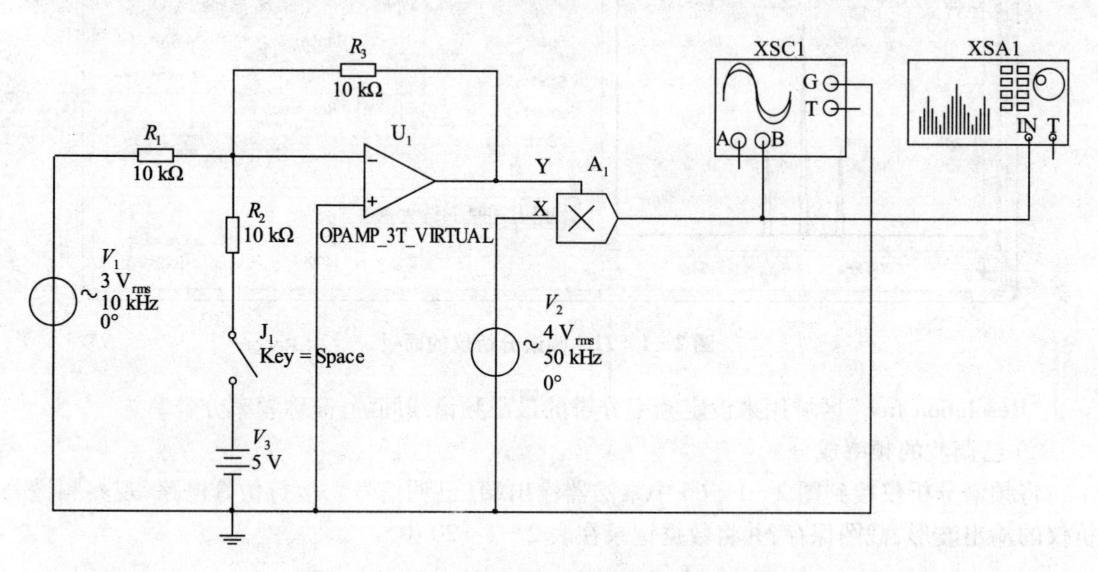

图 2－1－72 抑制载波的双边带调制仿真电路

② 调制信号波形

示波器的连接如图 2－1－72 所示，仿真运行后，可在示波器上看到如图 2－1－73 所示波形。将仿真输出波形截图保存。

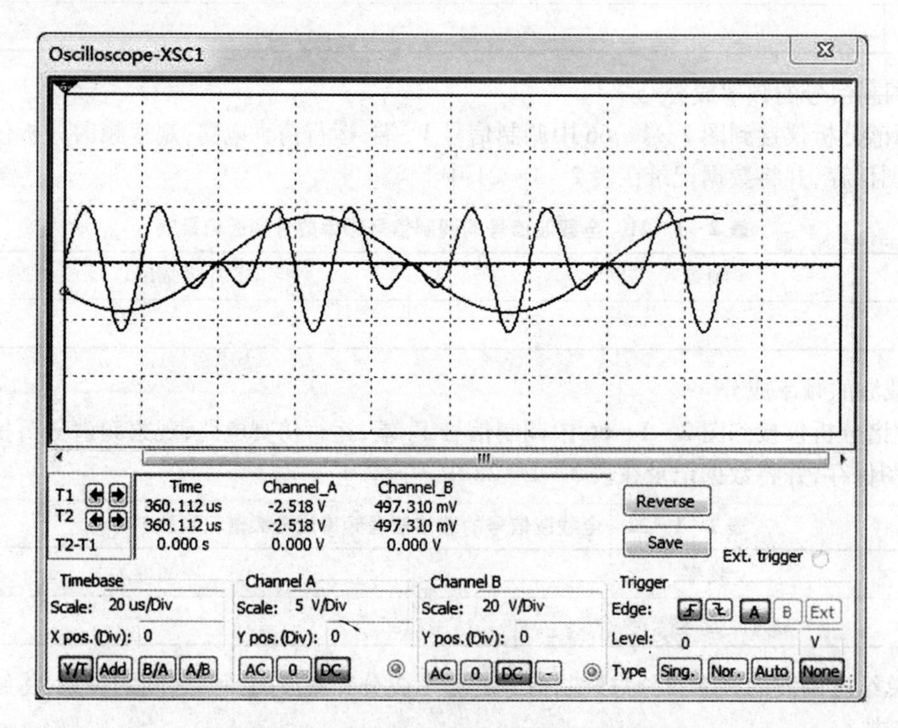

图 2－1－73 双边带已调波信号和调制信号波形

从图中可看到，抑制载波的双边带调幅信号的波形特点为：在调制信号过零点时，已调信号发生180°反相，通过仿真可看到调制信号的变化规律与已调信号包络变化规律不同。

③ 已调信号频率成分

将频谱分析仪接到图2－1－72（注意开关要断开）中乘法器输出端（已调信号），测量频率成分，将结果截图保存并将数据记录在表2－1－23中。其中，双边带信号的频谱参考图如图2－1－74所示。

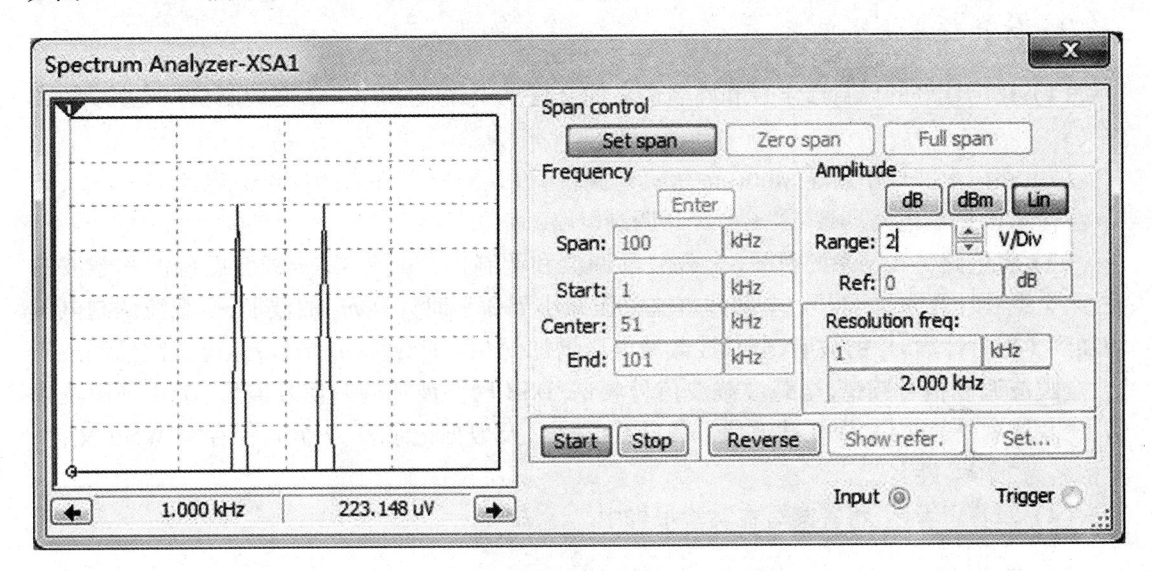

图2－1－74　抑制载波的双边带信号频谱

表2－1－23　双边带信号的频谱

序号	频率	幅度
1		
2		

④ 调制信号的频率成分

如图2－1－72所示，将频谱分析仪接调制信号V_1端，运行仿真电路，观察频谱分析仪的输出波形，截图保存，并将数据记录在表2－1－24中。

表2－1－24　DSB信号的调制信号频率成分频谱记录表

频率	幅度

⑤ 载波的频率成分

将频谱分析仪接图2－1－72中的调制信号V_2端，运行仿真电路，观察频谱分析仪的输出波形，截图保存，并将数据记录在表2－1－25中。

表 2-1-25　DSB 载波信号的载波信号频率成分频谱记录表

频率	幅度

⑥ 总结抑制载波的双边带调幅信号的频率成分与调制信号和载波信号的频率成分之间的关系，并将结论写入实验报告中。

3）仿真作业提交要求

（1）在已建好的以自己学号和姓名命名的文件夹中，新建名为"幅度调制仿真电路"的文件夹；

（2）在以上文件中新建 Multisim 仿真电路文件（2 个），文件名为"学号 电路名.ms8"，如"＊＊全载波调制电路.ms8"、"＊＊DSB 调制电路.ms8"；

（3）将电路仿真结果的截图（全载波已调波和调制信号的波形、全载波已调波和载波的波形、全载波计算 m_a 的波形、全载波直流电压减小到 3 V 时计算 m_a 的波形、全载波调制电压增加到 5 V 时计算 m_a 的波形、全载波载波电压增加到 6 V 时计算 m_a 的波形、全载波已调波频谱、全载波调制信号频谱、全载波载波信号频谱、DSB 已调波和调制信号波形、DSB 已调波频谱、DSB 调制信号频谱、DSB 载波信号频谱共 13 个）及数据记录表（9 个），保存为 Word 文档，文档名为"学号 姓名"。

（4）回答思考题，将答案写在实验报告中。

4）思考题

（1）什么是幅度调制？幅度调制的目的是什么？

（2）若调制信号的频率为 1 kHz，载波频率为 100 kHz，则全载波调幅已调信号中包含哪些频率成分？

（3）调制指数 m_a 与调制电路中的哪些参数有关？

（4）抑制载波双边带调制方式有什么优点？

2.1.3.6　任务训练 3：调幅操作实验

1）实验目的

（1）了解模拟乘法器的工作原理与使用方法。

（2）掌握使用模拟乘法器实现全载波调幅、抑制载波的双边带调幅和单边调幅的原理。

（3）掌握已调波信号的波形特点。

（4）掌握全载波调幅系数的测量与计算方法。

2）实验原理

（1）振幅调制

用待传输的低频调制信号去控制高频载波信号的振幅，使高频载波信号的振幅随调制信号的瞬时值的变化而线性变化，保持载波的频率和初相不变。

（2）基本调幅方式

① 全载波振幅调制 AM；

② 抑制载波的双边带调幅 DSB；

③ 单边带调幅 SSB；

（3）集成模拟乘法器 MC1496

模拟乘法器是一种完成两个模拟信号（连续变化的电压或电流）相乘作用的电子器件。在高频电子线路中，振幅调制、同步检波、混频等功能均可用集成模拟乘法器实现。MC1496是集成模拟乘法器常用产品，其内部电路和引脚如图2-1-75所示。

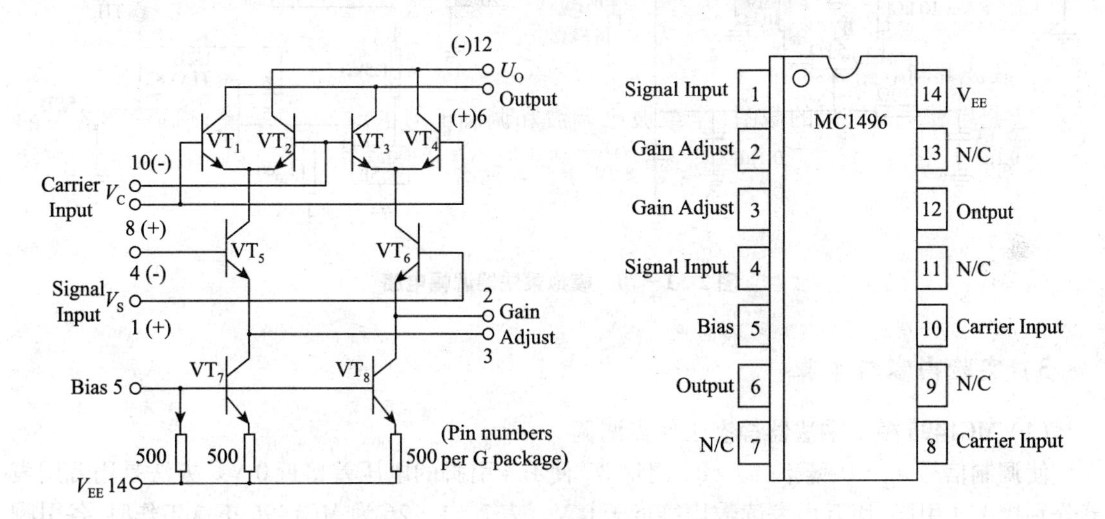

图2-1-75 MC1496内部电路及引脚

其中，VT_1、VT_2与VT_3、VT_4组成差分放大器，两组差分对的恒流源VT_5与VT_6又组成一对差分电路，因此恒流源的控制电压可正可负，以此实现四象限工作。VT_7、VT_8为差分放大器VT_5与VT_6的恒流源。

MC1496是四象限模拟乘法器，当芯片外围连接合适的直流偏置电路，保证器件内部各个晶体管工作在放大状态时，则电路具有以下乘法功能：

$$u_o = ku_1 \times u_2$$

其中，k是一个常数，称为乘法器的增益；u_1是引脚10、8之间的输入电压；u_2是引脚1、4之间的输入电压；u_o是引脚6、12之间的输出电压。

（4）实验电路分析

用MC1496构成的调幅电路图如图2-1-76所示。图中电阻R_1、R_2、R_4、R_5、R_6为器件提供静态偏置电压，保证器件内部各个晶体管工作在放大状态。载波信号u_c通过接线柱J_1加到10、8引脚上（$u_2 = u_c$）；调制信号u_Ω通过接线柱J_5加到1、4引脚上，W_1调节引脚1、4之间的直流电压u_Q（$u_1 = u_Q + u_\Omega$）。2、3引脚外接1 kΩ电阻，以扩大调制信号的动态范围。当电阻增大时，线性范围增大，但乘法器的增益随之减小。u_1和u_2相乘的积为u_o，u_o经U2A放大后从接线柱J_3输出AM或DSB信号；u_o经F_1滤波、U2B放大后，从接线柱J_6输出SSB信号。

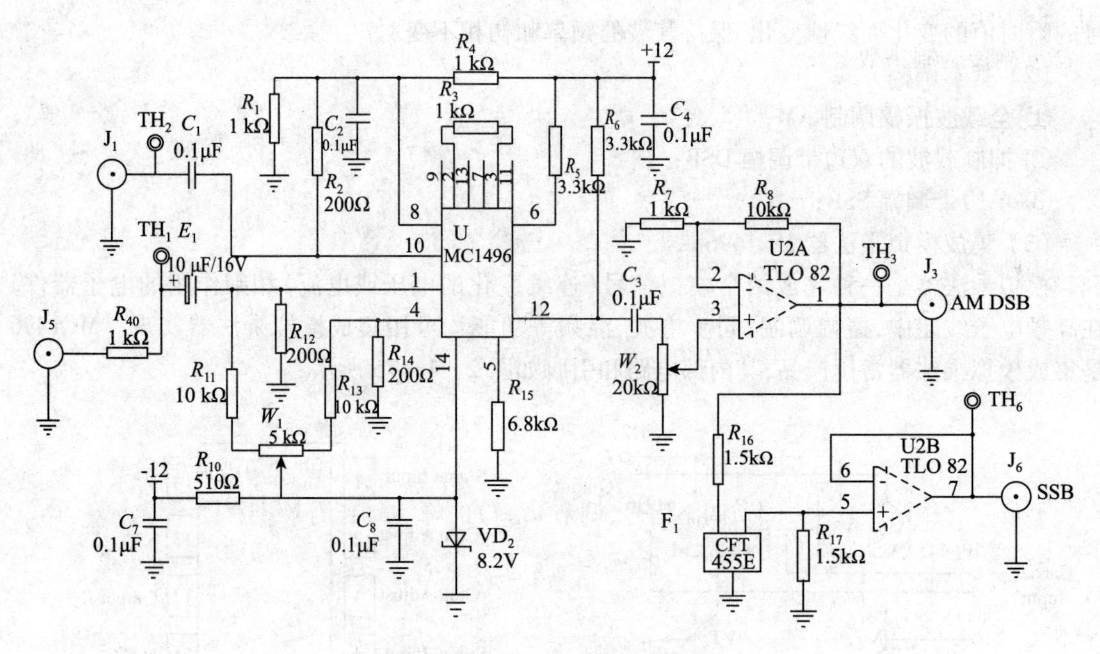

图 2-1-76　模拟乘法器调幅电路

3）实验内容与步骤

（1）MC1496 模拟乘法器静态工作点测调

使调制信号 $u_\Omega=0$，载波 $u_c=0$，调整 W_1 使 1、4 引脚的电压差接近 0 V。方法是用万用表笔分别接 1、4 引脚，使万用表读数均接近于 0 V。表 2-1-26 为 MC1496 正常工作时，各引脚偏置电压的参考电压值。测量 MC1496 各引脚的偏置电压，并将数据记录于表 2-1-27 中。

表 2-1-26　MC1496 各引脚的参考电压值

引脚	1	2	3	4	5	6	7	8	9	10	11	12	13	14
电压（V）	0	−0.74	−0.74	0	−7.16	8.7	0	5.93	0	5.93	0	8.7	0	−8.2

表 2-1-27　静态工作点的电压测量值

引脚														
电压（V）														

（2）全载波振幅调制 AM

① 观察 AM 信号的波形

a. 用信号源产生一个频率为 465 kHz，峰-峰值为 500 mV 的载波 $u_c(t)$；

b. 将 $u_c(t)$ 接入 J$_1$ 端，输入载波信号。调节 W_1，使此时输出端 J$_3$ 有载波输出；

c. 再利用信号源产生一个频率为 10 kHz，峰-峰值较小（任意）的正弦波调制信号 $u_\Omega(t)$；

d. 将 $u_\Omega(t)$ 接入 J$_5$ 端，输入调制信号，调节 $u_\Omega(t)$ 的峰-峰值，当其由 0 逐渐增大时，观察输出信号的波形变化。

② 测量调制指数 m_a

$$m_a = \frac{U_{cm,max} - U_{cm,min}}{U_{cm,max} + U_{cm,min}}$$

a. 调整 $u_\Omega(t)$ 的峰-峰值,得到 AM 波形,记下波形并算出此时的调制指数 m_a;

b. 调节 $u_\Omega(t)$ 的峰-峰值,观察何时 $m_a = 1$, 并记录此时的波形。

③ 请归纳有哪些因素影响调制指数,将归纳的结论写入实验报告中。

(3) 扩展实验——将调制信号 $u_\Omega(t)$ 改为频率为 10 kHz 的三角波信号

① 用信号源产生一个频率为 465 kHz,峰-峰值为 500 mV 的载波 $u_c(t)$;

② 将 $u_c(t)$ 接入 J_1 端,输入载波信号,调节电平 W_1,使此时输出端 J_3 有载波输出;

③ 再利用信号源产生一个频率为 10 kHz,峰-峰值较小(任意)的三角波调制信号 $u_\Omega(t)$;

④ 将 $u_\Omega(t)$ 接入 J_5 端,输入调制信号,调节 $u_\Omega(t)$ 的峰-峰值,当其由 0 逐渐增大时,观察输出信号的波形变化,并记录该波形。

⑤ 分析该波形产生的原因,将分析结果写入实验报告。

(4) 抑制载波的 DSB 调制

观察 DSB 信号波形:

① 在 J_1 端输入频率为 465 kHz,峰-峰值为 500 mV 的载波信号 $u_c(t)$;

② 在 J_5 端输入频率为 10 kHz 的 $u_\Omega(t)$ 信号,并使其峰-峰值为 0;

③ 调节 W_1 使此时 J_3 输出 $u_o(t) = 0$;

④ 逐渐增大 $u_\Omega(t)$ 的峰-峰值,则可见 $u_o(t)$ 的幅度增大,直至出现 DSB 波形,记录该波形。

⑤ 归纳 DSB 信号波形的特点,记录在实验报告中。

(5) SSB 单边带调制

观察 SSB 单边带信号波形,步骤同 4,从 J_6 处观察波形,记录波形,分析该波形特点,将分析结论写于实验报告中。

4) 实验报告要求

(1) 实验目的;

(2) 画出用模拟乘法器实现调幅、抑制载波的双边带调幅以及单边带调幅的原理电路,并分析实验电路的原理;

(3) 画出单音调幅时,AM、DSB、SSB 信号的波形,并按照实验步骤与要求记录实验数据,填写表格;

(4) 回答思考题。

5) 思考题

(1) 画出用模拟乘法器实现调幅、抑制载波的双边带调幅以及单边带调幅的原理电路;

(2) 写出单音调制时,AM、DSB、SSB 信号的表达式;

(3) 画出单音调制时,AM、DSB、SSB 信号的波形;

（4）画出单音调制时，AM、DSB、SSB 信号的频谱；
（5）AM 调制指数与那些因素有关？
（6）相对于 AM，DSB 调制有什么优点？
（7）SSB 调制有什么优点？

2.2 项目 2：无线调频（FM）发射电路

2.2.1 任务 1：电路组成及原理

无线调频系统由于高频振荡器输出的振幅不变，因而其具有较强的抗干扰能力与较高的效率，所以在无线通信、广播电视、遥控检测等方面得到广泛应用。

FM 发射机的原理框图如图 2-2-1 所示，与调幅发射系统基本类似，主要区别是在调制电路，FM 发射机的调制电路是调频电路，因此在项目 2 中重点介绍角度调制电路、高频功率放大器以及倍频器，其他单元电路参考 AM 发射电路。

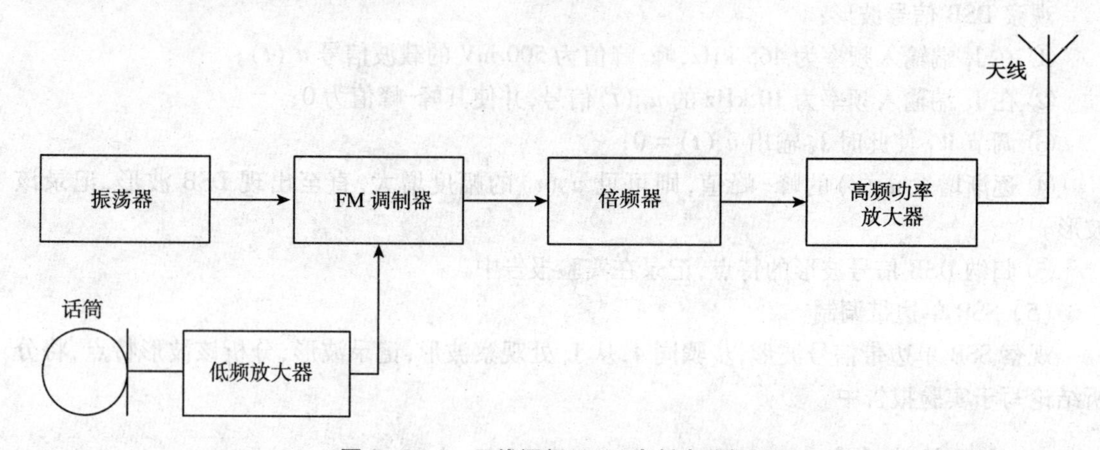

图 2-2-1 无线调频（FM）发射电路框图

2.2.2 任务 2：角度调制电路

2.2.2.1 任务要求

（1）熟练掌握调角信号的表示式、波形、频谱、带宽等特点。
（2）了解调频信号和调相信号的关系。
（3）掌握调频信号的产生方法。
（4）了解直接调频和间接调频的原理。

2.2.2.2 任务原理

角度调制是频率调制和相位调制的合称,是用调制信号控制载波信号的频率或相位来实现调制的。如果载波信号的瞬时频率随调制信号线性变化则为频率调制(简称调频 FM)。如果载波信号的瞬时相位随调制信号线性变化则为相位调制(简称调相 PM)。由于调频或调相的结果都可以看做是载波总相位的变化,故又把调频 FM 和调相 PM 统称为角度调制。

与幅度调制不同,角度调制在频谱变换过程中不再保持调制信号的频谱结构,所以常把角度调制称为非线性调制。

1)基础知识

调角时,高频载波的频率和相位都在不断变化,为此必须建立瞬时频率与瞬时相位的概念。

如果一个信号的频率 ω 不变,则其相位为:

$$\varphi(t)=\omega t+\varphi_0$$

式中,φ_0 为初始相位,即 $t=0$ 时的相位。但若信号的频率不断变化,则必须引入瞬时频率:

$$\omega(t)=\frac{\mathrm{d}\varphi(t)}{\mathrm{d}t}$$

此时的相位为瞬时相位,表示为:

$$\varphi(t)=\int\omega(t)\,\mathrm{d}t=\int_0^t\omega(t)\,\mathrm{d}t+\varphi_0$$

引入瞬时频率和瞬时相位后,高频振荡的电压 $u(t)$ 可表示为:

$$u(t)=U_m\cos\varphi(t)=U_m\cos\int\omega(t)\,\mathrm{d}t=U_m\cos\left(\int_0^t\omega(t)\,\mathrm{d}t+\varphi_0\right)$$

2)调角波的基本性质

(1) 调频波的基本性质

调频(FM):载波的幅度不变,而瞬时角频率 $\omega_c(t)$ 随调制信号 u_Ω 作线性变化。

① 调频波的数学表达式

设载波为 $u_c(t)=U_{cm}\cos\omega_c t$,调制信号为 $u_\Omega(t)=U_{\Omega m}\cos\Omega t$,则其瞬时角频率:

$$\omega_c(t)=\omega_c+k_f U_{cm}\cos\Omega t=\omega_c+\Delta\omega_m\cos\Omega t$$

其中,ω_c:载波角频率,即调频波中心角频率;

k_f:调频灵敏度,表示单位调制信号的幅度引起的频率变化,单位为 rad/(s · V)或 Hz/V;

$\Delta\omega_m$:调频波最大角频偏,$\Delta\omega_m=k_f U_{cm}$;

m_f 为调频系数,$m_f=\dfrac{\Delta\omega_m}{\Omega}=\dfrac{k_f U_{cm}}{\Omega}$ 是调频时在载波信号的相位上附加的最大相位偏移,单位为 rad。

则调频波的数学表达式为:

$$u_{FM}(t) = U_{cm}\cos(\omega_c t + m_f \sin\Omega t)$$

② 调频波的波形

调频波的波形如图 2-2-2 所示。

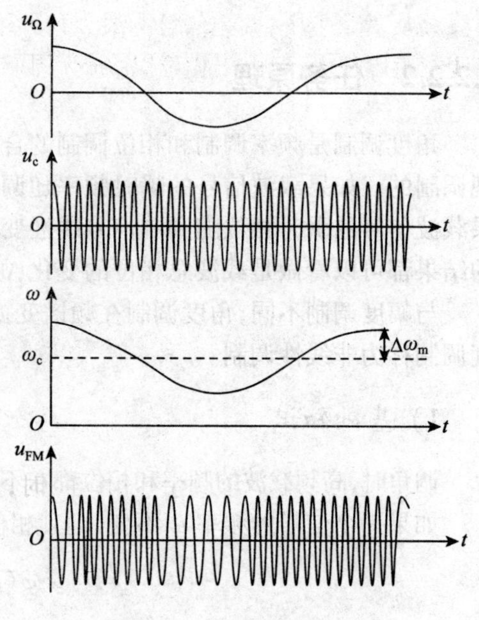

图 2-2-2 调频波的波形

③ 调频波的通频带

$$B = 2(m_f + 1)F = 2(\Delta f_m + F)$$

根据 m_f 大小的不同,调频分为窄带调频和宽带调频两种。在窄带调频中,$m_f \ll 1$,则 $B \approx 2F$,即窄带调频波的带宽与调幅波基本相同;在宽带调频中,$m_f \gg 1$,则 $B \approx 2\Delta f_m$。

(2) 调相波的基本性质

调相(PM):载波的幅度不变,而瞬时相位 $\varphi_c(t)$ 随调制信号 u_Ω 作线性变化。

① 调相波的数学表达式

瞬时相位:$\varphi(t) = \omega_c t + \varphi_0 + k_p u_\Omega(t)$

$\qquad\qquad = \omega_c t + \varphi_0 + \Delta\varphi(t)$

其中,ω_c:载波角频率;

k_p:调相灵敏度,表示单位调制信号的幅度引起的相位变化,单位为 rad/V。

调相波的数学表达式为:

$$u_{PM}(t) = U_{cm}\cos(\omega_c t + k_p U_{\Omega m}\cos\Omega t) = U_{cm}\cos(\omega_c t + m_p \cos\Omega t)$$

其中,m_p:调相系数(即最大相位偏移):$m_p = k_p U_{\Omega m}$,单位为 rad;

$\Delta\omega_m$:PM 波的最大角频偏:$\Delta\omega_m = m_p\Omega = k_p U_{\Omega m}\Omega$。

② 调相波的波形

调相波的波形如图 2-2-3 所示。

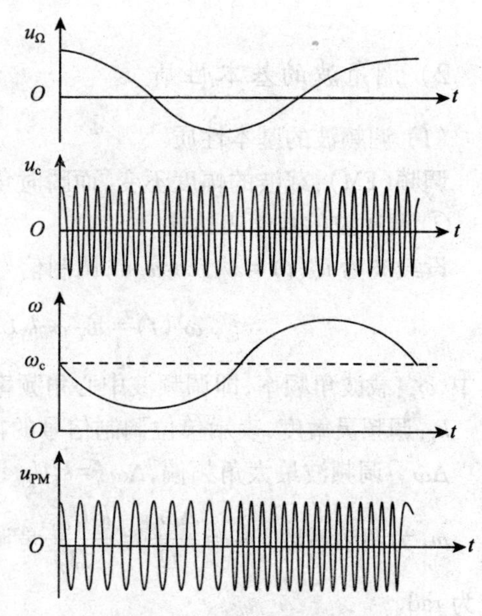

图 2-2-3 调相波的波形

③ 通频带

与调频时的计算方法一致,这里不再介绍。

(3) 调频波与调相波的比较

① 调频信号与调相信号的相同之处:

a. 二者都是等幅信号;

b. 二者的频率和相位都随调制信号而变化,均产生频偏与相偏。

② 调频信号与调相信号的区别:

a. 二者的频率和相位随调制信号变化的规律不一样,但由于频率与相位是微积分关系,故二者是有密切联系的;

b. 调频信号的调频指数 m_f 与调制频率有关,最大频偏与调制频率无关,而调相信号的最大频偏与调制频率有关,调相指数 m_p 与调制频率无关;

c. 从理论上讲，调频信号的最大角频偏 $\Delta\omega_m < \omega_c$，由于载频 ω_c 很高，故 $\Delta\omega_m$ 可以很大，即调制范围很大，但由于相位以 2π 为周期，所以调相信号的最大相偏（调相指数）$m_p < \pi$，故调制范围很小。

3）调频电路

（1）直接调频电路

用调制信号直接控制振荡器振荡回路元件的参量，使振荡器的振荡频率受到控制，使它在载频的上、下按调制信号的规律变化。特点：原理简单，频偏较大，但中心频率不易稳定。

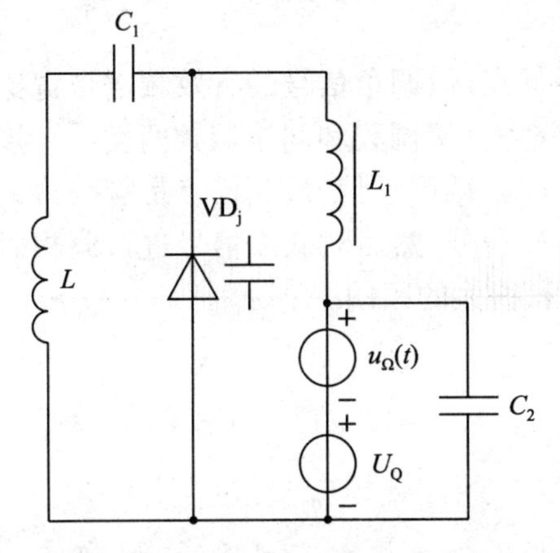

图 2－2－4　变容二极管直接调频电路

变容二极管直接调频电路如图 2－2－4 所示。将变容二极管 VD_j 全部接入振荡回路构成直接调频电路时，为减小非线性失真和中心频率的偏离，应设法使变容二极管工作在 $\gamma = 2$（γ 是电容变化指数）的区域，若 $\gamma \neq 2$，则应限制调制信号的大小。为减小 $\gamma \neq 2$ 所引起的非线性，以及因温度、偏置电压等对 VD_j 的影响所造成的调频波中心频率的不稳定，在实际应用中，常采用变容二极管部分接入振荡回路的方式。VD_j 串联一个电容再并联接入 C_1，降低 VD_j 对振荡频率的影响。选 $\gamma > 2$，然后适当调节 C_1、C_2，可使调制特性接近于线性。

（2）间接调频电路

由于调频信号与调相信号之间存在一定的联系，若先将调制信号积分，再加到调相器对载波信号调相，则从调相器输出的便是调频信号。图 2－2－5 所示为间接调频原理框图，这种利用调相器实现调频的方法称为间接调频法。可见，实现间接调频的关键电路是调相器。变容二极管间接调频电路如图 2－2－6 所示。

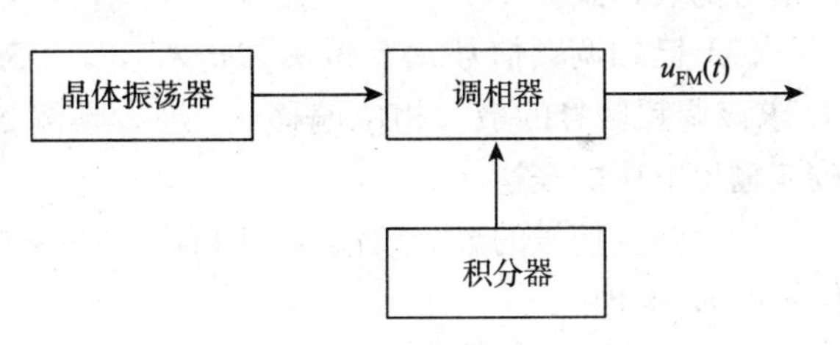

图 2－2－5　间接调频原理框图

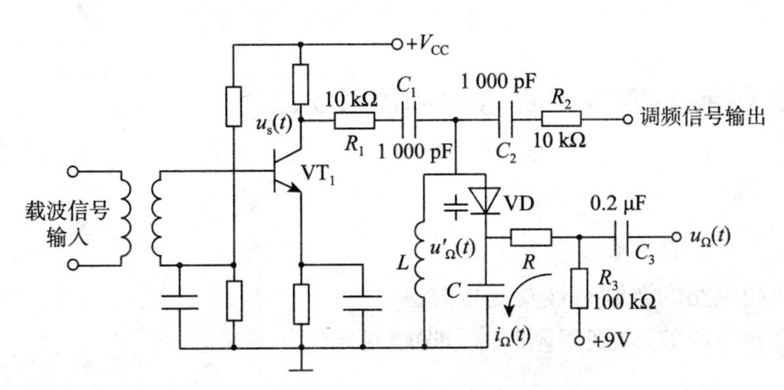

图 2－2－6　变容二极管间接调频电路

2.2.2.3　任务小结

(1) 调频和调相都表现为载波信号的瞬时相位受到调变,故统称为角度调制。调频信号与调相信号有类似的表达式和基本特性,但调频信号是由调制信号去改变载波信号的频率,使其瞬时角频率 $\omega(t)$ 在载波角频率 ω_c 上下按调制信号的规律变化,即 $\omega(t)=\omega_c+k_f u_\Omega(t)$;而调相是用调制信号去改变载波信号的相位,使其瞬时相位 $\varphi(t)$ 在 $\omega_c(t)$ 上叠加,按调制信号规律变化的附加相移,即 $\varphi(t)=\omega_c(t)+k_p u_\Omega(t)$。

(2) 角度调制具有抗干扰能力强和设备利用率高等优点,但调角信号的有效频谱带宽比调幅信号大得多。产生调频信号的方法有很多,通常可分为直接调频和间接调频两类。直接调频是用调制信号直接控制振荡器振荡回路元件的参量而获得调频信号,其优点是能获得大的频偏,但中心频率的稳定度低;间接调频是先将调制信号积分,然后对载波信号进行调相而获得调频信号,其优点是中心频率稳定性高,缺点是难以获得大的频偏。

2.2.2.4　任务训练 1:思考与练习

(1) 试比较调频信号和调相信号的主要特征。

(2) 已知调制信号 $u_\Omega=8\cos(2\pi\times10^3 t)\,\mathrm{V}$,载波输出电压 $u_o=5\cos(2\pi\times10^6 t)\,\mathrm{V}$,$k_f=2\pi\times10^3\ \mathrm{rad/(s\cdot V)}$,试求调频信号的调频指数 m_f、最大频偏 Δf_m 和有效频谱带宽 BW,写出调频信号的表达式。

(3) 已知调频信号 $u_o=3\cos[2\pi\times10^7 t+5\sin(2\pi\times10^2 t)]\,\mathrm{V}$,$k_f=\pi\times10^3\ \mathrm{rad/(s\cdot V)}$。① 求该调频信号的最大相位偏移 m_f、最大频偏 Δf_m 和有效频谱带宽 BW;② 写出调制信号和载波输出电压的表达式。

(4) 调频信号的最大频偏为 75 kHz,当调制信号频率分别为 100 Hz 和 15 kHz 时,求调频信号的 m_f 和 BW。

(5) 已知调制信号 $u_\Omega(t)=6\cos(4\pi\times10^3 t)\,\mathrm{V}$、载波输出电压 $u_o=2\cos(2\pi\times10^8 t)\,\mathrm{V}$,$k_p=2\ \mathrm{rad/V}$。试求调相信号的调相指数 m_p、最大频偏 Δf_m 和有效频谱带宽 BW,并写出调相信号的表达式。

2.2.2.5　任务训练 2:变容二极管调频仿真实验

1) 仿真目的

(1) 掌握变容二极管调频电路的原理。
(2) 了解调频电路的调制特性及测量方法。
(3) 观察调频波的波形,观察调制信号振幅对频偏的影响。

2) 仿真内容与步骤

(1) 绘制变容二极管直接混频电路图

直接调频即载波的瞬时频率受调制信号的直接控制，其频率的变化量与调制信号呈线性关系，常用变容二极管实现调频。绘制如图 2-2-7 所示的变容二极管直接调频电路并保存。用双踪示波器分别观察变容二极管直接调频电路的输出端和调制信号端，用频率计观察输出信号频率的变化。其中，V_1 为变容二极管直接调频电路电源，V_2 为低频调制信号，V_3 为变容二极管的直流偏置电压，VD_1 为变容二极管。

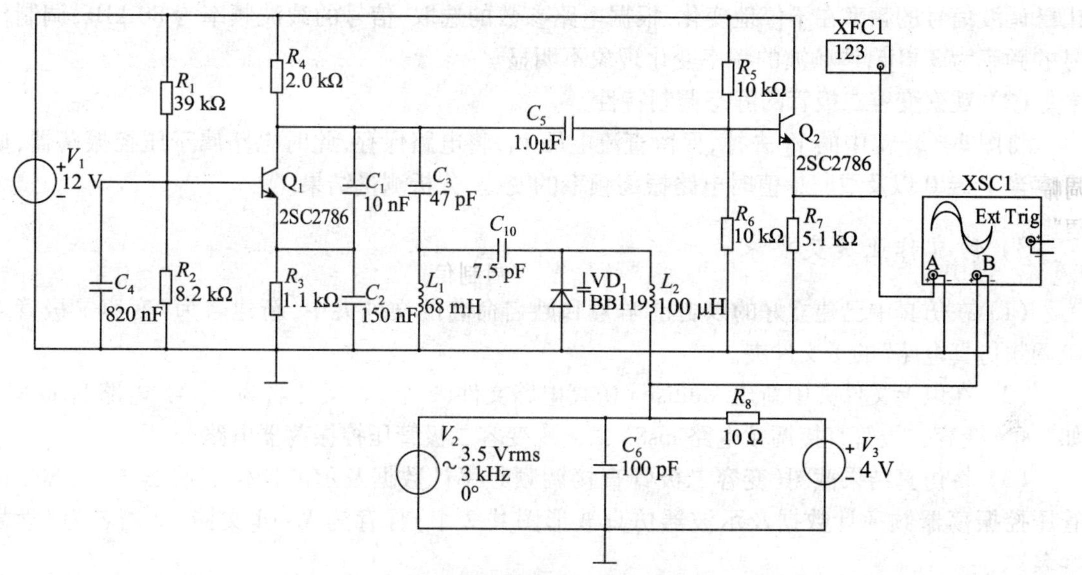

图 2-2-7　变容二极管直接调频仿真电路

（2）观察变容二极管直接调频电路的已调波信号

按下仿真开关，设置示波器参数，在示波器上观察电路输出调频信号与低频调制信号之间的关系，打开频率计，观察频率计上频率的变化，截图保存示波器中的波形与频率计上的频率参数。示波器参考波形如图 2-2-8 所示。

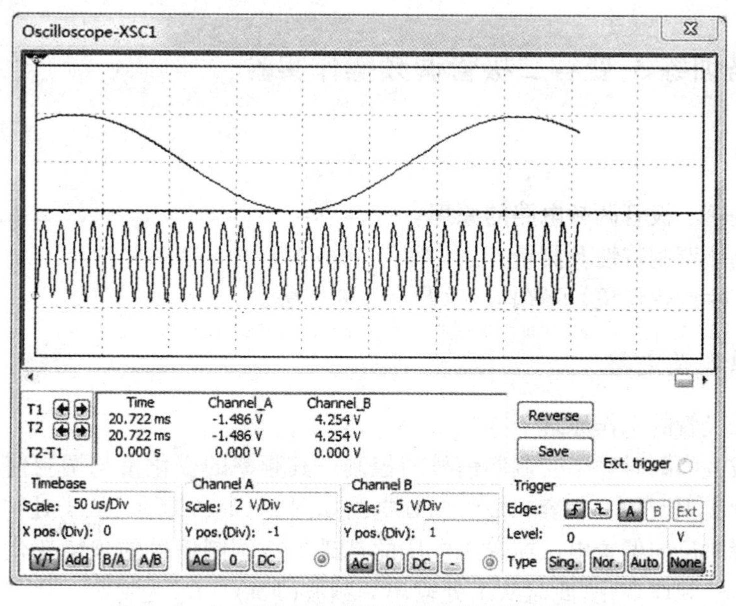

图 2-2-8　变容二极管直接调频信号波形参考图

注意:由于变容二极管直接调频电路的电路基础是电容三点式正弦振荡器,因此电路开始运行仿真时,产生的调频信号有一个起振过程,在示波器上观察时将发现振荡产生的调频信号幅度在逐渐增大直至稳定不变。起振过程在实际电路中的时间很短,但在仿真中需要1~2 min,因此,在进行仿真观察时需要耐心等待振荡产生的信号的幅度增长,直至信号稳定不变。

从示波器上可以看到,FM 调频信号的波形的频率变化不明显,从频率计(XFC1)可以看出已调波信号的频率在不停地变化,根据电路参数的选取,信号的载波频率为 80 kHz,调制信号的频率为 3 kHz,调频波的频率变化现象不明显。

(3) 观察变容二极管的静态调制特性

将图 2-2-7 中的 V_2 去掉,保留直流电压 V_3,将电路保存,此时电路属于压控振荡器,试观察当 $V_3=0$ 以及取其他值时电路振荡频率的变化,分析测量结果。

3) 仿真作业提交要求

(1) 在仿真中已建立好的以自己学号和姓名命名的文件夹中,新建名为"变容二极管直接调频仿真电路"的子文件夹。

(2) 在以上文件夹中新建 Multisim 仿真电路文件(2 个)。文件名为"学号 电路名.ms8",如"**变容二极管直接调频电路.ms8"、"**变容二极管压控振荡器电路.ms8"。

(3) 将仿真结果截图(变容二极管直接调频频率计数据及示波器仿真波形图、变容二极管压控振荡器频率计数据及示波器仿真波形图共 2 个)保存为 Word 文档,文档名为"学号姓名"。

(4) 分析仿真结果,回答思考题,将分析结果及思考题的答案写在实验报告中。

4) 思考题

(1) 调制信号的振幅对频谱有何影响?

(2) 当电路作为压控振荡器时,V_3 的取值对振荡频率的变化有何影响?

2.2.2.6 任务训练 3:变容二极管调频操作实验

1) 实验目的

(1) 掌握变容二极管调频电路的原理。

(2) 了解调频调制特性及测量方法。

(3) 观察寄生调幅现象,了解其产生及消除的方法。

2) 实验原理及电路

(1) 变容二极管的工作原理

调频即为载波的瞬时频率受调制信号的控制。其频率的变化量与调制信号呈线性关系。常用变容二极管实现调频。变容二极管调频电路如图 2-2-9 所示,从 J_2处加入调制信号,使变容二极管的瞬时反向偏置电压在静态电压的基础上按调制信号的规律变化,从而使振荡频率也随调制电压的规律变化,此时从 J_1 处输出调频波(FM)。C_{15} 为变容二极管的高频通路,L_1

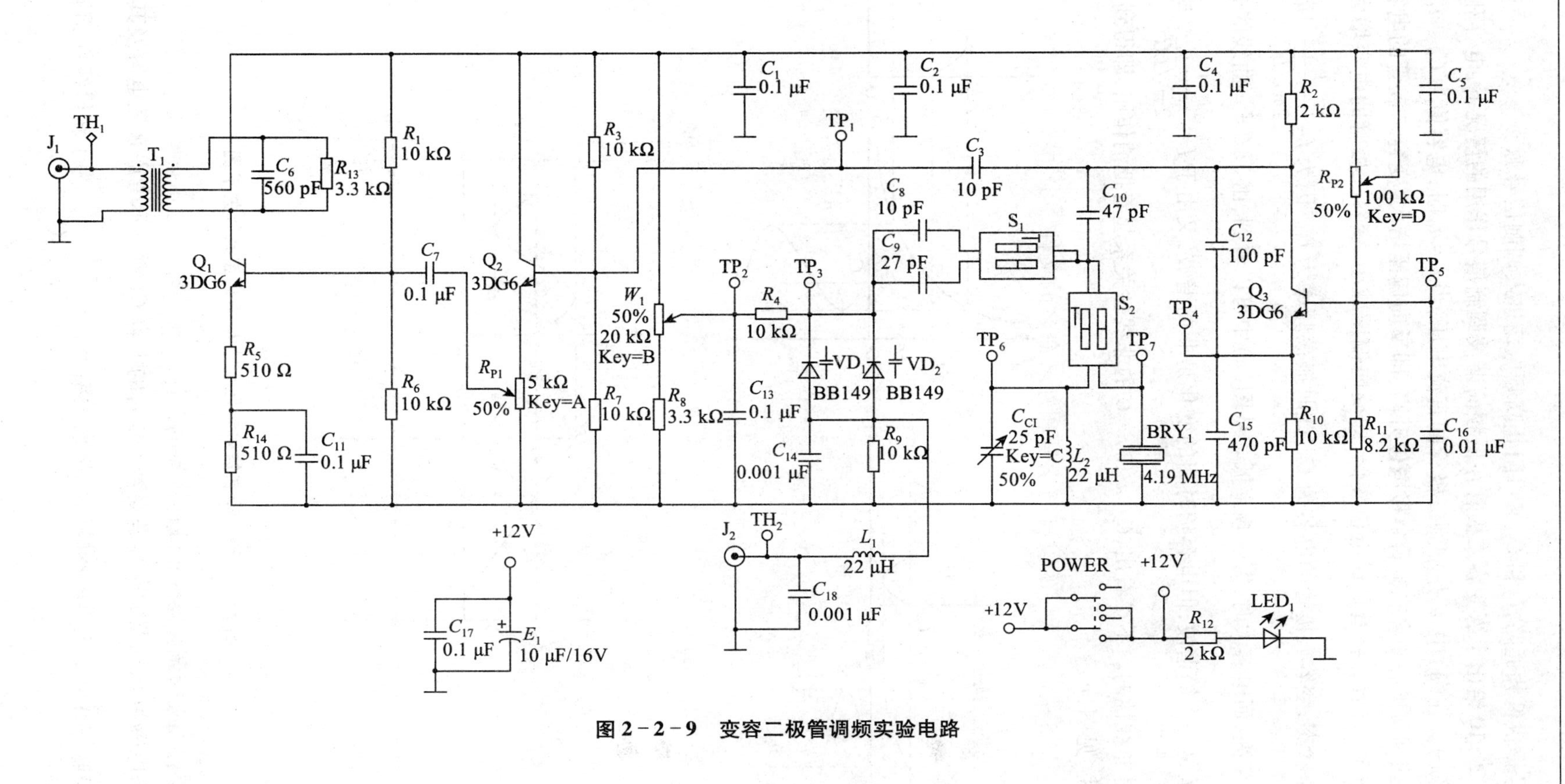

图 2-2-9　变容二极管调频实验电路

为音频信号提供低频通路，L_1 和 C_{23} 又可阻止高频振荡进入调制信号源。

图 2-2-10 给出了当变容二极管在低频简谐波调制信号作用的情况下，电容和振荡频率的变化示意图。在(a)中，u_0 是加到二极管的直流电压，当 $u=u_0$ 时，电容值为 C_0。u_Ω 是调制电压，当 u_Ω 在正半周时，变容二极管负极电位升高，即反向偏压增大，变容二极管的电容减小；当 u_Ω 在负半周时，变容二极管负极电位降低，即反向偏压减小，变容二极管的电容增大。图(b)对应于静止状态，变容二极管的电容为 C_0，此时振荡频率为 f_0。因为 $f=\dfrac{1}{2\pi\sqrt{LC}}$，所以电容小时，振荡频率高，而电容大时，振荡频率低。从图(a)中可以看到，由于 $C-u$ 曲线的非线性，虽然调制电压是一个简谐波，但电容随时间的变化是非简谐波，又由于 $f=\dfrac{1}{2\pi\sqrt{LC}}$，所以 f 和 C 的关系也是非线性的。不难看出，$C-u$ 和 $f-C$ 的非线性关系起着抵消作用，即得到 $f-u$ 的关系趋于线性（见图(c)）。

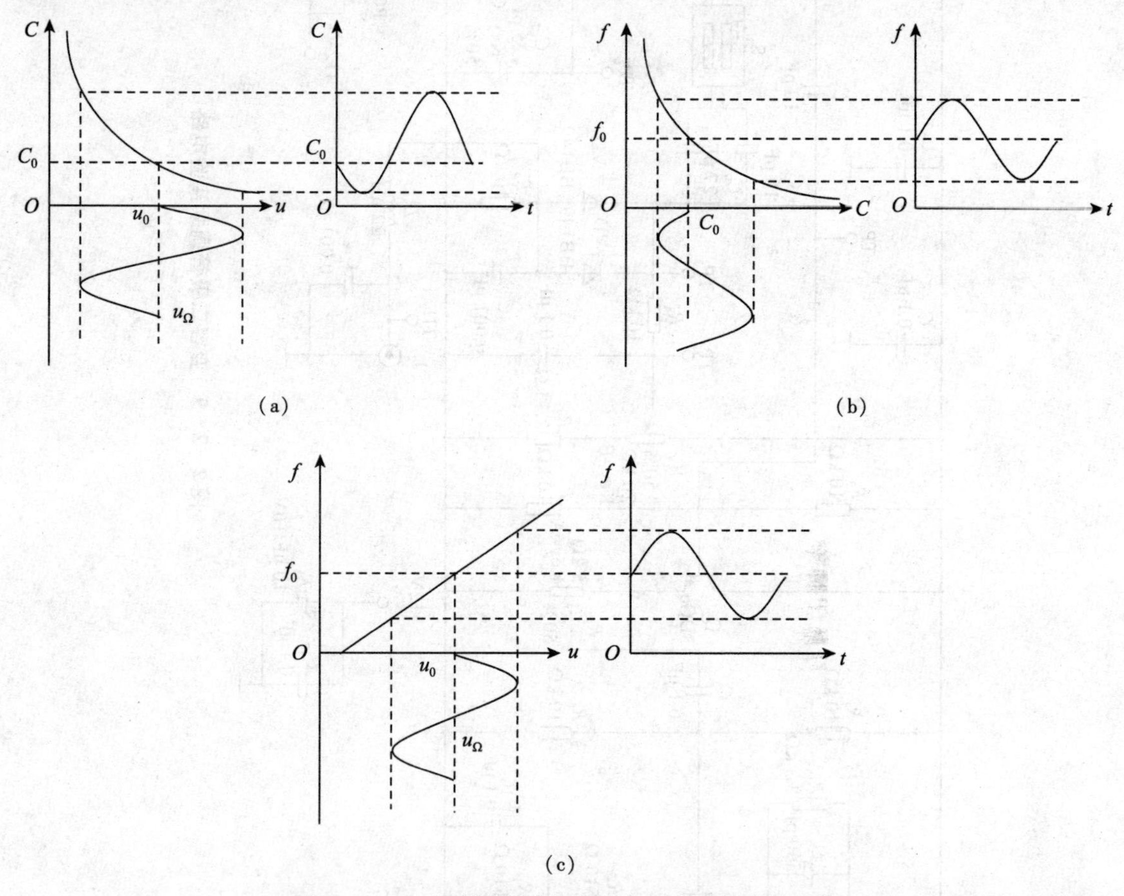

图 2-2-10　调制信号电压大小与调频波频率关系图

(2) 变容二极管调频器获得线性调制的条件

设回路电感为 L，回路的电容是变容二极管的电容 C（暂时不考虑杂散电容及其他与变容二极管相串联或并联的电容的影响），则振荡频率为 $f=\dfrac{1}{2\pi\sqrt{LC}}$。为了获得线性调制，频率振荡应该与调制电压呈线性关系,用数学式表示为 $f = Au$, 式中 A 是一个常数。因此 $Au = \frac{1}{2\pi\sqrt{LC}}$, 所以 $C = \frac{1}{(2\pi)^2LA^2u^2} = Bu^{-2}$, 这即是变容二极管调频器获得线性调制的条件。这就是说,当电容 C 与电压 u 的平方成反比时,振荡频率就与调制电压成正比。

(3) 调频灵敏度

调频灵敏度 S_f 定义为每单位调制电压所产生的频偏。

设回路电容的 $C-u$ 曲线可表示为 $C = Bu^{-n}$。将该公式带入振荡频率的表达式 $f = \frac{1}{2\pi\sqrt{LC}}$ 中,可得 $f = \frac{u^{\frac{n}{2}}}{2\pi\sqrt{LB}}$

调制灵敏度: $S_f = \frac{\partial f}{\partial u} = \frac{nu^{\frac{n}{2}-1}}{4\pi\sqrt{LB}}$

当 $n = 2$ 时, $S_f = \frac{1}{2\pi\sqrt{LB}}$

设变容二极管在调制电压为零时的直流电压为 U_0,相应的回路电容量为 C_0,振荡频率为 $f_0 = \frac{1}{2\pi\sqrt{LC_0}}$,就有:

$$C_0 = BU_0^{-2}$$

$$f_0 = \frac{U_0}{2\pi\sqrt{LB}}$$

$$S_f = \frac{f_0}{U_0}$$

上式表明,在 $n = 2$ 的条件下,调制灵敏度与调制电压无关(这就是线性调制的条件),而与中心振荡频率成正比,与变容二极管的直流偏压成反比。后者给我们一个启示,为了提高调制灵敏度,在不影响线性的条件下,直流偏压应该尽可能低些,当某一变容二极管能使总电容 $C-u$ 特性曲线的 $n = 2$ 的直线段越靠近偏压小的区域时,那么,采用该变容二极管所能得到的调制灵敏度就越高。当我们采用串联或并联固定电容以及控制高频振荡电压等方法来获得 $C-u$ 特性 $n = 2$ 的线性段时,如果能使该线性段尽可能移向电压低的区域,那么对提高调制灵敏度是有利的。

由 $S_f = \frac{1}{2\pi\sqrt{LB}}$ 可以看出,当回路电容 $C-u$ 特性曲线的 n 值(即斜率的绝对值)越大,调制灵敏度越高。因此,如果对调频器的调制线性没有要求,则不外接串联或并联固定电容,并选用 n 值大的变容管,就可以获得较高的调制灵敏度。

3) 实验步骤

(1) 静态调制特性测量

将电路接成压控振荡器, J_2 端不接音频信号,将频率计接于 J_1 处,调节电位器 W_1,记下变

容二极管 VD_1、VD_2两端电压和对应的输出频率,并记于表 2-2-1 中。

表 2-2-1 数据记录

U_{D_1}(V)									
U_{D_2}(V)									
f_o(MHz)									

(2) 动态测试

① 将电位器 W_1置于某一中值位置,将音频信号通过 J_2输入,将示波器接于 J_1端,可以看到调频信号。由于载波很高,频偏很小,因此看不到频率变化明显的调频波,如实验条件允许,可用频偏仪测量频偏。

② 为了清楚地观察 FM 波,可以将 FM 信号从 J_1端用连线连接到晶体三极管混频器的输入端(图 2-2-9 的 TP_4端),将示波器接在变频器输出端(图 2-2-9 的 TP_6端),调节调制信号电压的大小即可观察到频偏的变化。

4) 实验报告要求

(1) 实验目的。

(2) 分析实验电路原理。

(3) 记录实验数据。

a. 在坐标纸上画出静态调制特性曲线;

b. 画出实际观察到的 FM 波形。

(4) 回答思考题。

5) 思考题

(1) 调频的静态调制特性曲线的斜率受哪些因素影响?

(2) 调频信号的频偏变化与调制信号的振幅有什么关系?

2.2.3 任务 3:高频功率放大器和倍频器

2.2.3.1 任务要求

(1) 掌握谐振功率放大器的工作特点,功率和效率的计算。

(2) 理解谐振功率放大器的工作状态(欠压、临界、过压)的划分以及外部参数对工作状态的影响(负载特性,集电极调制特性,基极调制特性和放大特性)。

(3) 了解倍频器的工作原理。

2.2.3.2 任务原理

1) 高频功率放大器

高频功率放大器用于放大高频信号并获得足够大的输出功率，又常称为射频功率放大器（Radio Frequency Power Amplifier）。它广泛用于发射机、高频加热装置和微波功率源等电子设备中。

根据相对工作频带的宽窄不同，高频功率放大器可分为窄带型和宽带型两大类。

窄带型高频功率放大器通常采用谐振网络作负载，又称为谐振功率放大器。为了提高效率，谐振功率放大器一般工作于丙类状态或乙类状态，近年来出现了工作在开关状态的丁类状态的谐振功率放大器。

宽带型高频功率放大器采用传输线变压器作负载。传输线变压器的工作频带很宽，可以实现功率合成。

本书主要研究谐振功率放大器，谐振功率放大器的特点有：

采用谐振网络作负载；一般工作在丙类或乙类状态；工作频率和相对通频带相差很大；技术指标要求输出功率大、效率高。

本节以丙类谐振功率放大器为例进行介绍。

（1）丙类谐振功率放大器的工作原理

丙类谐振功率放大器的原理电路如图 2－2－11 所示。

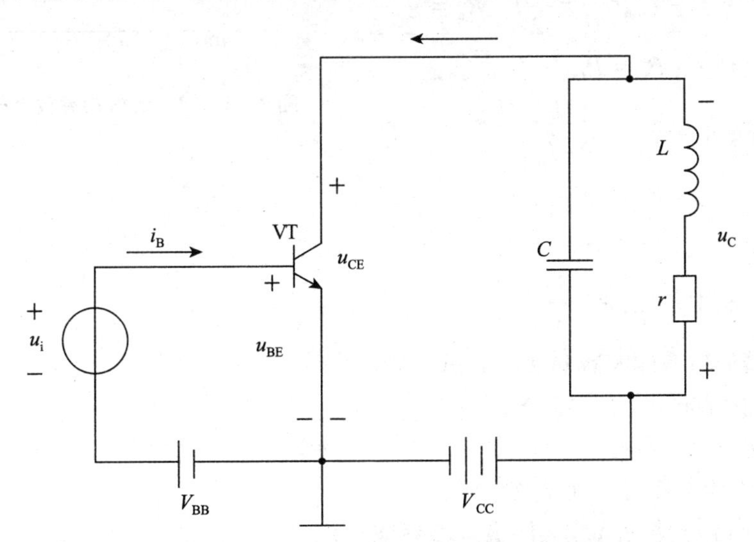

图 2－2－11 丙类谐振功率放大器的原理电路图

LC 谐振网络为放大器的并联谐振网络。谐振网络的谐振频率为信号的中心频率，作用是滤波、匹配。

V_{BB}是基极直流电压，V_{BB}的值应小于放大管的导通电压 U_{on}，通常取 $V_{BB} \leq 0$。它可保证三极管工作在丙类状态。

V_{CC}是集电极直流电压,它可以给放大管合理的静态偏置,提供直流能量。

① 电流、电压波形

当基极输入高频余弦激励信号后,三极管基极和发射极之间的电压为:

$$u_{BE} = V_{BB} + u_i = V_{BB} + U_{im}\cos\omega t$$

丙类谐振功率放大器的导电角 θ 的表达式为:

$$\cos\theta \approx \frac{U_{th} - V_{BB}}{U_{im}}$$

利用傅式级数展开,这样的周期性脉冲可以分解为直流、基波(信号频率分量)和各次谐波分量,即:

$$\begin{aligned} i_c &= I_{c0} + i_{c1} + i_{c2} + \cdots + i_{cn} \\ &= I_{c0} + I_{c1m}\cos\omega t + I_{c2m}\cos 2\omega t + \cdots \\ &\quad + I_{cnm}\cos n\omega t \end{aligned}$$

各信号的波形如图 2-2-12 所示。

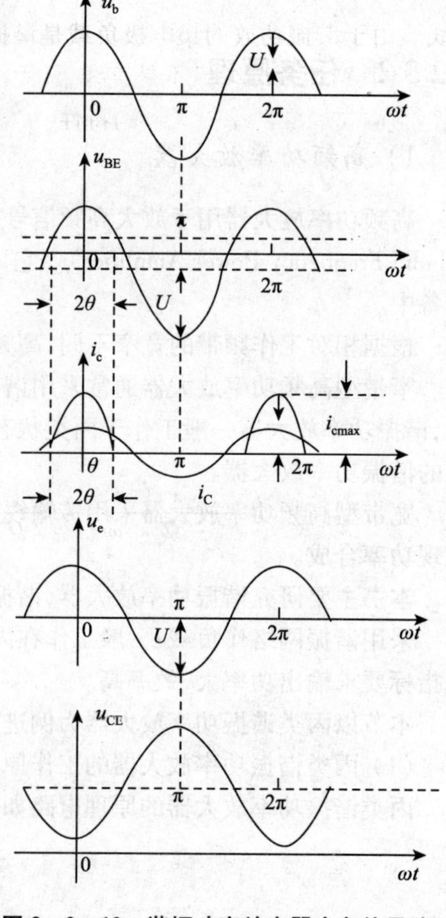

图 2-2-12　谐振功率放大器中各信号波形

② 能量关系

直流功率:$P_{DC} = V_{CC}I_{c0}$

输出功率:$P_o = \frac{1}{2}I_{c1m}U_{cm} = \frac{1}{2}I_{c1m}^2R_p = \frac{1}{2}\frac{U_{cm}^2}{R_p}$

集电极损耗功率:$P_C = P_{DC} - P_o$

集电极效率:$\eta = \frac{P_o}{P_{DC}} = \frac{1}{2}\frac{I_{c1m}}{I_{c0}}\frac{U_{cm}}{V_{CC}}$

集电极效率:$\eta = \frac{P_o}{P_{DC}} = \frac{1}{2}\frac{I_{c1m}}{I_{c0}}\frac{U_{cm}}{V_{CC}}$

集电极电压利用系数:$\xi = \frac{U_{cm}}{V_{CC}}$

(2) 丙类谐振功率放大器的性能分析

① 丙类谐振功率放大器的工作状态

丙类谐振功率放大器的工作状态主要有如下三种:

欠压状态:管子导通时均处于放大区;

临界状态:管子导通时从放大区进入临界饱和;

过压状态:管子导通时将从放大区进入饱和区。

在实际工作中,丙类放大器的工作状态不但与 U_{bm} 有关,还与 V_{CC}、V_{BB} 和 R 有关。在丙类谐振功放中,工作状态不同,放大器的输出功率和管耗就大不相同,因此必须分析各种工作状态的特点,以及 U_{bm}、V_{CC}、V_{BB} 和 R 的变化对工作状态的影响,即对丙类谐振功放的特性进行分析。

大信号的功率放大器一般采用图解法进行分析,为此就要在输出特性曲线上作出交流负载线。由于谐振功放的集电极负载是谐振回路，且共集电极电压与集电极电流的波形截然不同，因此其交流负载线已不是直线了，而是一条曲线，又称为动态线。

② 丙类谐振功率放大器的特性

a. 负载特性

负载特性是指 V_{BB}、V_{CC} 和 U_{bm} 保持不变时，放大器的性能随 R 变化的特性。随着 R 从小变大，放大器将由欠压状态→临界状态→过压状态变化。随着 R 增大，i_c 的变化如图 2－2－13 所示，U_{cm}、I_{c0}、I_{c1m} 的变化特性如图 2－2－14 所示，P_0、P_V、P_c、η 的变化特性如图 2－2－15 所示。

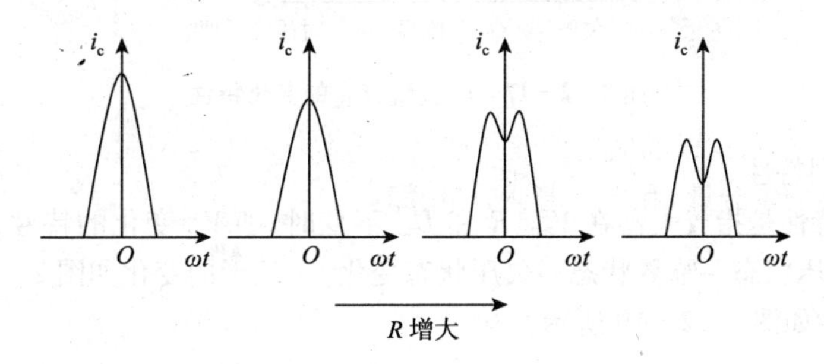

图 2－2－13 i_c 随 R 变化的特性

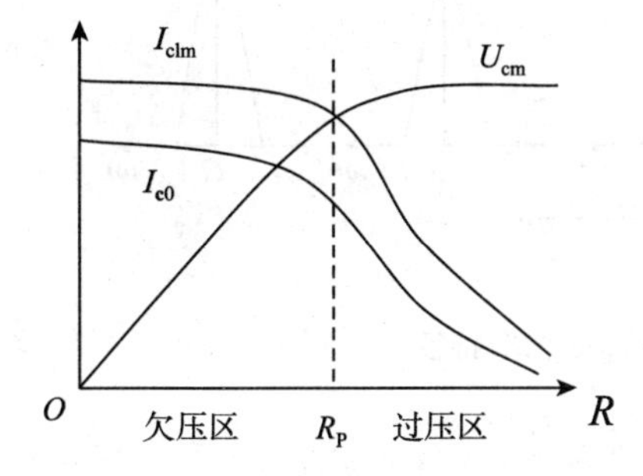

图 2－2－14 U_{cm}、I_{c0}、I_{c1m} 随 R 的变化

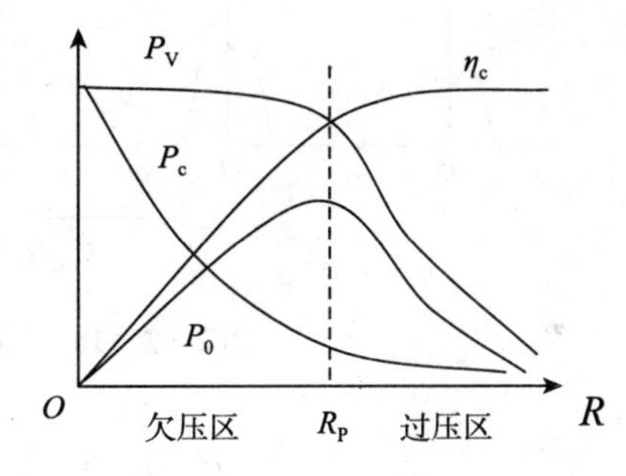

图 2－2－15 P_0、P_V、P_c、η 的变化特性

b. 基极调制特性

基极调制特性是指放大器在 R、V_{CC} 和 U_{bm} 不变时，随 V_{BB} 变化的特性，随着 V_{BB} 从小变大，放大器将由欠压状态→临界状态→过压状态变化。i_c 波形的变化如图 2－2－16 所示，U_{cm}、I_{co}、I_{c1m} 的变化特性如图 2－2－17 所示。

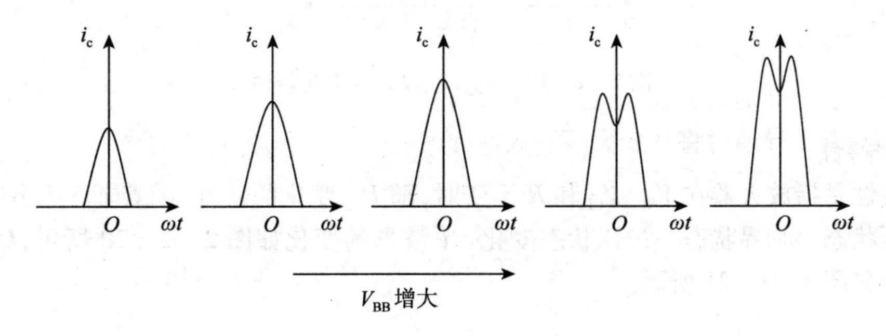

图 2－2－16 i_c 随 V_{BB} 变化的特性

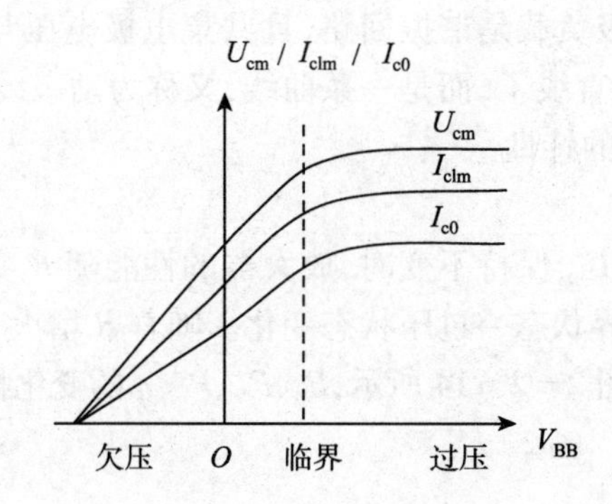

图 2-2-17　U_{cm}、I_{co}、I_{c1m}的变化特性

c. 集电极调制特性

集电极调制特性是指放大器在 V_{BB}、R 和 U_{bm} 不变时，随 V_{CC} 变化的特性，随着 V_{CC} 从小变大，放大器将由过压状态→临界状态→欠压状态变化。i_c 波形的变化如图 2-2-18 所示，U_{cm}、I_{co}、I_{c1m} 的变化特性如图 2-2-19 所示。

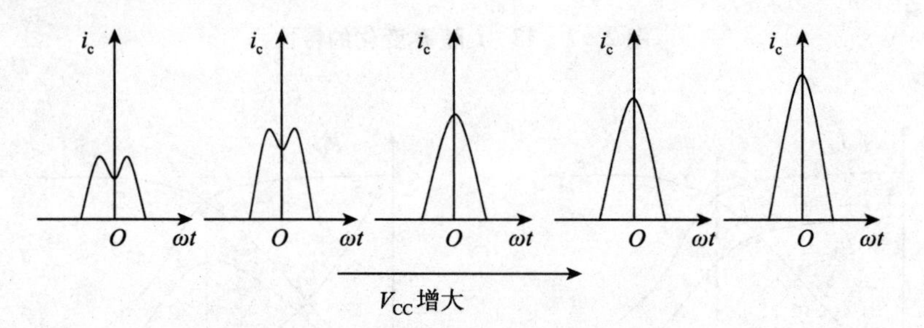

图 2-2-18　i_c随 V_{CC} 变化的特性

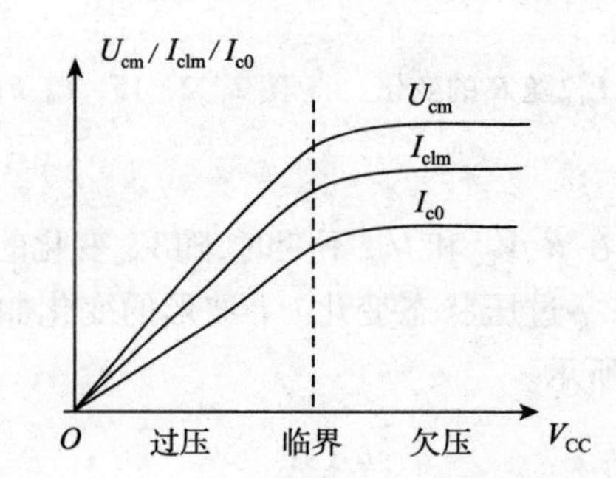

图 2-2-19　U_{cm}、I_{co}、I_{c1m}的变化特性

d. 放大特性

放大特性是指放大器在 V_{BB}、V_{CC} 和 R 不变时，随 U_{bm} 变化的特性，随着 U_{bm} 从小变大，放大器将由欠压状态→临界状态→过压状态变化。i_c 波形的变化如图 2-2-20 所示，U_{cm}、I_{co}、I_{c1m} 的变化特性如图 2-2-21 所示。

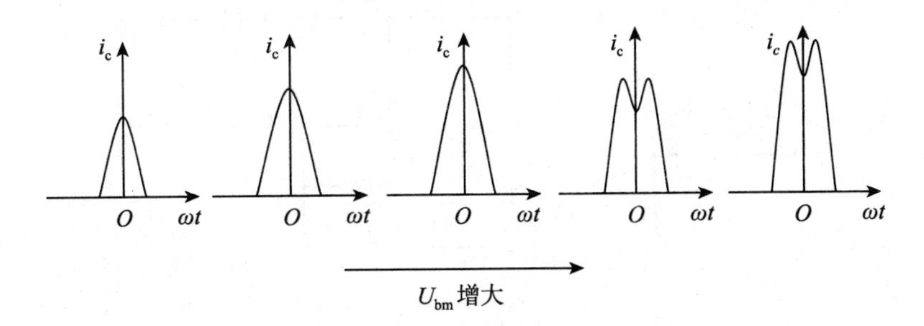

图 2-2-20　i_c随U_{bm}变化的特性

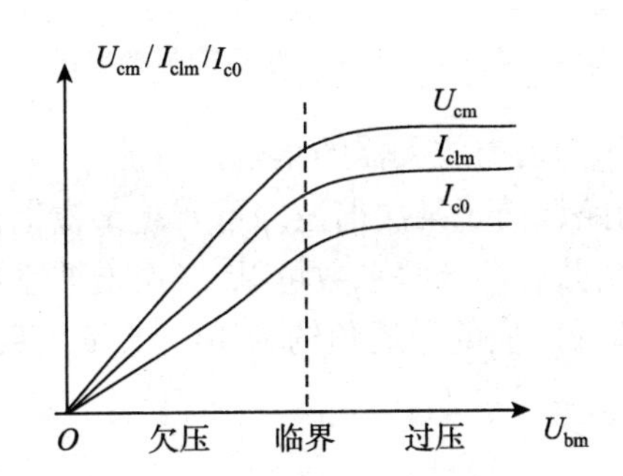

图 2-2-21　U_{cm}、I_{co}、I_{c1m}的变化特性

2）倍频器

倍频器是一种输出频率等于输入频率整数倍的电路，用以提高频率。在发射系统中常采用晶体管倍频器来获得所需要的发射信号频率。

(1) 采用倍频器的原因

① 降低主振器的频率，对频率稳定指标是有利的；

② 为了提高发射信号频率的稳定程度，主振器常采用石英晶体振荡器，但限于工艺，石英谐振器的频率目前只能达到几十兆赫兹，为了获得频率更高的信号，主振后需要倍频；

③ 加大调频发射机信号的频移或相移，即加深调制度；

④ 倍频器的输入信号与输出信号的频率是不相同的，因而可削弱前后级寄生耦合，对发射机的稳定工作是有利的；

⑤ 展宽通频带。

(2) 倍频器的分类

晶体管倍频器有两种主要形式：一种是利用丙类放大器电流脉冲中的谐波来获得倍频，叫做丙类倍频器；另一种是参量倍频器，它利用晶体管的结电容与外加电压的非线性关系对输入信号进行非线性变换，再由谐振回路从中选取所需要的 n 次谐波分量，从而实现 n 倍频，其工作频率可达 100 MHz 以上。本书只介绍丙类倍频器。

(3) 丙类倍频电路与工作原理

丙类倍频器的基本电路如图 2-2-22 所示。R_b为自偏电阻，也可用高频扼流圈代之，L、C 是调谐回路，调谐在输入信号的某次谐波频率上。

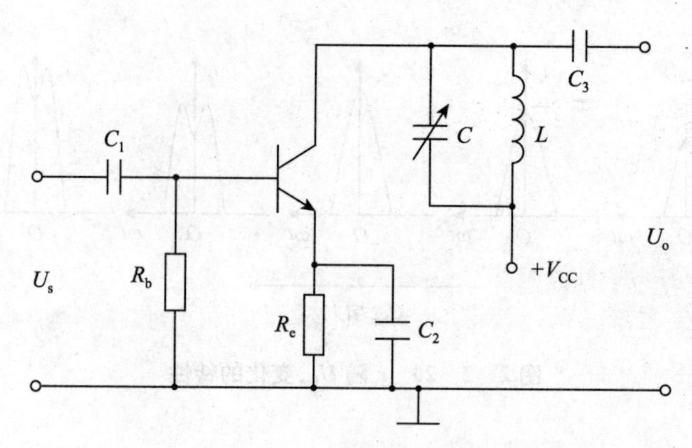

图 2-2-22　丙类倍频器的基本电路

丙类倍频器工作在丙类,因为丙类放大器的集电极电流 i_c是一脉冲波形,电流含有输入信号的基频和高次谐频。输出回路调谐于某次谐波即可实现某次谐波的放大。导通角的大小由倍频器的倍频次数来决定,由余弦脉冲分解系数可见,二次谐波系数的最大值对应的导通角约为 60°,三次谐波系数的最大值所对应的导通角约为 40°,谐波次数越高,导通角越小。倍频器一般工作在欠压和临界状态。

2.2.3.3　任务小结

(1) 高频功率放大器有窄带型和宽带型两种,它们各自应用于不同的场合。为了提高效率,谐振功放一般工作在丙类状态,其集电极电流是失真严重的脉冲波形,通过调谐在信号频率上的集电极谐振回路,可得到不失真的输出电压。

(2) 丙类谐振功放有欠压、临界和过压三种状态,其性能可用负载特性、调制特性和放大特性来描述。

(3) 倍频器是一种非线性电路,常用的倍频器电路有丙类倍频器和参量倍频器。

2.2.3.4　任务训练 1:思考与练习

(1) 丙类放大器为什么一定要用谐振回路作为集电极的负载?谐振回路为什么一定要调谐在信号频率上?

(2) 已知谐振功率放大器的 $V_{CC}=20\ \text{V}$,$I_{c0}=250\ \text{mA}$,$P_o=4\ \text{W}$,$U_{cm}=0.9V_{CC}$,试求该放大器的 P_{DC}、P_c、η_c和 I_{c1m}为多少?

(3) 由高频功率晶体管组成的谐振功率放大器,其工作频率 $f=520\ \text{MHz}$,输出功率 $P_o=60\ \text{W}$,$V_{CC}=12.5\ \text{V}$。(1) 当 $\eta=60\%$ 时,试计算 P_c和 I_{c0};(2) 当 $\eta=80\%$ 时,试计算 P_c 和 I_{c0}。

(4) 某谐振功率放大器,原工作在过压状态,现分别调节 R_p、V_{CC}、V_{BB}和 U_{im}使其工作于临界状态,试指出相应 P_o的变化。

(5) 调制信号为余弦波,当频率 $f=500\ \text{Hz}$、振幅 $U_{\Omega m}=1\ \text{V}$时,调角波的最大频偏 $\Delta f_{m1}=200\ \text{Hz}$。若 $U_{\Omega m}=1\ \text{V}$,$f=1\ \text{kHz}$,要求将最大频偏增加为 $\Delta f_{m2}=20\ \text{kHz}$。试问:应倍频多少次(计算调频和调相两种情况)?

2.2.3.5　任务训练2:丙类功率放大器仿真实验

1) 仿真目的

(1) 了解丙类高频功率放大器的组成与特点。

(2) 掌握丙类放大器的调谐特性、负载特性、放大特性和调制特性。

(3) 掌握运用仿真手段设计丙类放大器并分析其特性的方法。

2) 仿真内容与步骤

(1) 输入与输出信号之间的线性关系

在Multisim的电路窗口中创建如图2-2-23所示的电路,并保存该电路,用示波器观察输入/输出信号的波形,截图保存该波形,并分析原因。

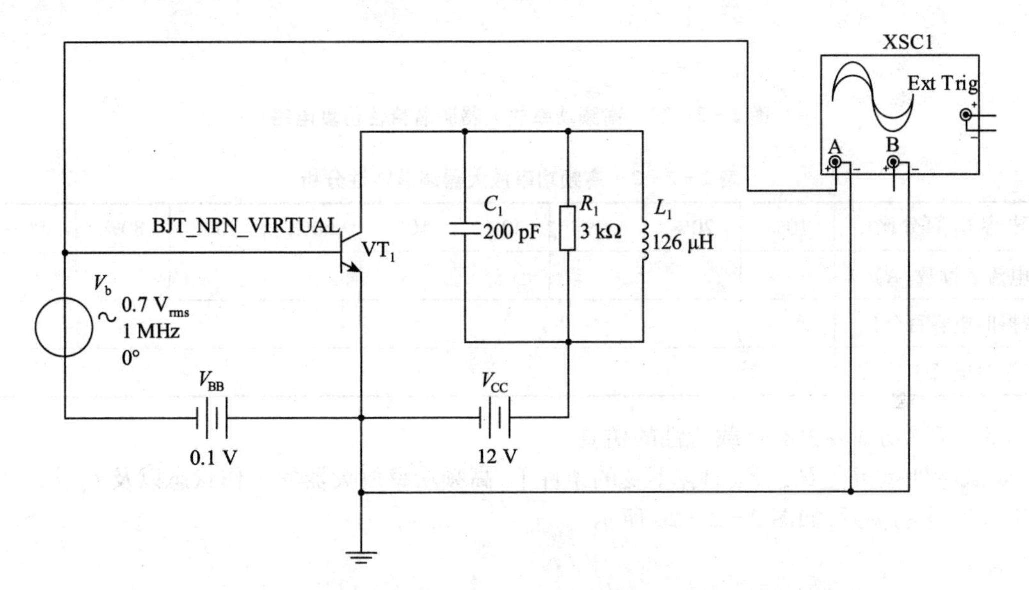

图2-2-23　集电极电流i_c与输入信号之间的线性关系的测量电路

(2) 高频功率放大器调谐特性的仿真

调谐特性是指在R_1、U_{bm}、V_{BB}、V_{CC}不变的条件下,高频功率放大器的I_{b0}、I_{c0}、U_{cm}等随回路电容C变化的关系,如图2-2-24所示。调谐特性是判断负载回路是否调谐在输入载波频率上的重要依据。

绘制如图2-2-25所示的电路,改变回路电容C_1(百分比由小到大),观察电流表的读数和示波器所测量的输入/输出波形,将结果填入表2-2-2中。当可变电容C_1的百分比为多少时回路谐振,此时电流表指示为多少?对谐振时的电路及电流表读数截图保存;当回路电容C_1改变时,电流表的指示如何变化?画出相应输出波形,并加以分析,将以上分析结果写入实验报告中。

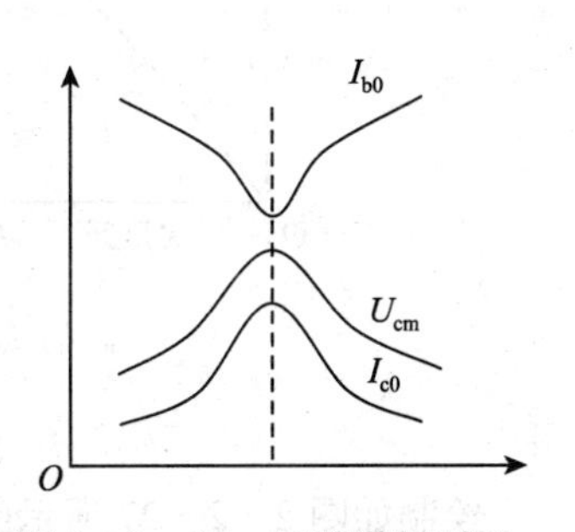

图2-2-24　回路谐振时I_{c0}、I_{b0}、U_{cm}随回路电容的变化

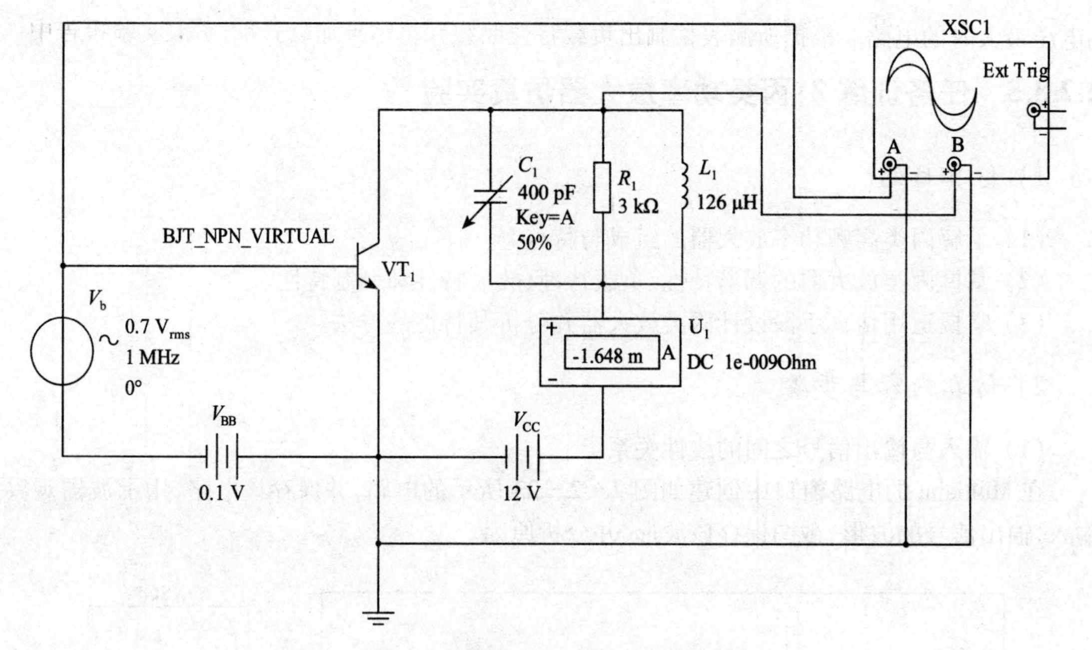

图 2-2-25　高频功率放大器调谐特性仿真电路

表 2-2-2　高频功率放大器调谐特性分析

电容 C_1 百分比	10%	20%	30%	40%	50%	60%	70%	80%	90%
电流表读数(A)									
谐振时电容百分比									
谐振时电流表读数									

（3）高频功率放大器负载特性的仿真

负载特性是指在 U_{bm}、V_{BB}、V_{CC} 不变的条件下，高频功率放大器的工作状态以及 I_{c0}、I_{c1m}、U_{cm} 等随 R_1 变化的关系，如图 2-2-26 所示。

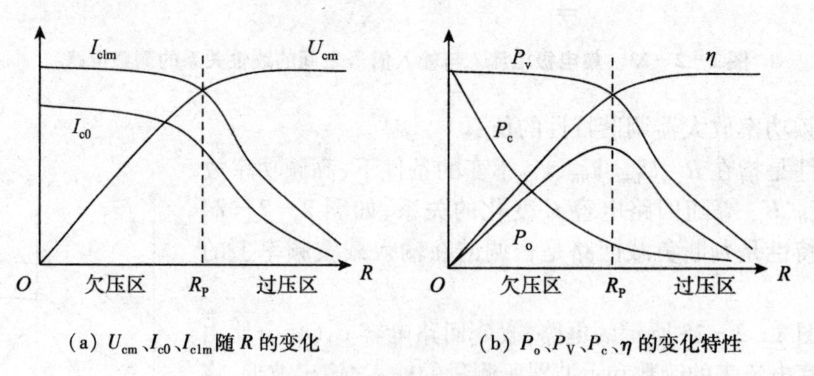

(a) U_{cm}、I_{c0}、I_{c1m} 随 R 的变化　　(b) P_o、P_V、P_c、η 的变化特性

图 2-2-26　负载特性

绘制如图 2-2-27 所示的电路，改变回路电阻阻值，用数字万用表电压挡和示波器观察回路电压随负载 R_1 变化的情况。当回路电阻 R_1 改变（由小到大）时，回路两端的电压和输出波形将如何变化？将结果填入表 2-2-3 中，R_1 的百分比为多少时回路两端电压最大？截图保存

端电压最大时的电路。根据所测表格画出负载特性曲线并将结果加以分析，写入实验报告中。

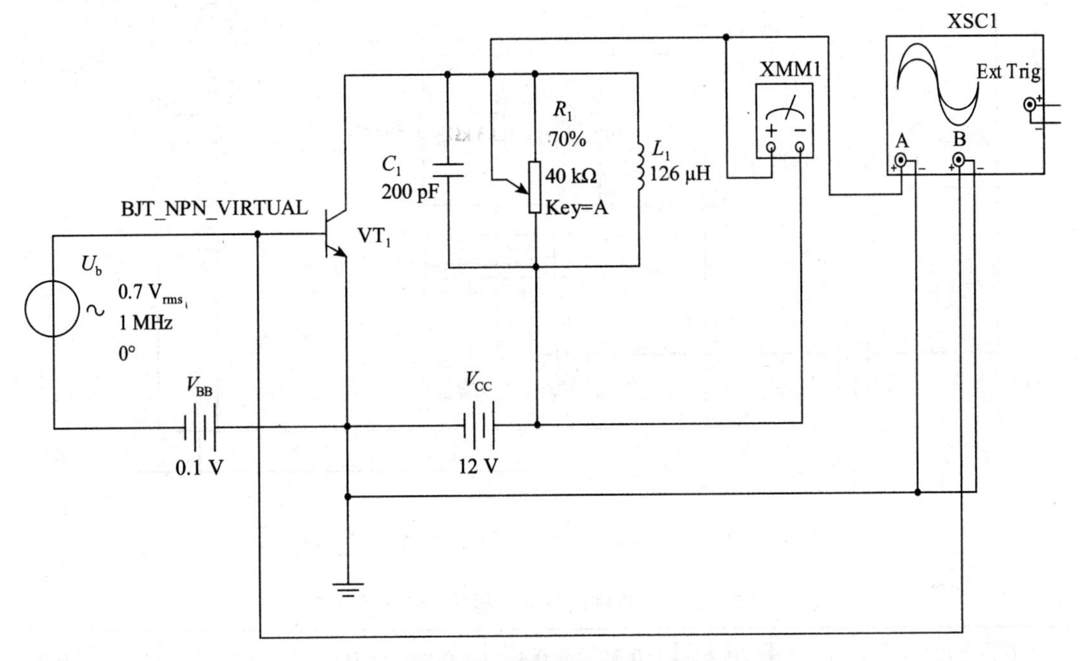

图 2-2-27　高频功率放大器负载特性仿真电路

表 2-2-3　高频功率放大器负载特性分析

电阻 R_1 百分比	10%	20%	30%	40%	50%	60%	70%	80%	90%
万用表电压读数（V）									
输出电压最大时的电阻百分比									
输出电压最大值									
负载特性曲线									

（4）高频功率放大器放大特性的仿真

放大特性 R_L、V_{BB}、V_{CC} 不变的条件下，高频功率放大器的工作状态及 I_{c0}、I_{c1m}、U_{cm} 等随激励电压 U_{bm} 变化的关系，如图 2-2-28 所示。

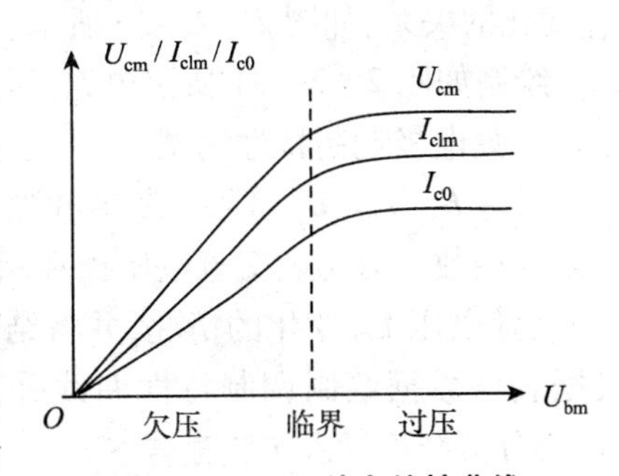

图 2-2-28　放大特性曲线

绘制如图 2-2-29 所示电路，改变激励电压 U_{bm}（由小到大变化），观察电流表读数和示波器所测量的输入/输出波形的变化情况，将结果填入表 2-2-4，并根据测得的数据画出放大特性曲线，并对结果加以分析，将结论写入实验报告。

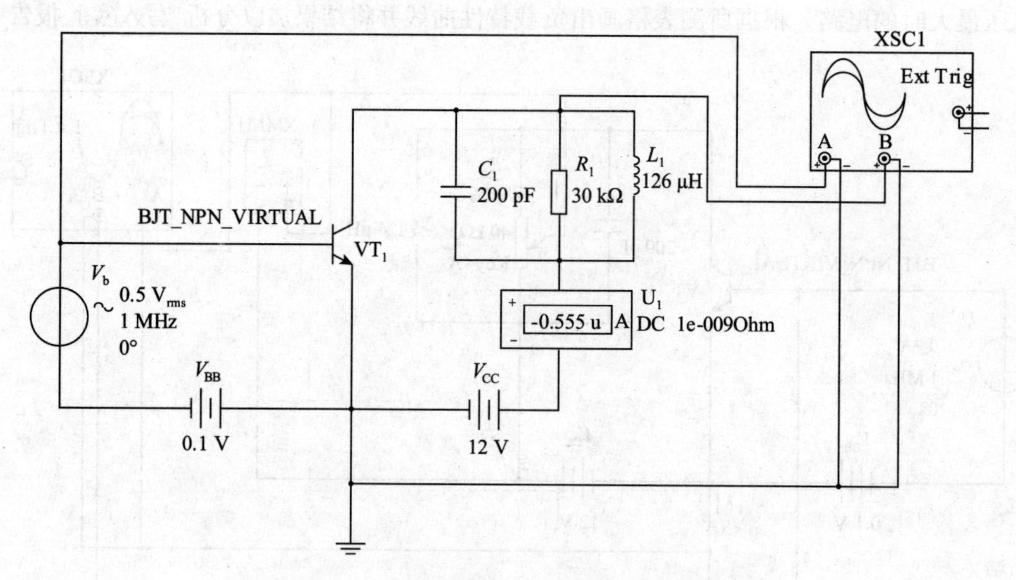

图 2-2-29　高频功率放大器放大特性仿真电路

表 2-2-4　高频功率放大器放大特性分析

U_{bm}(V)	0.1	0.2	0.3	0.4	0.5	0.6	0.7	0.8	0.9
电流表读数(A)									
放大特性曲线									

(5) 高频功率放大器调制特性的仿真

① 集电极调制特性

集电极调制特性是指在 R_L、V_{BB}、U_{bm} 不变的条件下，高频功率放大器的工作状态及 I_{c0}、I_{c1m}、U_{cm} 等随电源电压 V_{CC} 变化的关系，如图 2-2-30 所示。

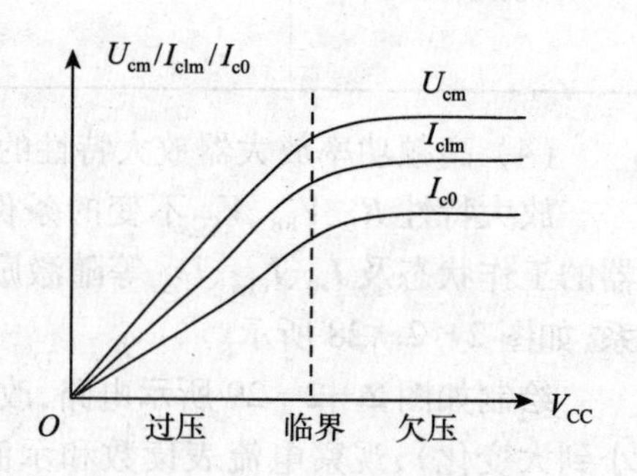

图 2-2-30　集电极调制特性

绘制如图 2-2-31 所示电路，进行调制特性测试。

a. 集电极调制特性测试

保持 R_L、V_{BB}、U_{bm} 不变，改变电源电压 V_{CC}(由小到大变化)，用数字万用表交流电压挡和示波器观察回路端电压 U_{cm} 随电压 V_{CC} 变化的情况，并将结果填入表 2-2-5。根据表格数据绘制调制特性曲线并对仿真结果进行分析，将分析结论写入实验报告。

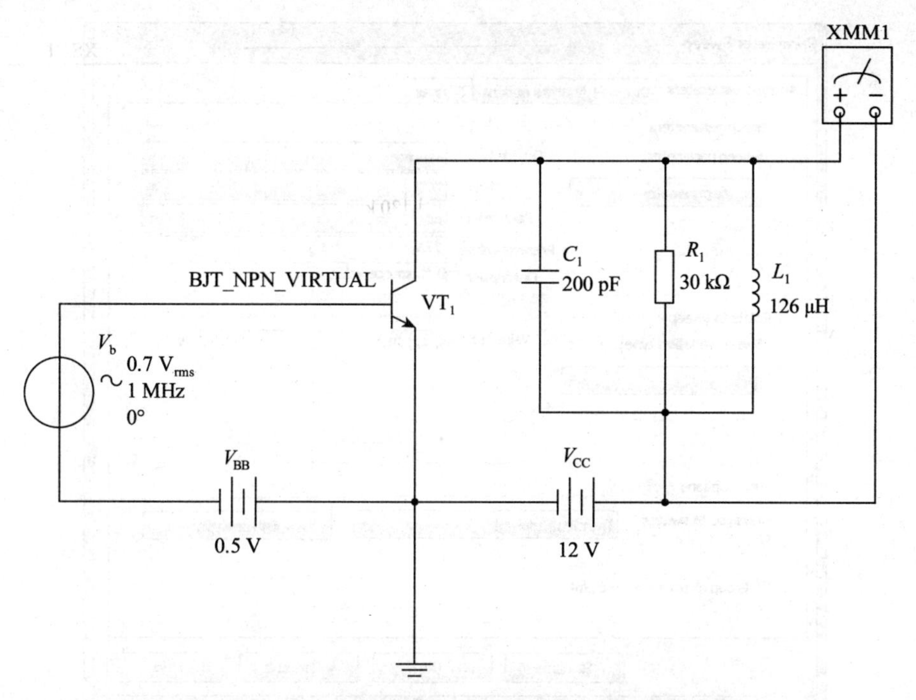

图 2-2-31 高频功率放大器集电极调制特性仿真电路

表 2-2-5 高频功率放大器集电极调制特性分析

V_{CC}	2 V	5 V	12 V	15 V	20 V
U_{cm}					
集电极调制特性曲线					

b. 用 Multisim 的仿真命令进行参数扫描分析

单击 Multisim 中主菜单“Simulate”中的“Analysis”子菜单下的“Parameter Sweep”命令，弹出“Parameter Sweep”对话框。该对话框中“Analysis parameters”选项卡的设置如图 2-2-32 所示。将电源电压 V_{CC}的值分别设置为 5 V、12 V、20 V。

单击该对话框中的“Edit analysis”按钮，对所需要的瞬态分析进行参数设置，具体设置如图 2-2-33 所示。

设置完毕，单击“OK”按钮，返回图 2-2-32 的“Parameter Sweep”对话框，在图 2-2-32 所示对话框的“Output”选项卡中，设置相关节点（见图 2-2-31）为输出变量（目的是测量电源电压 V_{CC}即 V_5 的值分别为 5 V、12 V、20 V 时，输出端的输出波形）。最后单击“Simulate”按钮，进行参数扫描分析。将扫描结果截图保存，并对结果加以说明。

Parameter Sweep
Analysis parameters
Output
Analysis options
Summary
Sweep parameters
Sweep parameter:
Device parameter
Device type:
Vsource
Name:
VCC
Parameter:
dc
Present value:
12 V
Description:
D.C. source value
Points to sweep
Sweep variation type:
List
Value list:
5, 12, 20,
V
More Options
Analysis to sweep:
Transient Analysis
Edit analysis
Group all traces on one plot
Simulate
OK
Cancel
Help

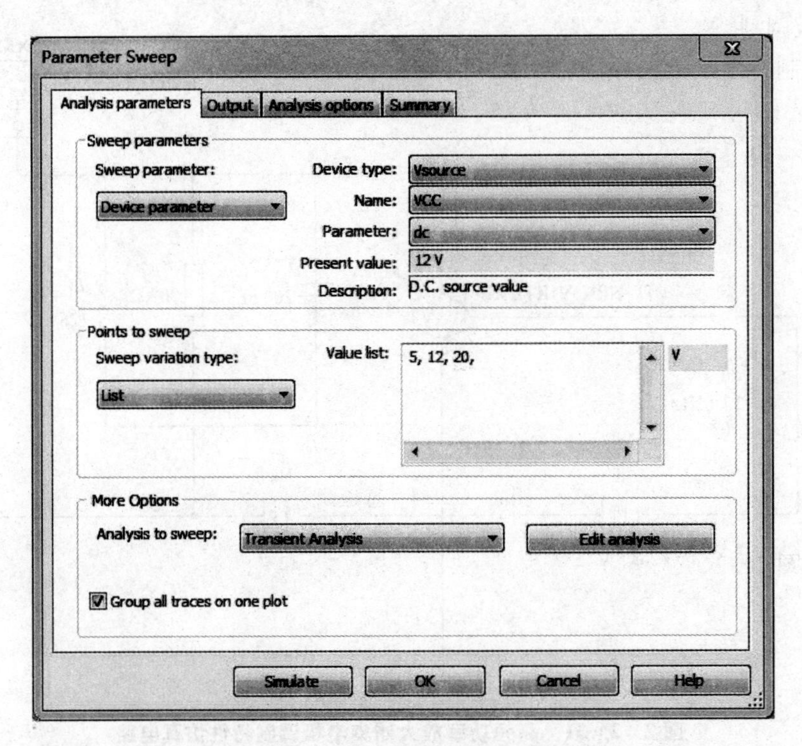

图 2－2－32 “Parameter Sweep”对话框

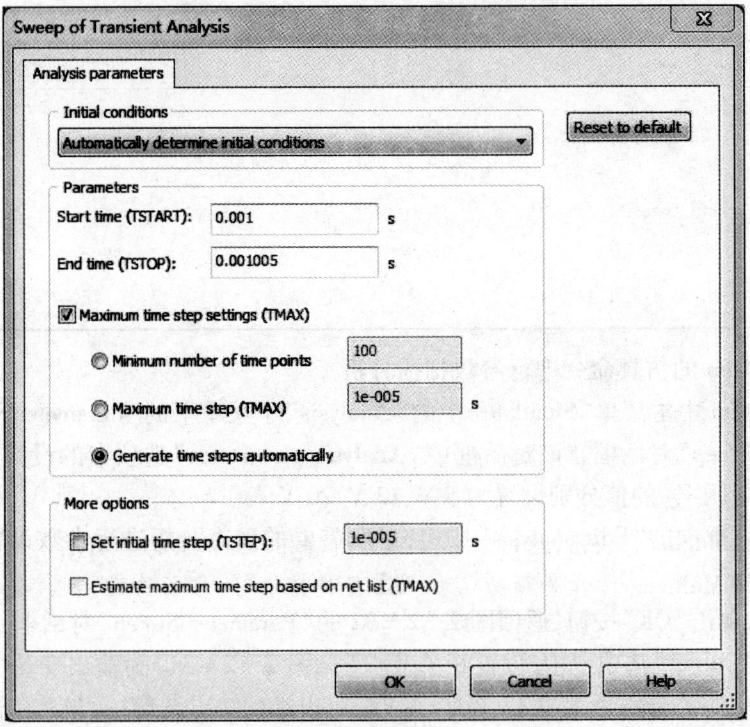

Sweep of Transient Analysis
Analysis parameters
Initial conditions
Automatically determine initial conditions
Reset to default
Parameters
Start time (TSTART):
0.001
s
End time (TSTOP):
0.001005
s
Maximum time step settings (TMAX)
Minimum number of time points
100
Maximum time step (TMAX)
1e-005
s
Generate time steps automatically
More options
Set initial time step (TSTEP):
1e-005
s
Estimate maximum time step based on net list (TMAX)
OK
Cancel
Help

图 2－2－33 参数扫描分析中的瞬态分析设置

② 基极调制特性

基极调制特性是指在 R_L、V_{CC}、U_{bm}不变的条件下，高频功率放大器的工作状态及 I_{c0}、I_{c1m}、U_{cm}等随电源电压 V_{BB}变化的情况，如图 2－2－34 所示。

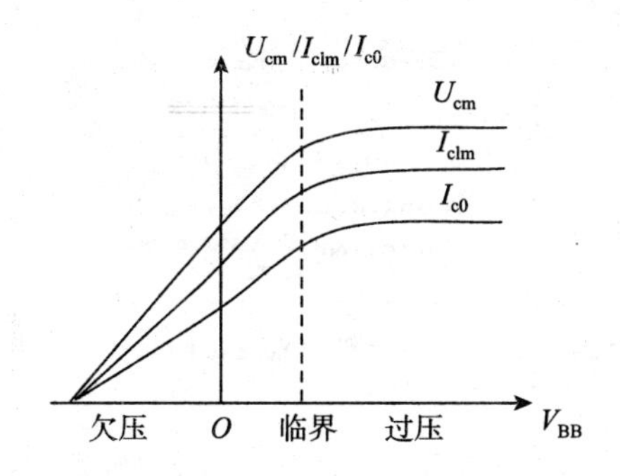

图 2－2－34　基极调制特性

利用如图 2－2－31 所示仿真电路，进行基极调制特性测试。

a. 基极调制特性测试

保持 R_L、V_{CC}、U_{bm}不变，改变电源电压 V_{BB}（由小到大变化），用数字万用表的交流电压挡和示波器观察回路端电压 U_{cm}随电源电压 V_{BB}变化的情况，并将测量结果填入表 2－2－6 中，根据所测表格数据绘制调制特性曲线并对仿真结果加以分析，将结论写入实验报告中。

表 2－2－6　高频功率放大器集电极调制特性分析

V_{BB}	0.3 V	0.6 V	1.0 V	1.2 V	1.5 V
U_{cm}					
基极调制特性曲线					

b. 用 Multisim 的仿真命令进行参数扫描分析

基本步骤与集电极调制特性的相同，只是目的改为测量基极电源电压 V_{BB}的值分别为 0.6 V、1.0 V、1.2 V 时，输出端的输出波形。即“Parameter Sweep”对话框中的“Analysis parameters”选项卡中的设置应如图 2－2－35 所示。

最后单击“Simulate”按钮，进行参数扫描分析，截图保存结果，并对结果加以说明。

注意：在用 Multisim 仿真高频功率放大器各种特性时，每当改变了电路参数后，一定要重新点击仿真按键！

3）仿真作业提交要求

（1）在之前已建立好的以自己学号和姓名命名的文件夹中新建名为“高频功率放大器仿真电路”的文件夹；

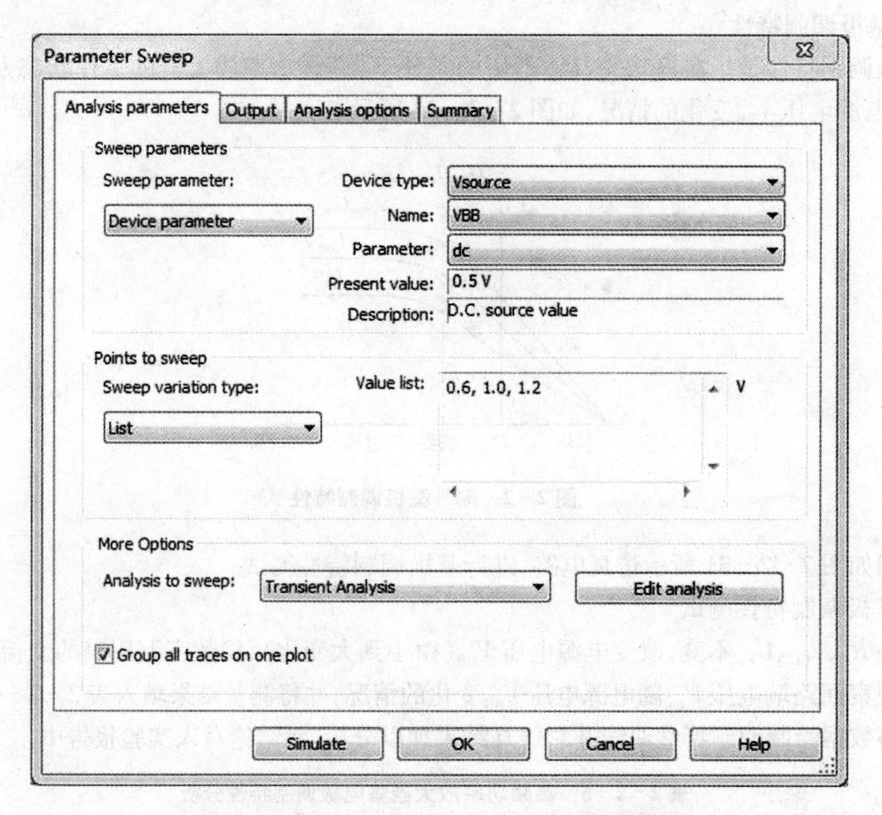

图 2－2－35　参数扫描分析中的瞬态分析设置

(2) 在以上文件中新建 Multisim 仿真电路文件(5 个),文件名为“学号 电路名.ms8”,如“＊＊高频功放输入输出线性关系.ms8”、“＊＊调谐特性.ms8”、“＊＊负载特性.ms8”、“＊＊放大特性.ms8”、“＊＊调制特性.ms8”;

(3) 将电路仿真结果的截图(输入输出线性关系波形图、调谐特性中电路谐振时电流表读数及电路图、负载特性中端电压最大值时的电路图、集电极调制参数扫描分析结果截图及基极调制参数扫描分析结果截图共 5 个)和结果记录表格(5 个)保存为 Word 文档,文档名为“学号 姓名”。

(4) 回答思考题,将答案写在实验报告中。

4) 思考题

(1) 对电路进行调谐时,输出端电压波形或电流表读数为何种情况时,电路谐振?

(2) 高频功率放大器为什么选择在丙类工作状态?

2.2.3.6　任务训练 3:丙类功率放大器操作实验

1) 实验目的

(1) 了解丙类高频功率放大器的组成及特点。

(2) 进一步理解高频谐振功率放大器的电路原理及负载阻抗、输入激励电压、电源电压等对高频谐振功率放大器工作状态及性能的影响。

(3) 掌握高频谐振功率放大器的调谐、调整方法及主要质量指标的测量方法。

2) 实验电路及原理

(1) 实验电路

高频功率放大器是发射机的重要组成部分,通常用在发射机末级和末级前端,主要作用是对高频信号的功率进行放大,以高效率输出最大高频功率,使其达到发射功率的要求。高频功率放大器一般工作在丙类状态,负载为 *LC* 谐振回路,以实现选频滤波和阻抗匹配,因此将这类放大器称之为谐振功率放大器或窄带高频功率放大器。

本实验的单元电路实物图如图 2-2-36 所示,电路图如图 2-2-37 所示。

图 2-2-36 高频功率放大器实验电路板

(2) 主要技术指标及其测试方法

① 输出功率

高频功率放大器的输出功率是指放大器的负载 R_L 上得到的最大不失真功率。由于负载 R_L 与丙类功率放大器的谐振回路之间采用变压器耦合方式,则集电极回路的谐振阻抗 R_0 上的功率等于负载 R_L 上的功率,所以将集电极的输出功率视为高频放大器的输出功率,即

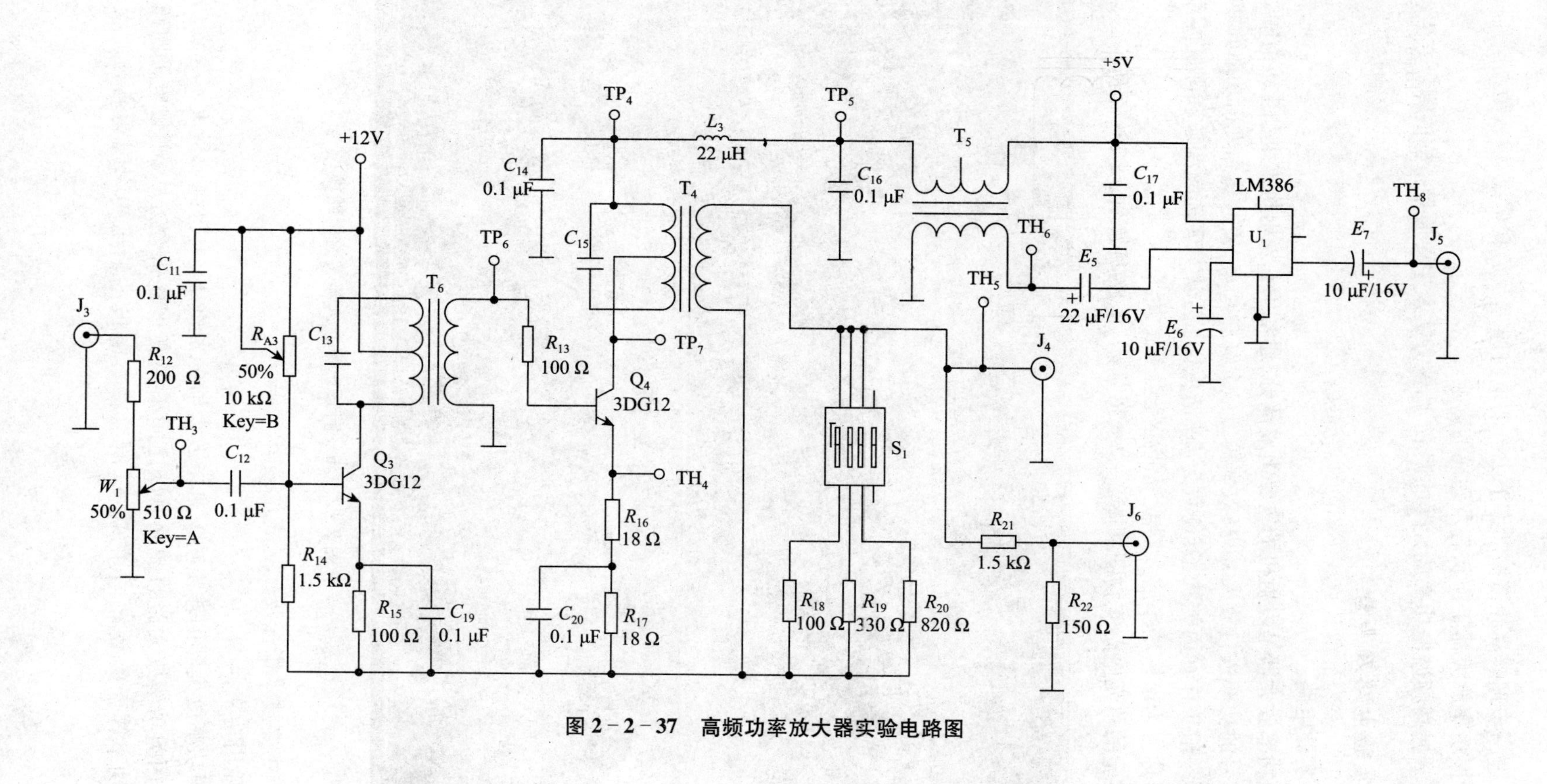

图 2-2-37　高频功率放大器实验电路图

$$P_o = \frac{1}{2}U_{c1m}I_{c1m} = \frac{1}{2}I_{c1m}^2R_0 = \frac{1}{2}\frac{U_{c1m}^2}{R_0}$$

测量功率放大器主要技术指标的连接电路如图 2-2-38 所示,其中由高频信号发生器提供所需频率的高频激励信号电压,用示波器监测波形失真,直流毫安表测量集电极的直流电流,高频电压表测量负载 R_L 的端电压,也可由示波器读出电压峰-峰值换算。

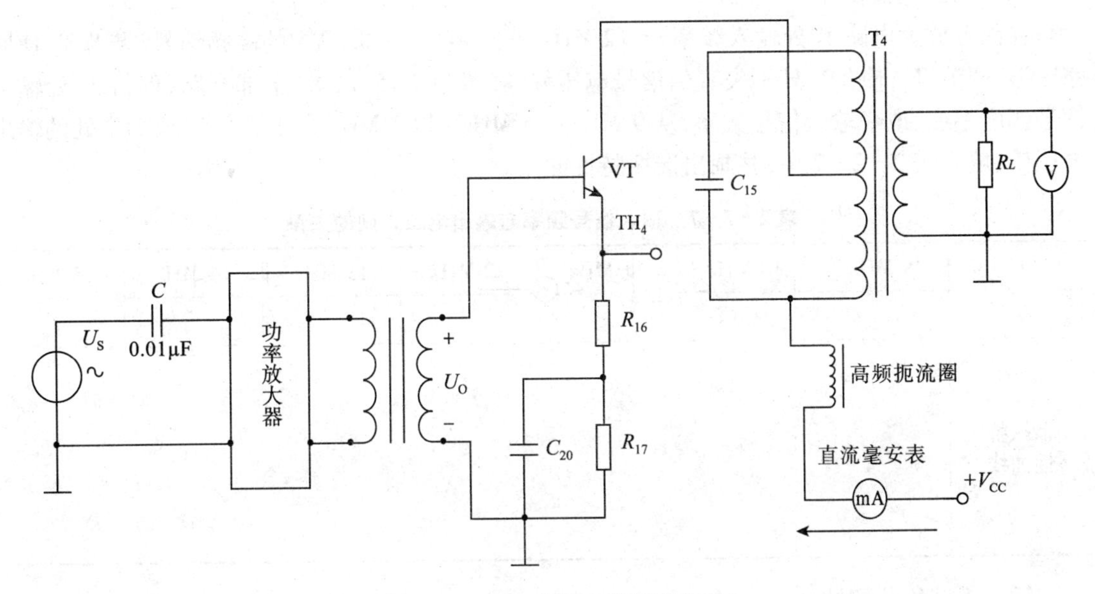

图 2-2-38 高频功放测试电路

放大器的输出功率:

$$P_o = \frac{U_L^2}{R_L}$$

式中,U_L 为高频电压表的测量值,R_L 为放大器的负载电阻值,但由于高频损耗等原因,实际测试值有一定误差。

② 效率

高频功率放大器的总效率是由晶体管集电极效率和输出网络的传输效率决定的。而输出网络的传输效率通常是由电感、电容在高频工作时产生的一定损耗而引起的。放大器的能量转换效率主要由集电极的效率所决定,所以通常将集电极的效率视为高频功率放大器的效率,用 η 表示,即

$$\eta = \frac{P_o}{P_{DC}}$$

利用图 2-2-37 所示电路,可以通过测量来计算功率放大器的效率,集电极回路谐振时,η 的值由下式计算

$$\eta = \frac{P_o}{P_{DC}} = \frac{U_L^2R_L}{I_{c0}V_{CC}}$$

③ 功率增益

$$A_p = 10\lg \frac{P_o}{P_i}$$

3）实验内容及步骤

（1）测试调谐特性

在前置放大电路 J_3 处输入频率 $f = 12$ MHz（$U_{p-p} \approx 0.1 \sim 0.3$ V）的高频信号，调节 T_6 使回路谐振，调节 W_1，使 TP_6 处不失真的信号电压峰-峰值为 2~5 V，S_1 全部开路，保持 J_3 处输入信号幅度不变，改变输入信号频率，从 9 MHz~15 MHz（以 1 MHz 为步进），记录 TP_6 处的输出电压值，填入表 2－2－7 中，并画出谐振特性曲线。

表 2－2－7　输入信号频率与输出电压之间的关系

f_i	9 MHz	10 MHz	11 MHz	12 MHz	13 MHz	14 MHz	15 MHz
U_o							
谐振特性曲线							

（2）测试负载特性

在前置放大电路 J_3 处输入频率 $f = 12$ MHz（$U_{p-p} \approx 0.3$ V）的高频信号，调节 W_1 使 TP_6 处的信号为 2~5 V，调节中周 T_4，使回路谐振（调谐标准：TH_4 处波形幅度最大且为双峰，若波形变形严重，可减小高频信号源的输出幅度）。

将负载电阻转换开关 S_1 依次从 1~4 拨动，用示波器观测相应的 U_c 值和 U_e 的波形，描绘相应的 i_e 波形，分析负载对工作状态的影响。将结果填入表 2－2－8 中。

表 2－2－8　U_b = 6 V　f = 12 MHz　V_{CC} = 5 V 时，负载对工作状态的影响

$R_L(\Omega)$	820	330	100	∞
U_{cp-p}(V)				
U_{ep-p}(V)				
i_e的波形				

（3）观察激励电压变化对工作状态的影响

先调节 T_4 将 i_e 波形调到凹顶波形，然后使输入信号由大到小变化，用示波器观察 i_e 波形的变化（观测 i_e 波形即观测 U_e 波形，$i_e = U_e / R_{16}$）。

试描述当输入信号由大变小时，i_e波形形状如何变化，原因是什么，将该描述写入实验报告中。

4）实验报告要求

（1）实验目的；
（2）测试高频功率放大器的调谐特性及负载特性，将测试结果填入对应表格中；
（3）对实验参数和波形进行分析，说明输入激励电压、负载对工作状态的影响；
（4）分析丙类功率放大器的特点；
（5）回答思考题。

5）思考题

（1）什么叫做高频功率放大器？其主要作用是什么？有哪些主要要求？
（2）高频功率放大器为什么常选择在丙类工作状态？
（3）高频功率放大器的集电极回路用 LC 谐振回路作负载的原因是什么？

3 无线接收电路

3.1 项目 3:无线调幅接收电路

3.1.1 任务 1:电路组成及原理

3.1.1.1 任务要求

(1) 掌握无线调幅接收电路的组成。

(2) 了解无线调幅接收电路各部分的功能。

3.1.1.2 任务原理

无线电调幅广播接收机的组成如图 3-1-1 所示。为提高接收机的性能,均采用超外差接收方式,即把不同接收频率的信号变为固定频率的中频信号。

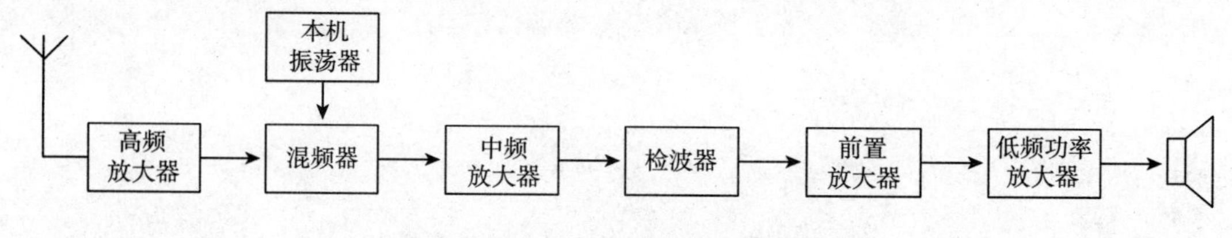

图 3-1-1 调幅广播接收机的组成

各个部分的作用如下:

(1) 高频放大器。在接收机中,天线能起到对空间电磁波汇聚的作用,而高频放大器具有选频与放大的功能。为提高接收机的灵敏度,常选用低噪声高放管。

(2) 本机振荡器。本机振荡器又称为本振,它的功能是为混频器提供高频正弦波信号。

(3) 混频器。混频器是超外差接收机的重要组成部分。其基本功能是将本振信号和高频调幅波信号进行频率变换,选择输出中频的调幅信号。

(4) 中频放大器。中频放大器的基本功能是将混频器输出的中频调幅波信号进行放大,为检波器提供符合输入幅度要求的信号。

(5) 检波器。检波器的主要功能是将中频放大器输出的中频调幅波信号变换成音频信号。

(6) 前置放大器。前置放大器主要完成音频信号的电压放大,满足低频功率放大器输入信号的要求,即起推动激励作用。

(7) 低频功率放大器。低频功率放大器完成音频信号的功率放大,推动扬声器工作,还原出音频信号。

3.1.1.3 任务小结

无线电调幅广播接收机主要由高频放大器、本振、混频器、中频放大器、检波器、前置放大器、低频功率放大器及扬声器等组成。混频器是超外差接收机的重要组成部分,其基本功能是将本振信号和高频调幅波信号进行频率变换,选择输出中频的调幅信号。

3.1.1.4 任务训练:思考与练习

(1) 分析调幅接收机的基本工作原理。

(2) 超外差式调幅接收机的特点是什么?

3.1.2 任务2:高频小信号谐振放大电路

3.1.2.1 任务要求

(1) 理解并联谐振回路的选频作用。

(2) 掌握小信号谐振放大器的分析方法以及主要技术指标。

3.1.2.2 任务原理

1) 基本知识

(1) 高频小信号放大器的概念

放大高频小信号(中心频率在几百千赫兹到几百兆赫兹)的放大器称为高频小信号放大器。

(2) 高频小信号放大器的分类

根据工作频带的宽窄不同,高频小信号放大器分为宽带型和窄带型两大类。所谓频带的宽窄指的是相对频带,而不是绝对频带,即通频带与其中心频率的比值。宽带放大器的相对频带较宽,往往在0.1以上;窄带放大器的相对频带较窄,往往小到0.01。

(3) *LC*谐振回路

采用调谐回路作为负载的放大器,选频或滤波是其基本特点。选频网络在高频电子线路中得到广泛应用,它能选出我们需要的频率分量,滤去不需要的频率分量。

*LC*谐振回路分为串联谐振回路和并联谐振回路两种形式,其中并联形式在实际电路中的用途更广,且两者之间具有一定的对偶关系。因此,只要理解并联谐振回路,串联谐振回路的

特性利用对偶方法即可得到。

电感线圈 L、电容 C、外加信号源相互并联,就构成 LC 并联谐振回路,如图 3-1-2 所示,r 代表线圈 L 的等效损耗电阻(串联模型),为折合到回路两端的等效电阻(并联模型)。由于电容器的损耗很小,图中略去其损耗电阻。对于信号源内阻和负载比较大的情况,宜采用并联谐振回路。

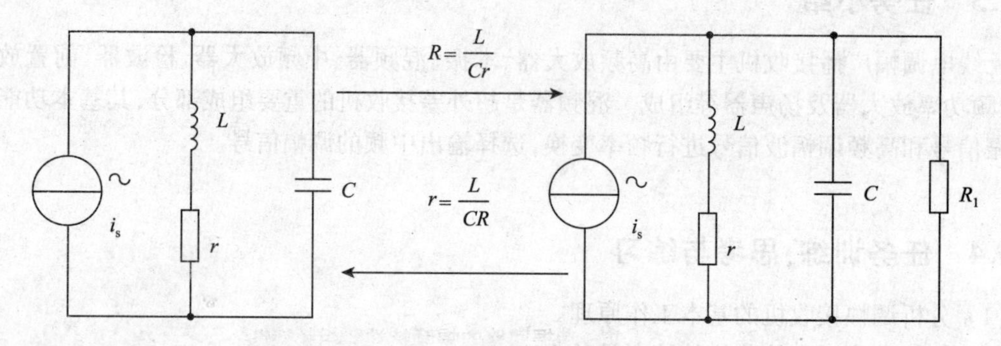

图 3-1-2 LC 并联谐振回路

① 谐振条件

$$z=\frac{(r+\mathrm{j}\omega L)\dfrac{1}{\mathrm{j}\omega C}}{r+\mathrm{j}\omega L+\dfrac{1}{\mathrm{j}\omega C}}=\frac{(r+\mathrm{j}\omega L)\dfrac{1}{\mathrm{j}\omega C}}{r+\mathrm{j}\left(\omega L-\dfrac{1}{\omega C}\right)}$$

一般回路的损耗很小,满足 $\omega L\gg r$

$$z\approx\frac{\dfrac{L}{C}}{r+\mathrm{j}\left(\omega L-\dfrac{1}{\omega C}\right)}$$

当 $X=\omega L-\dfrac{1}{\omega C}=0$ 时,回路发生谐振。并联谐振角频率 ω_0 和频率 f_0 分别为:

$$\omega_0\approx\frac{1}{\sqrt{LC}}$$

$$f_0\approx\frac{1}{2\pi\sqrt{LC}}$$

② 谐振特性

谐振时($\omega=\omega_0$),回路电抗 X 为 0,阻抗 Z 为纯电阻性,并达到最大值。

并联谐振回路对应的幅频特性与相频特性如图 3-1-3 所示,谐振时,谐振阻抗最大,相移为零。当 $\omega<\omega_0$ 时,回路呈感性,相移为正值,最大值趋于90°。当 $\omega>\omega_0$ 时,回路呈容性,相移为负值,最大值趋于-90°。

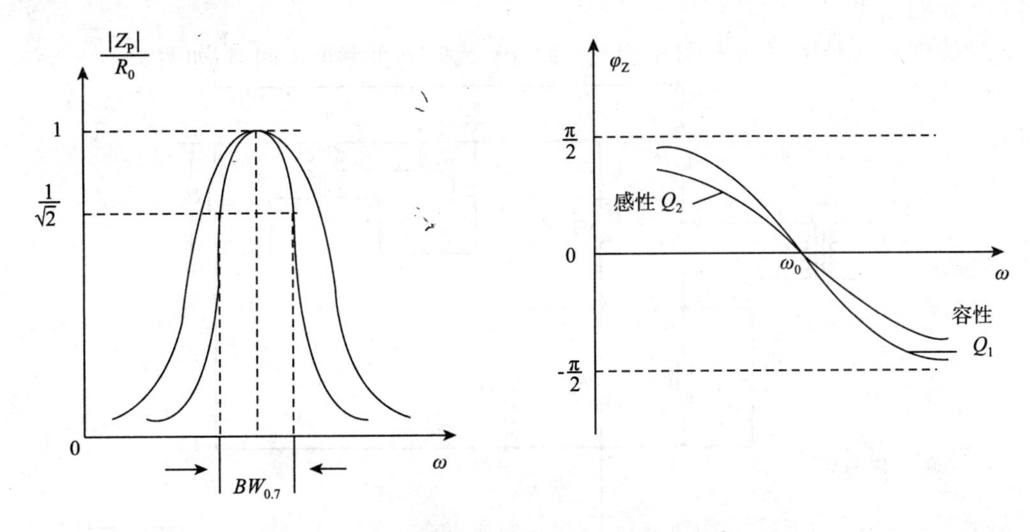

图 3-1-3 并联谐振回路的幅频特性和相频特性

③ 重要参数

a. 品质因数 Q_0:在 LC 谐振回路中,为了评价谐振回路损耗的大小,常引入空载品质因数 Q_0。Q_0 定义为回路谐振时的感抗(或容抗)与回路等效损耗电阻 r 之比。

$$Q_0 = \frac{\omega_0 L}{r} = \frac{1}{\omega_0 C r}$$

b. 通频带:放大器的电压增益下降到最大值的 0.707 倍时,所对应的频率范围称为放大器的通频带。

$$2\Delta f_{0.7} = \frac{f_0}{Q_0}$$

2) 小信号谐振放大电路

采用谐振回路作为负载的放大电路称为谐振放大器,又叫调谐放大器。由于谐振负载的选频特性,小信号谐振放大器能够从众多信号中选出所需信号并放大,而且还能对其他无用信号进行抑制,它被广泛应用于广播、电视、通信和雷达的接收设备中。本书主要介绍单调谐放大器、双调谐放大器、集中选频放大器。

(1) 单调谐放大器

① 单级单调谐放大器的电路结构

集电极负载为 LC 并联谐振回路,采用了部分接入的方式,电路如图 3-1-4 所示。

② 单级单调谐放大器的性能分析

单级单调谐放大器的幅频特性曲线如图 3-1-5 所示。

a. 谐振频率:$f_0 = \dfrac{1}{2\pi\sqrt{LC_\Sigma}}$

其中 C_Σ为三极管输出电容和负载电容折合到 LC 回路两端的等效电容与回路电容 C 之和。因此,改变 L 和 C_Σ都可改变谐振频率,即进行调谐。

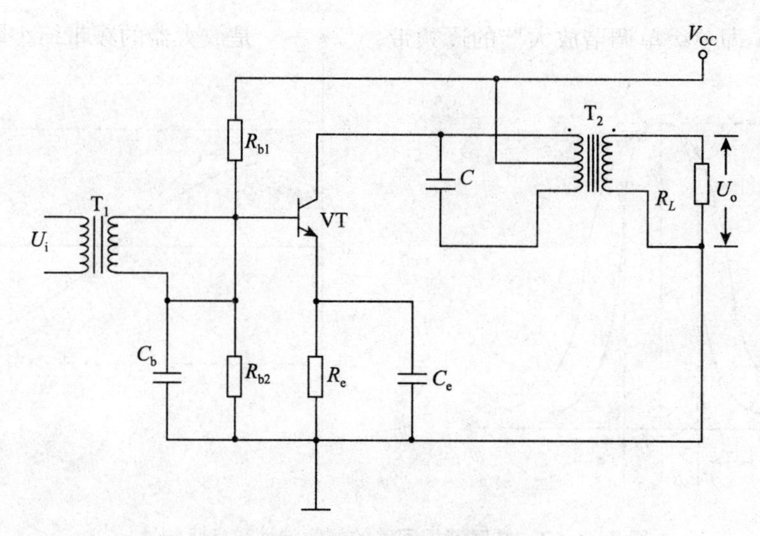

图 3-1-4　单级单调谐放大器

b. 通频带：$BW_{0.7}=\dfrac{f_0}{Q_e}$

其中：Q_e 为回路的有载品质因数。

$$Q_e=\frac{R_\Sigma}{\omega_0 L}=R_\Sigma\omega_0 C_\Sigma$$

R_Σ为 LC 谐振回路的总电阻。在实际电路中，常用在 LC 并联回路两端并联电阻的方法，减小回路的有载品质因数，以扩展通频带。

c. 矩形系数：$K_{0.1}=\dfrac{BW_{0.1}}{BW_{0.7}}\approx 9.95$

单调谐放大器的矩形系数远大于 1，实际的谐振曲线与矩形相差太远，因此单调谐放大器的选择性较差。

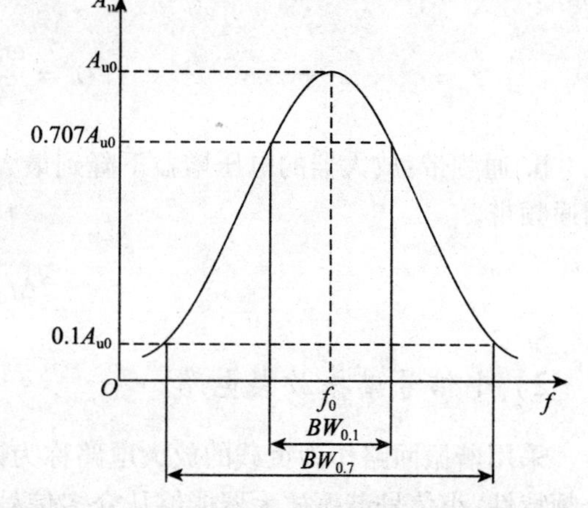

图 3-1-5　单级单调谐放大器的幅频特性曲线

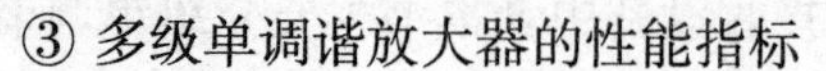

③ 多级单调谐放大器的性能指标

a. 电压增益

设单调谐放大器有 m 级，各级电压增益分别为 A_{u1}、A_{u2}、A_{u3}、…、A_{um}，则级联后放大器的总电压增益为：

$$A_m=A_{u1}\cdot A_{u2}\cdot\cdots\cdot A_{um}$$

如果 m 级放大器是由完全相同的单级放大器组成，则其电压增益可以表示为：

$$A_m=(A_{u1})^m$$

b. 通频带：$BW_{0.7}=(2\Delta f_{0.7})_m=\sqrt{2^{\frac{1}{m}}-1}\cdot\dfrac{f_0}{Q_e}$

$\dfrac{f_0}{Q_e}$ 为 $m=1$ 即单级单调谐放大器的通频带，$\sqrt{2^{\frac{1}{m}}-1}$ 是放大器的频带缩小因子。

c. 选择性

对于多级单调谐放大器来说，级数越多其谐振曲线越接近于矩形，即矩形系数越接近于1，其选择性就越好。对于 m 级相同的单调谐放大器级联后的矩形系数可以求得：

$$K_{0.1}=\frac{BW_{0.1}}{BW_{0.7}}=\frac{\sqrt{100^{\frac{1}{m}}-1}}{\sqrt{2^{\frac{1}{m}}-1}}$$

（2）双调谐放大器

① 双调谐放大器的电路结构

集电极负载为双调谐耦合回路，初、次级均采用了部分接入的方式，电路如图 3－1－6 所示。

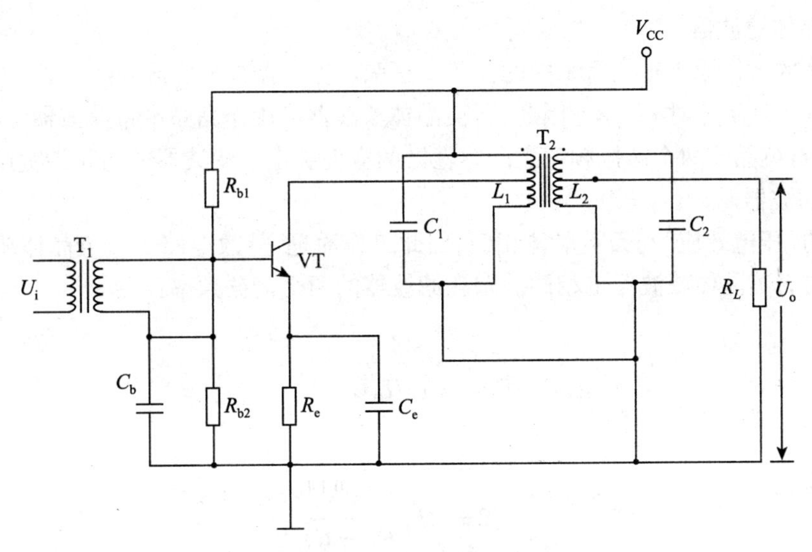

图 3－1－6　双调谐放大器

② 双调谐放大器的性能特点

a. 双调谐放大器在临界耦合的条件下谐振电压增益是单调谐的 1/2 倍；

b. 双调谐的通频带和单调谐通频带的关系：$BW_{0.7}=\sqrt{2}\dfrac{f_0}{Q_e}$；

c. 矩形系数小于单调谐，选择性好，即 $K_{0.1}=\dfrac{BW_{0.1}}{BW_{0.7}}\approx 3.16$；

d. 缺点是调谐不方便。

（3）集中选频放大器

由 LC 构成的调谐放大器，组成级联放大器时，线路复杂，调试不方便，频率特性稳定性不高，可靠性差，尤其是不能很好地满足某些特殊频率特性要求。随着电子技术的发展，新型元件不断出现，高频小信号放大器采用了集中滤波和集中放大相结合的集成电路，也就是集中选频放大器。

① 集中选频放大器的组成

第一种形式：

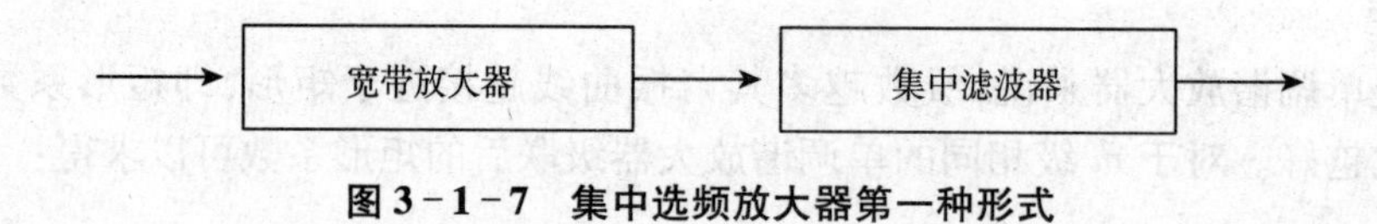

图 3-1-7　集中选频放大器第一种形式

第二种形式：

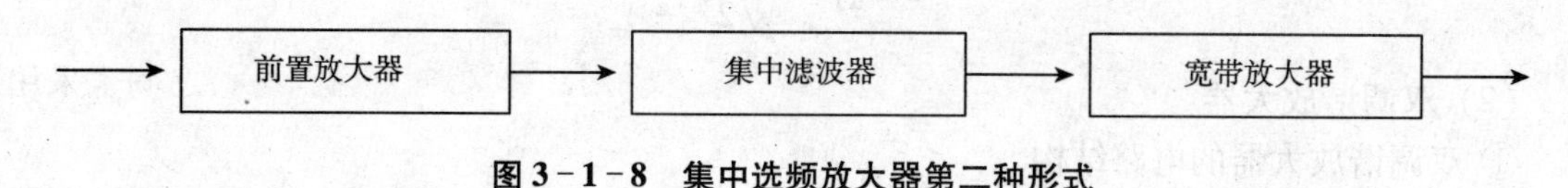

图 3-1-8　集中选频放大器第二种形式

② 集中选频滤波器

a. 石英晶体滤波器

石英晶体的工作原理在项目 1 中的任务 2 正弦波振荡器部分已经介绍过，这里不再赘述。由于$f=f_q$时$x=0$，$f=f_p$时$x\to\infty$，因此，石英晶体滤波器可用作高频窄带滤波器。石英晶体滤波器工作时，石英晶体两个谐振频率之间感性区的宽度决定了滤波器的通频带宽度。

b. 陶瓷滤波器

陶瓷片的"压电效应"与石英晶体相似，因此工作原理、等效电路与石英晶体滤波器相同，其电路符号与石英晶体滤波器也相同。陶瓷滤波器的两个谐振频率：

$$f_q = \frac{1}{2\pi\sqrt{L_1 C_1}}$$

$$f_p = \frac{1}{2\pi\sqrt{L_1 \dfrac{C_1 C_0}{C_1 + C_0}}}$$

陶瓷滤波器的工作频率为几百千赫兹至几十兆赫兹，使用时，其输入阻抗需与信号源阻抗匹配，其输出阻抗需与负载阻抗匹配。

其优点是体积小、成本低、受外界影响小；缺点是频率特性较难控制，生产一致性较差，BW不够宽。

c. 声表面波滤波器

声表面波滤波器是声表面波（用 SAW 表示）器件的一种。SAW 器件是一种利用弹性固体表面传播机械振动波的器件。声表面波滤波器的优点是体积小、重量轻、性能稳定、特性一致性好、工作频率高（几兆赫兹至几吉赫兹）、通频带宽、抗辐射能力强、动态范围大等。实用的声表面波滤波器的矩形系数可小于 1.2，相对带宽可达 50%。

3.1.2.3　任务小结

(1) 小信号谐振放大器是一种窄带放大器，由放大器和谐振负载组成，具有选频或滤波的功能。按谐振负载的不同,其可分为单调谐放大器、双调谐放大器等。

(2) 小信号选频放大器的主要技术指标有谐振阻抗、品质因数、通频带等。

(3) 集中选频放大器是由集中选频滤波器和宽带放大器组成。常用的集中选频滤波器有陶瓷滤波器、声表面波滤波器等。

3.1.2.4 任务训练1:思考与练习

(1) 试简述高频小信号谐振放大器的主要技术指标。

(2) 在小信号谐振放大器中,三极管与回路之间常采用部分接入,回路与负载之间也采用部分接入,这是为什么?

(3) 一单调谐振放大器,集电极负载为并联谐振回路,其固有谐振频率$f_0 = 6.5$ MHz,回路总电容$C = 56$ pF,回路通频带$BW_{0.7} = 150$ kHz。求回路的调谐电感及品质因数。

(4) 如图3-1-9所示的是单调谐放大器的幅频特性曲线,求其谐振频率、通频带和矩形系数。

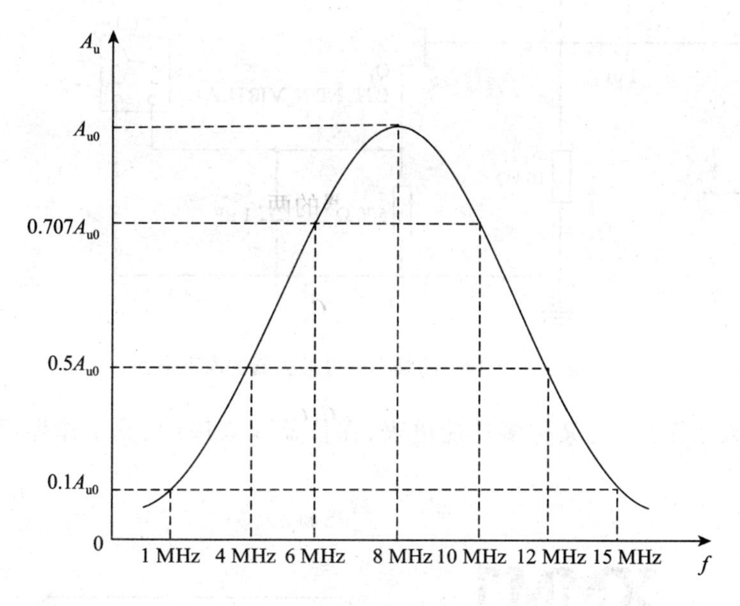

图3-1-9 思考与练习第(4)题

(5) 中心频率都是6.5 MHz的单调谐放大器和临界耦合的双调谐放大器,若Q_e均为30,试问两个放大器的通频带各为多少?

3.1.2.5 任务训练2:高频小信号放大器仿真实验

1) 仿真目的

(1) 理解小信号放大器的功能、组成及指标含义。

(2) 理解电路参数对放大器指标的影响。

（3）掌握仿真软件中的示波器、函数发生器及数字多用表的使用。

2）仿真内容与步骤

（1）绘制高频小信号放大器的原理电路

高频小信号放大器的原理电路如图 3-1-10 所示，绘制该电路并保存。其中电阻、电位器、电感、电容元件在基本元器件库中，三极管在晶体管元件库中，电源和地线在信号源库中。

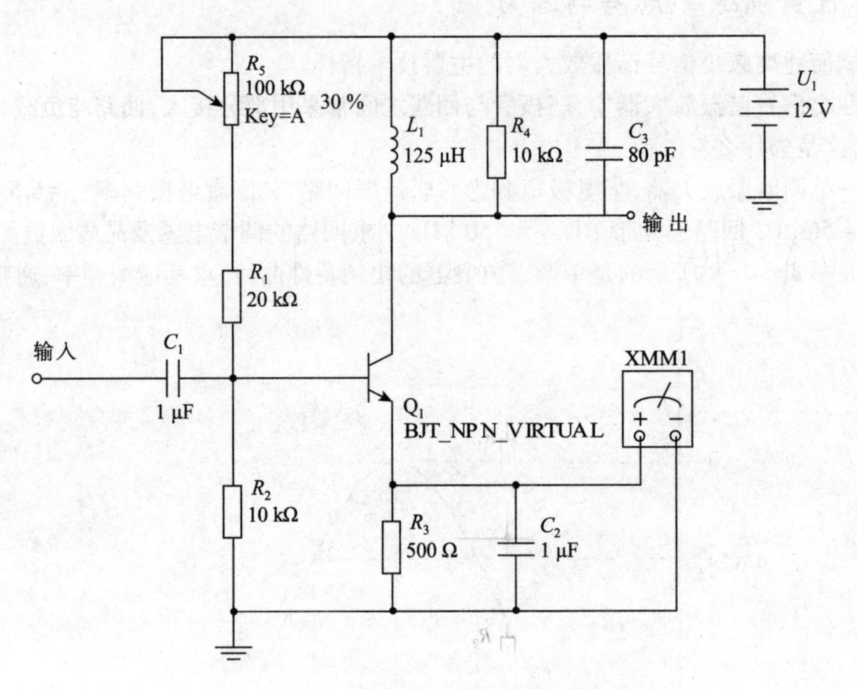

图 3-1-10　高频小信号放大器的原理电路

XMM1 为数字多用表，又称多功能电表，在仪器仪表库中，其工作界面如图 3-1-11 所示。

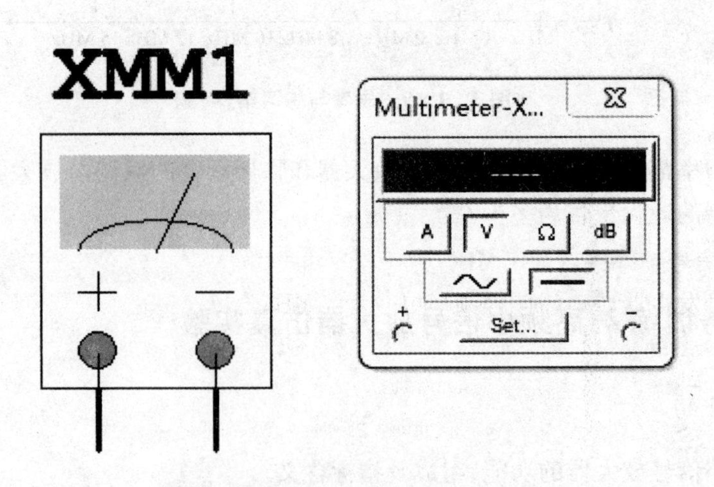

图 3-1-11　数字多用表的工作界面

(2) 调整放大器的静态工作点

为保证放大器的正常工作,应使三极管有合适的静态工作点,即调整电阻 R_5 使得三极管的发射极电位 $U_e = 1$ V。在图 3-1-10 所示电路中,发射极与地之间已经接入一台数字多用表,将多用表的控制面板设置为直流电压测量,如图 3-1-11 所示。

按下仿真运行按键,使该电路进入仿真运行状态,调整 R_5(将电脑输入法切换为美式键盘,按下字母 A,则电阻增大,按下 Shift+A,则电阻减小),观察此时数字多用表的读数,当测得电压约为 1 V 时,该电路达到静态工作点。截图保存达到静态工作点时数字多用表的读数界面。

(3) 用示波器观察高频小信号放大器的输入/输出波形

高频小信号放大器的基本功能为选频放大,在放大器的输入端接入函数信号发生器,用示波器观察放大器输入/输出波形,电路连接方式如图 3-1-12 所示。

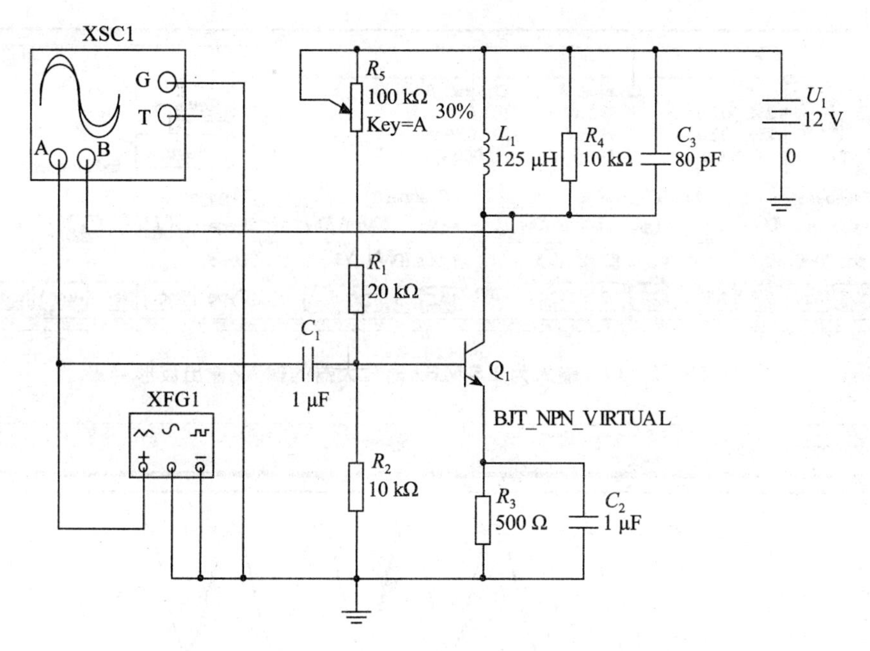

图 3-1-12 高频小信号放大器输入输出波形分析

① 将输入信号频率设置为 1.5 MHz

将函数信号发生器设置为如图 3-1-13 所示,观察示波器上的输入/输出波形,将示波器上的波形截图保存,并计算电压增益,将读取的数据结果填入表 3-1-1 中。输入/输出参考波形如图 3-1-14 所示。

② 将输入信号频率设置为 1 MHz

将函数信号发生器产生的信号频率更改为 1 MHz,观察此时示波器上的输入/输出波形,将示波器上的波形截图保存,并计算电压增益,将读取的数据结果填入表 3-1-1 中。输入/输出参考波形如图 3-1-15 所示。

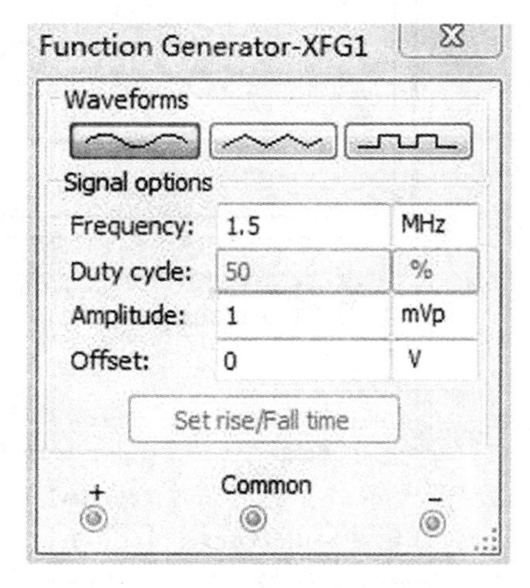

图 3-1-13 函数信号发生器设置

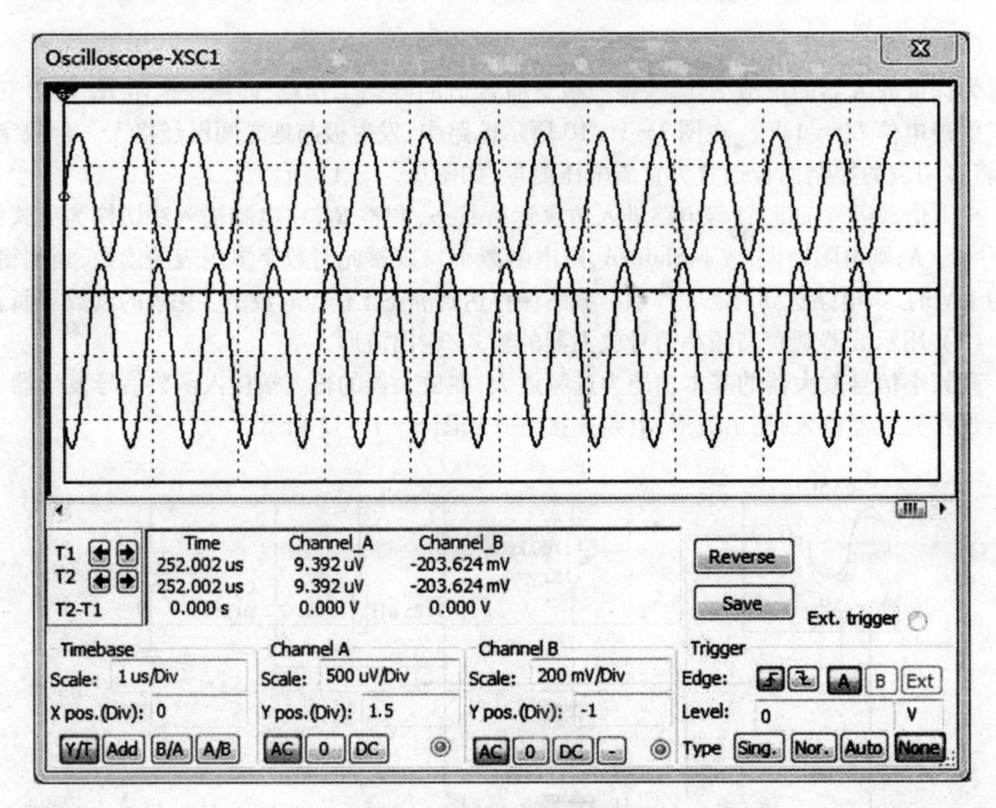

图 3－1－14　输入为 1.5 MHz 时放大器的输入/输出波形

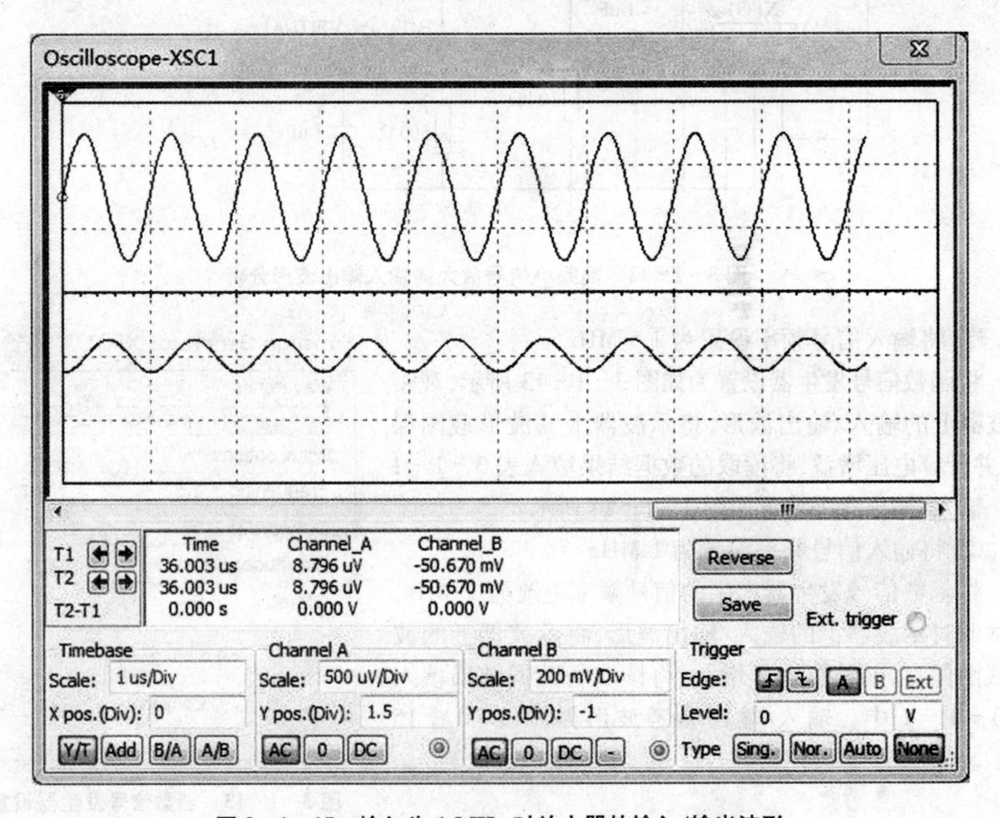

图 3－1－15　输入为 1 MHz 时放大器的输入/输出波形

③ 对比①与②的仿真结果,分析为何输入信号频率不同的时候,电路的放大倍数有所不同,在什么时候输出电压增益具有最大值。

表 3-1-1 高频小信号放大器输入/输出波形分析

函数发生器设置				示波器读数				
波形选择	频率	占空比	幅度	X 轴	A 通道 Y 轴 B 通道 Y 轴	输入信号波形峰峰值	输出信号波形峰峰值	放大倍数
	1.5 MHz							
	1 MHz							

(4) 高频小信号放大器的主要指标测量

① 幅频特性

幅频特性是放大器的电压增益随输入信号频率的变化规律,在本电路中可采用波特图仪测量高频小信号放大器的幅频特性。绘制如图 3-1-16 所示电路,并保存。

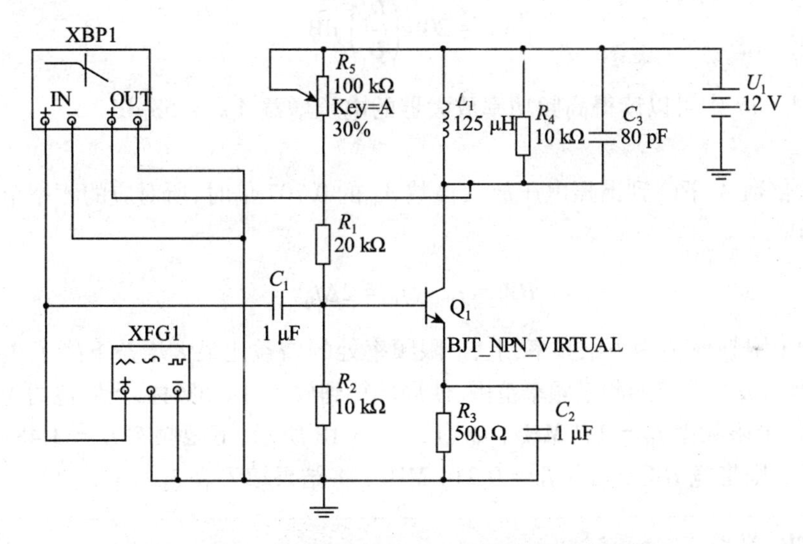

图 3-1-16 高频小信号放大器幅频特性测量电路

将函数信号发生器产生的信号频率改回为 1.5 MHz,对该电路进行仿真,波特图仪的控制面板设置如图 3-1-17 所示。波特图仪面板中横坐标表示输入信号的频率,纵坐标代表放大器的电压增益。将幅频特性仿真中波特图仪的输出结果截图保存,试分析高频小信号放大器的放大倍数与输入信号频率之间的关系,将结论写入实验报告。

② 中心频率

当高频小信号放大器的放大倍数最大时,电路谐振,此时电路输入信号的频率即为放大器的中心频率,用符号 f_0 表示,则从图 3-1-17 中波特图仪的输出波形上读出中心频率 f_0 = 1.595 MHz,将读出的结果填入表 3-1-2 中。

③ 电压增益

放大器的电压增益是指放大器的输出电压与输入电压之比。由于放大器的增益随输入信号的频率而变化,因此通常电压增益是指当输入信号的频率为中心频率时,放大器的电压增益。

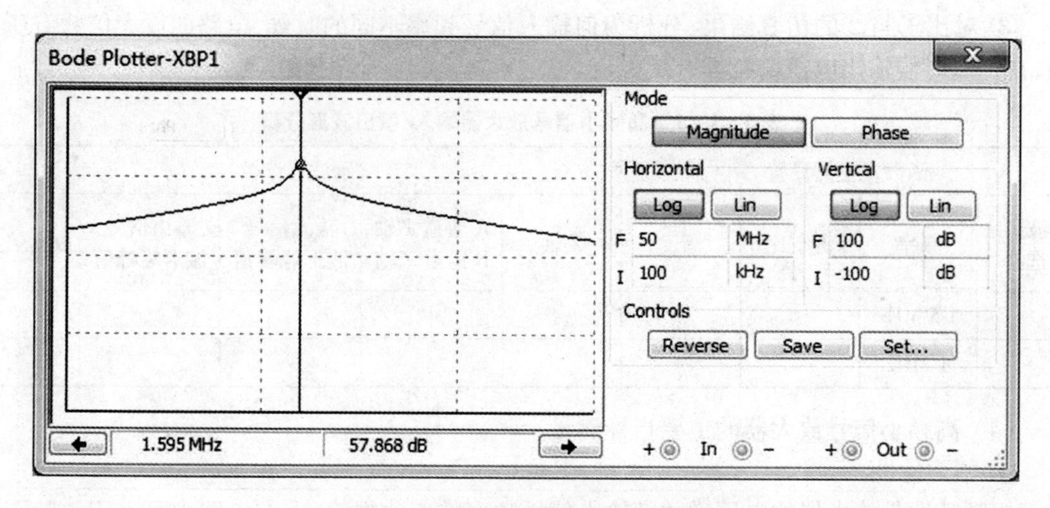

图 3-1-17 波特图仪的面板设置

$$A_{u0}=20\lg\left(\frac{U_o}{U_i}\right)\ \text{dB}$$

从图 3-1-17 中可以读得高频功率放大器的电压增益 $A_{u0}\approx 58$ dB

④ 带宽

电压放大倍数 A_u下降到谐振电压放大倍数 A_{u0}的 0.707 倍时,所对应的频率范围称为放大器的通频带 BW。

$$BW=f_H-f_L=2\Delta f_{0.7}$$

其中f_H为上限频率,f_L为下限频率,上、下限频率处的增益比最大增益下降了 3 dB。在仿真状态下,适当调整波特图仪的测量频率范围,使局部得到放大,拖动频标,当增益约为55 dB(58 - 3 = 55 dB) 时,上限频率 f_H = 1.7 MHz, 如图 3-1-18 所示;下限频率 f_L = 1.486 MHz, 如图 3-1-19所示。则带宽 $BW=f_H-f_L$ = 0.214 MHz, 将结果填入表 3-1-2 中。

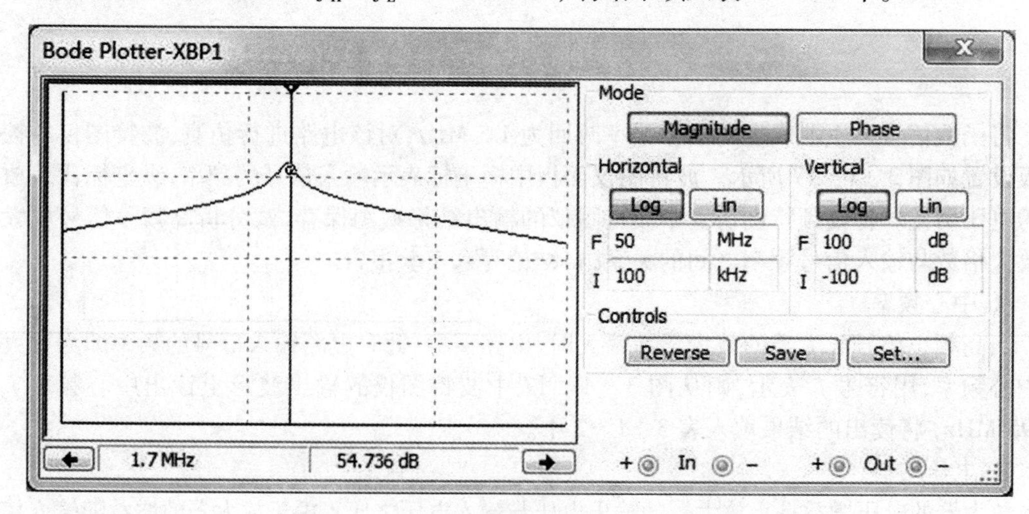

图 3-1-18 高频小信号放大器的上限频率

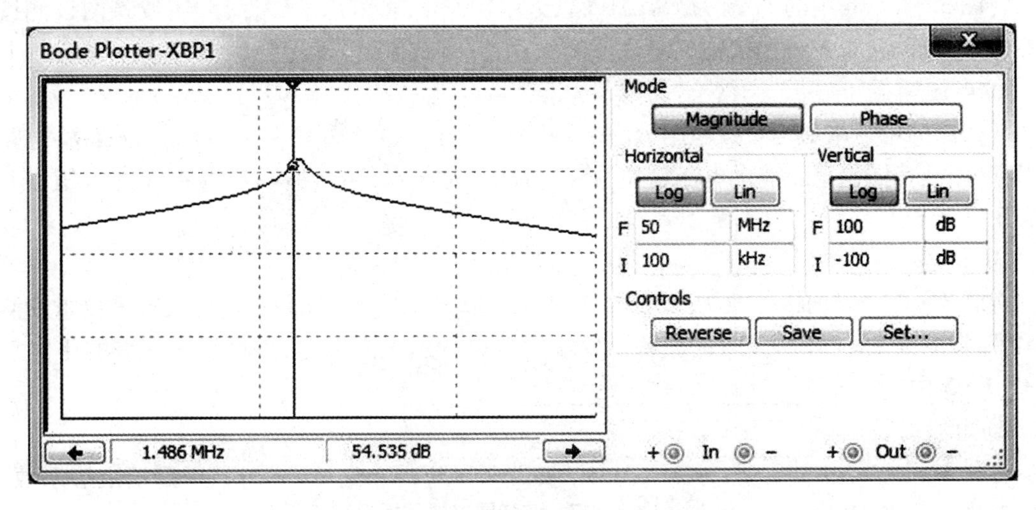

图 3-1-19　高频小信号放大器的下限频率

⑤ 矩形系数

矩形系数 $K_{0.1}$是电压放大倍数下降到 $0.1A_{u0}$时对应的频率范围 $2\Delta f_{0.1}$与通频带 $BW_{0.7}(=2\Delta f_{0.7})$之比。$BW_{0.1}=f_{H0.1}-f_{L0.1}=2\Delta f_{0.1}$，其中$f_{H0.1}$为上限频率，$f_{L0.1}$为下限频率，上、下限频率处的增益比最大增益下降了 20 dB。

$$K_{0.1}=\frac{2\Delta f_{0.1}}{2\Delta f_{0.7}}$$

测读该放大器的矩形系数，将测量结果填入表 3-1-2 中。

表 3-1-2　高频小信号放大器主要指标测读(一)

<table>
<tr><td colspan="8">波特图仪参数设置</td></tr>
<tr><td>测量频率范围设定</td><td colspan="7"></td></tr>
<tr><td>测量幅度范围设定</td><td colspan="7"></td></tr>
<tr><td colspan="8">高频小信号放大器的主要指标</td></tr>
<tr><td>中心频率</td><td colspan="7"></td></tr>
<tr><td>最大增益</td><td colspan="7"></td></tr>
<tr><td>带宽</td><td colspan="7"></td></tr>
<tr><td rowspan="2">矩形系数</td><td>$f_{H0.7}$</td><td>$f_{L0.7}$</td><td>$2\Delta f_{0.7}$</td><td>$f_{H0.1}$</td><td>$f_{L0.1}$</td><td>$2\Delta f_{0.1}$</td><td>$K_{0.1}$</td></tr>
<tr><td></td><td></td><td></td><td></td><td></td><td></td><td></td></tr>
</table>

(5) 电路元件参数对高频小信号放大器指标的影响分析

① 中心频率

高频小信号放大器的中心频率由 L_1、C_3 决定，其数学关系为：

$$f_0=\frac{1}{2\pi\sqrt{L_1C_3}}$$

将图 3－1－16 中的 L_1 改为 25 μH，C_3 改为 100 pF，将电路截图保存，用波特图仪测读放大器的中心频率，将波特图仪输出结果截图保存，并将结果填入表 3－1－3 中。

② 电压增益

放大器的电压增益与负载电阻 R_4 关系密切，将图 3－1－16 中的 R_4 改为 1 kΩ，将电路截图保存，用波特图仪重新测读电压增益，将波特图仪输出结果截图保存，并将新的电压增益填入表 3－1－3 中。

③ 带宽

将图 3－1－16 中的 L_1 改为 25 μH，C_3 改为 100 pF，R_4 改为 1 kΩ，运用波特图仪重新测读通频带，将测读上、下限频率时的波特图仪输出结果分别截图保存，并将计算获得的带宽填入表 3－1－3 中。

④ 矩形系数

将图 3－1－16 中的 L_1 改为 25 μH，C_3 改为 100 pF，R_4 改为 1 kΩ，重新测读矩形系数，并将结果填入表 3－1－3 中。

表 3－1－3　高频小信号放大器主要指标测读(二)

波特仪参数设置							
测量频率范围设定							
测量幅度范围设定							
高频小信号放大器的主要指标							
中心频率							
最大增益							
带宽							
矩形系数	$f_{H0.7}$	$f_{L0.7}$	$2\Delta f_{0.7}$	$f_{H0.1}$	$f_{L0.1}$	$2\Delta f_{0.1}$	$K_{0.1}$

3）仿真作业提交要求

（1）在已建立好的以自己学号和姓名命名的文件夹中新建名为“高频小信号放大器仿真电路”的文件夹；

（2）在以上文件夹中新建 Multisim 仿真电路文件（3 个），文件名为“学号 电路名.ms8”，如“＊＊高频小信号放大器输入/输出波形.ms8”、“＊＊高频小信号放大器幅频特性分析.ms8”、“＊＊高频信号放大器主要指标分析.ms8”；

（3）将电路仿真结果的截图（调整静态工作点时数字多用表读数截图、输入 1.5 MHz 时示波器读数截图、输入 1 MHz 时示波器读数截图、幅频特性测量波特图仪输出结果截图、放大器指标分析改变中心频率后的电路截图、放大器指标分析波特图仪输出结果截图、放大器指标分析电压增益改变后的电路截图、放大器指标分析带宽上限读数截图、放大器指标分析带宽下限读数截图共 9 个）和结果记录表格（3 个）保存为 Word 文档，文档名为“学号 姓名”。

（4）回答思考题，将答案写在实验报告中。

4）思考题

（1）在仿真过程中，从何处可以看到高频小信号放大器具有选频放大的功能？
（2）高频小信号放大器的中心频率与电路参数有何关系？
（3）高频小信号放大器的带宽与电路参数有何关系？

3.1.2.6　任务训练3：高频小信号放大器操作实验

1）实验目的

（1）掌握小信号调谐放大器的组成和基本功能。
（2）掌握小信号调谐放大器的主要指标（电压增益、通频带、矩形系数）的定义，测试及计算。

2）实验电路及主要性能指标

（1）单调谐高频小信号放大器实验电路
高频小信号放大器的实验电路板如图3－1－20所示。

图3－1－20　高频小信号放大器实验电路

该电路的交流通路如图3－1－21所示，该电路由晶体管Q_1、选频回路T_1两部分组成。它不仅对高频小信号进行放大，而且还有一定的选频作用。基频偏置电阻W_3、R_{22}、R_4和射极电阻R_5决定晶体管的静态工作点。可变电阻W_3通过改变基极偏置电阻可改变晶体管的静态工作点。

（2）高频小信号谐振放大器的主要性能指标
高频小信号放大器的主要性能指标可以通过其幅频特性曲线直观地进行观察分析，如图3－1－22所示。

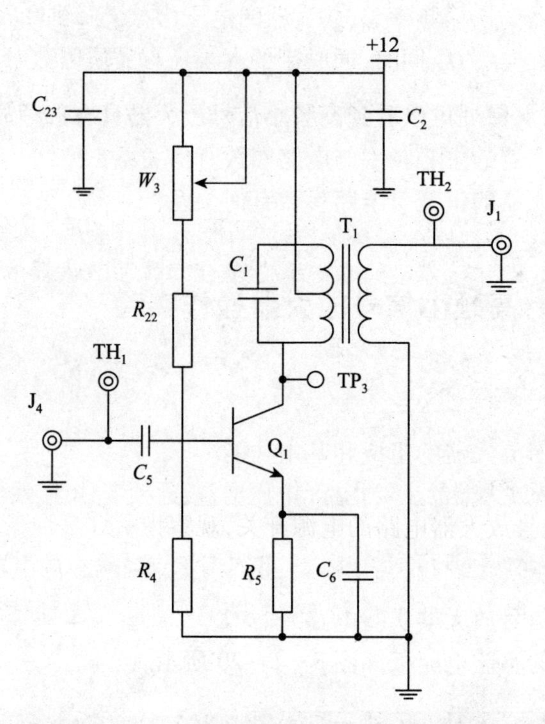

图 3-1-21　单调谐小信号放大器的交流通路

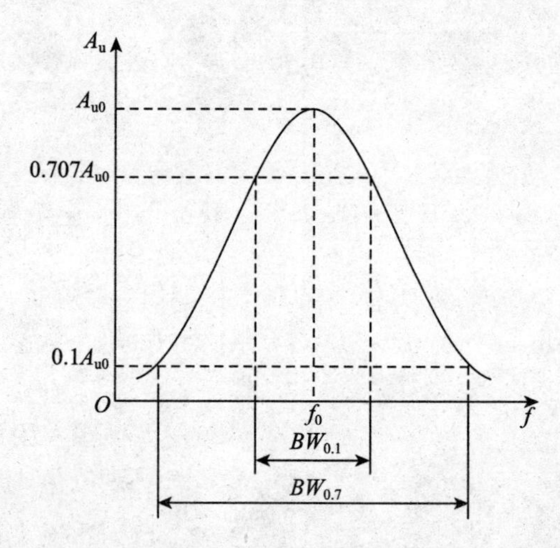

图 3-1-22　单调谐高频小信号放大器的幅频特性曲线

① 中心频率 f_0

当高频小信号放大器的放大倍数最大时，电路谐振，此时电路输入信号的频率即为放大器的中心频率，用符号 f_0 表示。

② 谐振增益 A_{u0}

在特性曲线上，表示为曲线的顶点对应的增益大小，因此，当输入信号频率恰好等于 f_0 时，放大器的增益最大。

③ 通频带 $BW_{0.7}$

信号频率偏离放大器的谐振频率f_0，放大器的电压增益下降到0.707 A_{u0}时，所对应的频率范围，即$BW_{0.7}=f_{H0.7}-f_{L0.7}=f_0/Q$，同时，通频带的大小还与品质因数$Q$有关，$Q$越大，特性曲线越尖锐，曲线的选择性越好，同理，通频带越窄选择性也越好。

④ 矩形系数$K_{0.1}$

实际的放大器特性并不是一个理想矩形，为了评价实际放大器的谐振特性曲线与理想曲线的接近程度，引入了矩形系数$K_{0.1}$，$K_{0.1}=BW_{0.1}/BW_{0.7}$，其中$BW_{0.1}$是相对电压增益下降到0.1时的频带宽度，$K_{0.1}\geqslant 1$，$K_{0.1}$越小越好。$K_{0.1}$越接近于1，说明放大器的谐振特性曲线就越接近于理想曲线，放大器的选择性就越好。

3）实验内容与步骤

（1）搭建测试电路

（2）调整静态工作点

① 打开单调谐小信号放大器电路的电源开关，观察指示灯是否亮，电源是否正常；

② 不加输入信号，用万用表（直流电压挡）测量电阻R_5两端的电压（即$U_{EQ}=4.8$ V），调整可调电阻W_3，使$U_{EQ}\approx 4.8$ V，记下此时R_4两端电压（U_{BQ}），并计算出此时的$I_{EQ}=U_{EQ}/R_5=4.8/470\approx 10$ mV。

（3）调整放大器的中心频率

① 打开实验箱上的信号源和频率计；

② 利用实验箱的信号源产生一个频率为12 MHz的高频信号，并将该信号接入如图3－1－20所示的J_4接口，在TH_1处观察调整该信号的幅度，使输入信号峰-峰值约为50 mV；

③ 将示波器接在调谐放大器输出端TH_2上，观察输出波形；

④ 调节信号源的频率，使示波器上的信号幅度最大，此时放大器即被调谐到中心频率上，记录此时的中心频率f_0。

（4）测量谐振电压增益A_{u0}

在已谐振的情况下，用示波器探头分别在TH_1和TH_2处观察输入信号u_i和输出信号u_o的幅度大小，即可得$A_{u0}=u_o/u_i$。

（5）测量通频带$BW_{0.7}$

通过自己调节放大器输入信号频率，使信号频率在谐振频率附近变化（以500 kHz为间隔），用示波器观察各频率点的输出信号幅度，并在如图3－1－23所示的“幅度—频率”坐标上标出放大器的通频带特性。

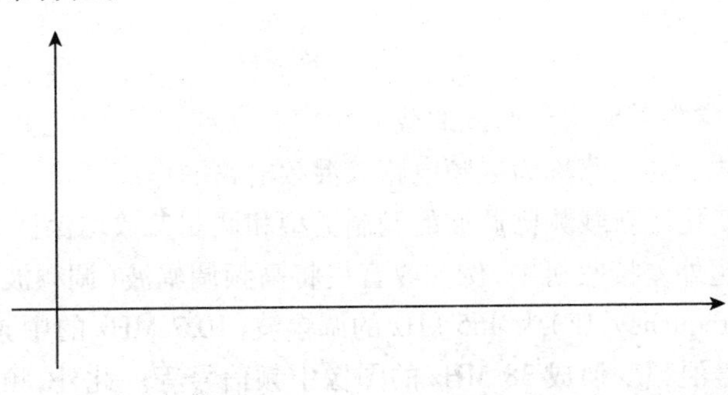

图3－1－23 单调谐小信号放大器的幅频特性曲线坐标

(6) 测量矩形系数

① 先测出幅度为谐振时幅度的 0.707 倍时对应的频率 $f_{H0.7}$ 和 $f_{L0.7}$；

② 再测出幅度为谐振时幅度的 0.1 倍时对应的频率 $f_{H0.1}$ 和 $f_{L0.1}$；

③ 算出矩形系数 $K_{0.1}$，并填写表 3-1-4。

表 3-1-4 矩形系数测量

$f_{H0.7}$	$f_{L0.7}$	$2\Delta f_{0.7}$ ($BW_{0.7}$)	$f_{H0.1}$	$f_{L0.1}$	$2\Delta f_{0.1}$ ($BW_{0.1}$)	$K_{0.1}$

4) 实验报告要求

(1) 实验目的；
(2) 测试单调谐高频小信号放大器的主要性能指标，将测试结果填入对应表格中；
(3) 绘制单调谐高频小信号放大器的幅频特性曲线；
(4) 回答思考题。

5) 思考题

(1) 写出测量放大器增益的步骤；
(2) 写出测量放大器带宽的步骤；
(3) 写出测量放大器矩形系数的步骤。

3.1.3 任务 3：混频电路

3.1.3.1 任务要求

(1) 了解混频器的工作原理。
(2) 理解混频干扰。

3.1.3.2 任务原理

在无线电技术中，常常需要将已调波的载波频率升高或降低，而它的调制规律并不改变，能完成这种频率变换功能的电路称为混频电路。混频电路的作用是将已调信号的载波频率变换成另一载波频率。变化后新载频已调波的调制类型和调制参数均保持不变。

混频电路常用于超外差接收机中，例如收音机将高频调幅波（调频波）利用混频原理变换成中频（Intermediate Frequency，IF）为 465 kHz 的调幅波（10.7 MHz 的中频调频波），我国模拟电视机将高频图像信号混频变换成 38 MHz 的图像中频信号等。此外，频率合成技术、多路微波通信系统的微波中继站以及测量仪器也经常用到混频器。

1）基本概念

混频器的原理示意图如图 3－1－24 所示。混频是将两个不同频率的信号加到非线性元器件进行频率变换，然后用选频回路取出其和频或差频分量。在混频器输入的信号中，一个为包含有用信息且需要进行频谱搬移的高频信号 U_S，另外一个为不带任何信息的等幅正弦波 U_L（称为本振信号），而通过选频网络取出的和频或差频称为中频信号 U_I。波形和频谱如图 3－1－25 所示。

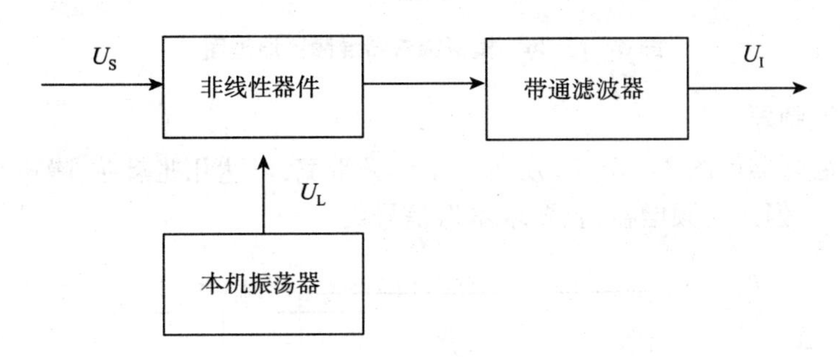

图 3－1－24　混频器原理图

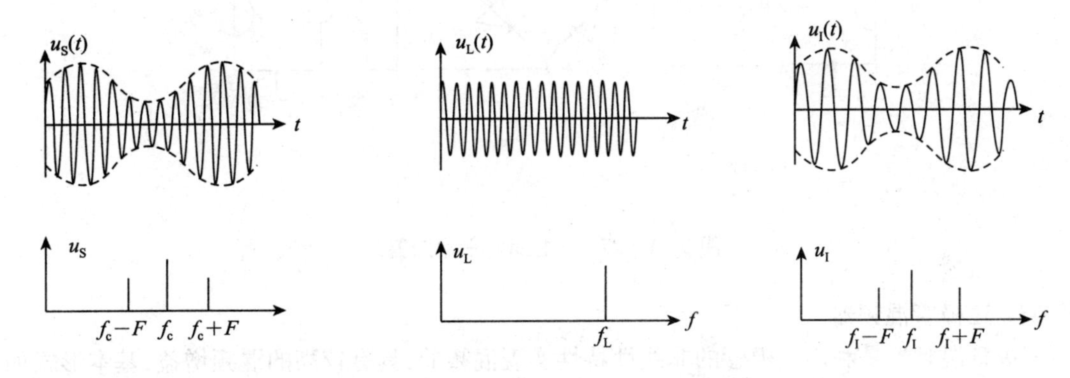

图 3－1－25　混频器波形图和频谱图

混频器的主要性能指标：

（1）混频增益：中频电压 U_I与输入高频电压 U_S的比值。

混频增益越大，接收机的灵敏度越高，但太大时会增加非线性干扰。

（2）干扰与失真

混频器的失真有频率失真和非线性失真，我们要求失真尽可能小。此外，混频过程中还产生了许多不需要的组合频率成分，这些成分将带来一系列的干扰，从而影响接收机的正常工作。

2）混频电路

实现混频功能的电路有很多，根据所用非线性元器件不同，混频器可分为二极管混频器、三极管混频器、场效应管混频器和模拟乘法器混频器等；根据电路结构形式不同可分为单管混频器、平衡混频器和环形混频器等。

（1）模拟乘法器混频器

模拟乘法器混频器原理图如图 3－1－26 所示。

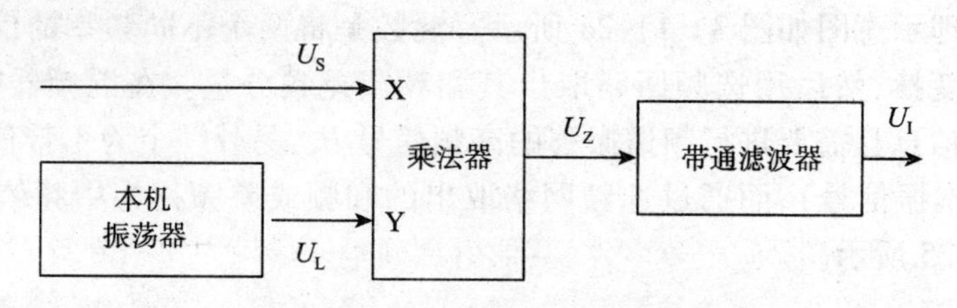

图 3－1－26　模拟乘法器混频器原理图

（2）二极管混频器

二极管环形混频器如图 3－1－27 所示。工作频带宽，可达几兆赫兹，噪声系数低、混频失真小、动态范围大。但无混频增益，且要求本振信号大。

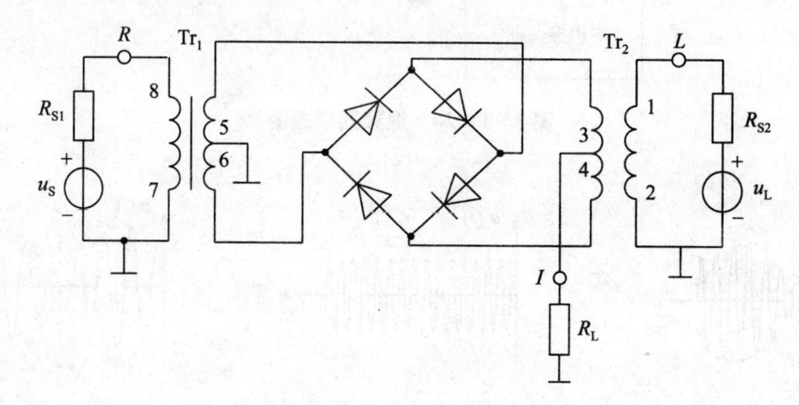

图 3－1－27　二极管环形混频器

（3）三极管混频器

三极管混频器是利用三极管的非线性特性实现混频的，具有较高的混频增益，基本形式如图 3－1－28 所示。

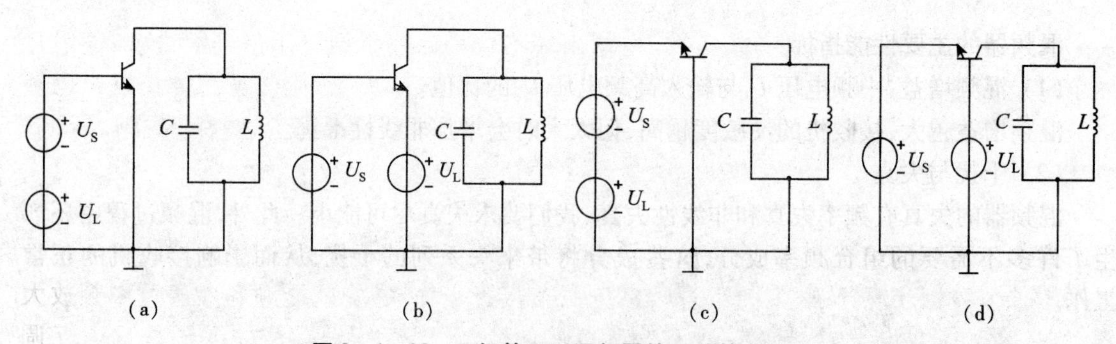

图 3－1－28　三极管环形混频器的四种基本形式

3）干扰和失真

由于混频器是依靠非线性元器件来实现频率变换的，因此凡是进入混频器的信号可以产生各种组合频率。除高频信号与本振信号外，干扰信号与本振之间、高频信号与干扰信号之间、干扰信号与干扰信号之间都可能组合成新的频率分量，这些组合频率分量如果等于或接近中频频率，将会和有用的中频分量一起进入中频放大器，经解调后在输出端形成干扰，从而影响到正常信号的接收。

（1）干扰

① 组合频率干扰（哨声干扰）

混频器的输出中，除需要的中频以外，其他组合频率分量均为无用分量。当其中的某些频率分量接近于中频，并落入中频通频带范围内时，就能与有用中频信号一道顺利地通过中放加入到检波器中，并与有用中频信号在检波器中产生差拍，形成低频干扰，使得收听者在听到有用信号的同时还听到差拍哨声。这种组合频率干扰也称为哨声干扰。当转动接收机调谐旋钮时，哨声音调也跟随变化，这是哨声干扰区分其他干扰的标志。

$$f_n = | \pm p f_L \pm q f_I |$$

理论上，产生干扰哨声的信号频率有无限个，但实际上只有 p、q 较小时，才会产生明显的干扰哨声；又由于接收机的接收频段是有限的，所以产生干扰哨声的组合频率并不多。

② 副波道干扰（寄生通道干扰）

外来干扰与本振电压产生的组合频率干扰称为寄生通道干扰。只有对应于 p、q 值较小的干扰信号，才会形成较强的寄生通道干扰，其中最强的寄生通道干扰为中频干扰和镜像干扰。

$$f_I = | \pm p f_L \pm q f_n |$$

镜像频率干扰：

$$f_n = f_L + f_I = f_S + 2f_I$$

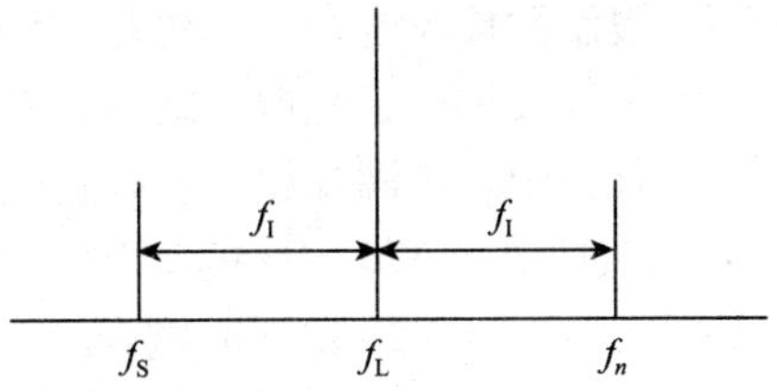

图 3-1-29　镜像频率干扰的频率关系

显然，f_n与f_S以f_L为轴形成镜像关系，如图 3-1-29 所示。

（2）失真

① 交调失真

当接收机对有用信号频率调谐时，在输出端不仅可以收听到有用信号的声音，同时还能清楚地听到干扰台调制的声音；若接收机对有用信号频率失谐，则干扰台的调制声也随之减弱，并随着有用信号的消失而消失，好像干扰台声音调制在有用信号的载波上，故称其为交叉调制干扰。

② 互调失真

两个（或多个）干扰信号，同时加到混频器输入端，由于混频器的非线性作用，两干扰信号与本振信号相互混频，产生的组合频率分量若接近于中频，它就能顺利地通过中频放大器，经检波器检波后产生干扰。这种与两个（或多个）干扰信号有关的干扰被称为互调干扰。

3.1.3.3 任务小结

混频电路是超外差接收机的重要组成部分。目前高质量通信设备中广泛采用二极管环形混频器和双差分对模拟相乘器,而在简易接收机中,常采用简单的晶体管混频电路。

混频干扰是混频电路中要注意的重要问题,常见的有哨声干扰,寄生通道干扰(主要是中频干扰、镜频干扰),交调干扰和互调干扰等。必须采取措施,选择合适的电路和工作状态,尽量减小混频干扰。

3.1.3.4 任务训练1:思考与练习

(1) 混频器的作用是什么?

(2) 常见的混频干扰有哪些?

(3) 电视接收机某频带的图像载频为 57.75 MHz,伴音载频为 64.25 MHz,伴音和图像信号同时加入到混频器中。如果要得到 38 MHz 的图像中频,试问这时电视机的本振频率为多少?伴音中频为多少?

(4) 假设欲接收电台的载频是 1 500 kHz,接收机的中频为 465 kHz,问接收机的本振频率是多少?对接收机引起镜像干扰的频率是多少?

(5) 有一中波段调幅超外差收音机,试分析下列现象属于何种干扰,又是如何形成的?

① 当收听 f_c = 570 kHz 的电台时,听到频率为 1 500 kHz 的强电台播音;

② 当收听 f_c = 929 kHz 的电台时,伴有频率为 1 kHz 的哨声;

③ 当收听 f_c = 1500 kHz 的电台播音时,听到频率为 750 kHz 的强电台播音。

3.1.3.5 任务训练2:混频器仿真实验

1) 仿真目的

(1) 理解二极管混频的基本构成、作用及工作过程。

(2) 了解二极管混频正常工作时各点信号的频率成分。

(3) 学会在仿真环境下使用傅里叶分析法分析混频输出信号的频谱成分。

2) 仿真内容与步骤

(1) 绘制二极管混频器的仿真电路

混频器的作用是将中心频率为 f_S 的信号变换为中心频率为 f_I 的中频信号。绘制如图 3-1-30 所示电路并保存。(T_1,T_2 在 BASIC_VIRTUAL 库中,DIODE 在 Diodes\DIODE_VIRTUAL 库中。)

(2) 用示波器观察各点波形

示波器的连接如图 3-1-30 所示,示波器控制界面设置如图 3-1-31 所示,将图中 V_1 产生的 AM 信号的调幅系数 m_a 调节在 0.5 左右,运行仿真电路,观察示波器上电路的输入/输出波形,将观察到的波形截图保存。

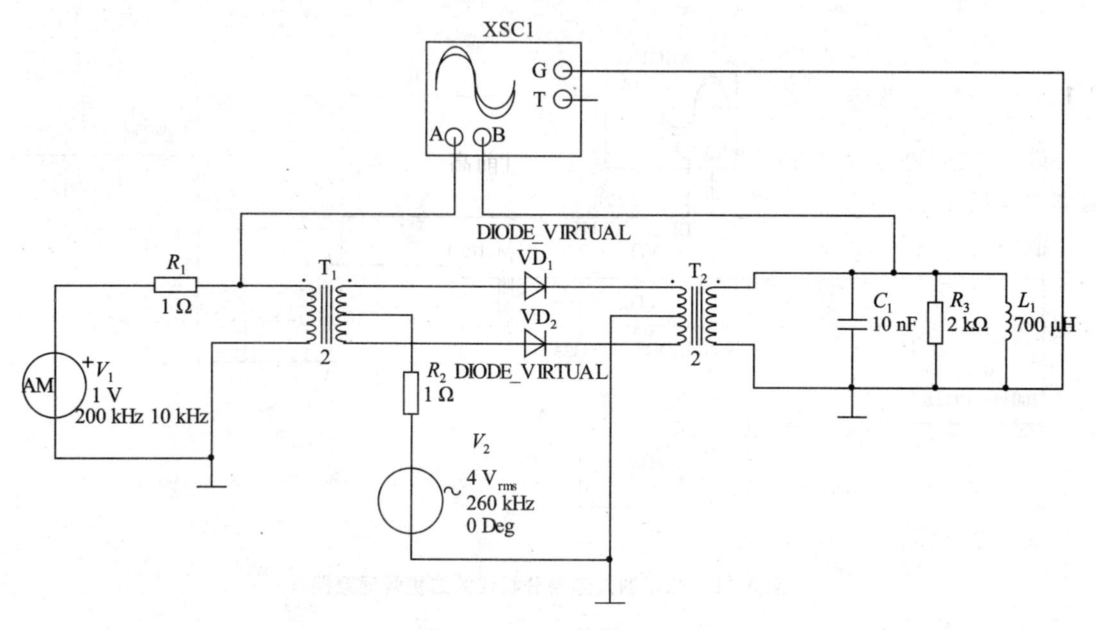

图 3-1-30　二极管混频器

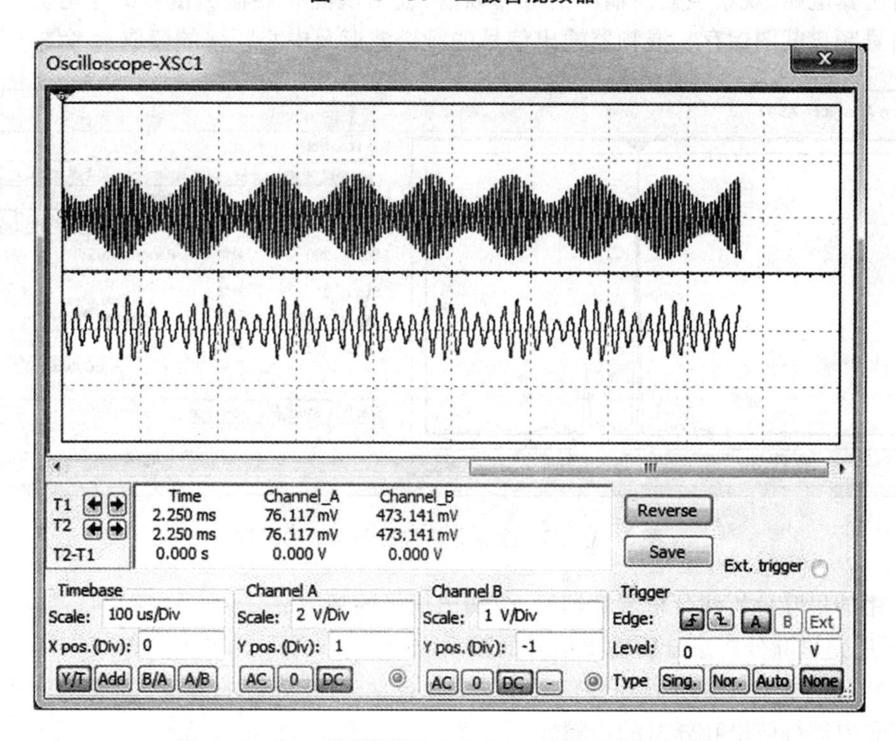

图 3-1-31　混频器输入(上方)、输出(下方)波形图

由电路可知,输入信号是中心频率为 200 kHz 的调幅信号,根据示波器测得的波形可以读到,示波器屏幕下方为混频器输出的,中心频率为 60 kHz 的调幅信号。

(3) 用频谱分析仪分析混频器输出信号的频率成分

将频谱分析仪连接到电路输出端,即电容 C_1 端,如图 3-1-32 所示,将该电路保存。频谱分析仪控制面板参数的设置如图 3-1-33 所示。

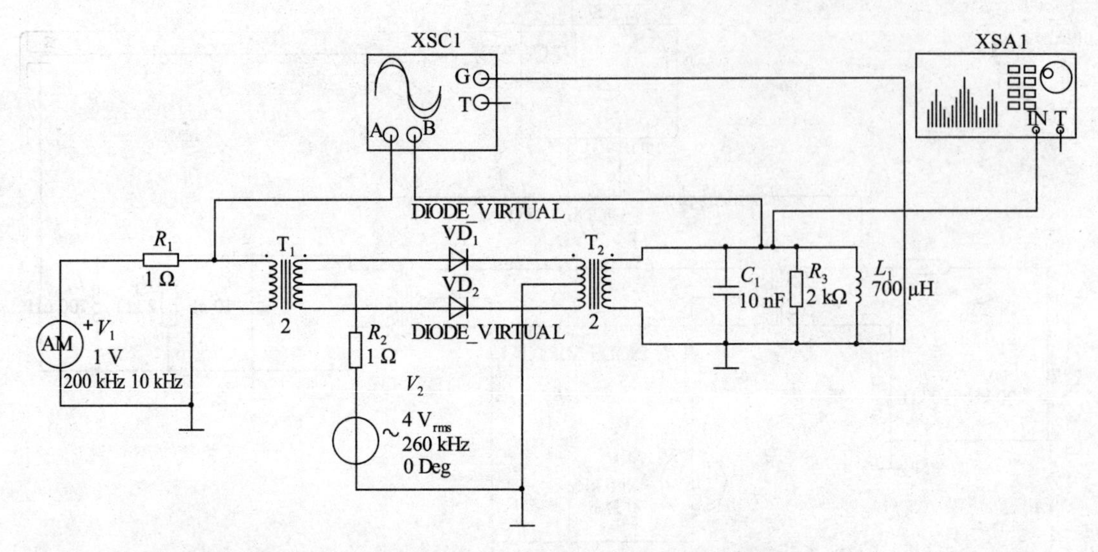

图 3-1-32　加入频谱分析仪的二极管混频器

运行仿真电路,观察混频器输出信号的频谱,读出该混频器输出信号的中心频率,将混频器输出信号频谱截图保存。混频器输出信号的频谱波形及中心频率的读取参考图 3-1-33。

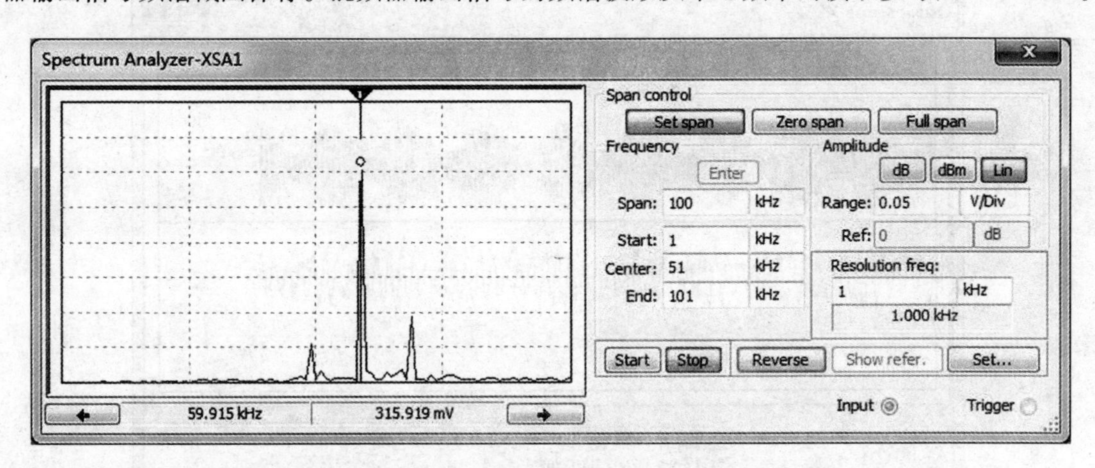

图 3-1-33　频谱分析仪控制面板的设置

(4) 用傅里叶分析法分析混频器输入/输出信号的频率成分

① 运用傅里叶分析法分析输出信号的频率成分

傅里叶分析是一种分析周期性信号中直流、基波、谐波分量的方法,即离散傅里叶变换。在 Multisim 中进行傅里叶分析的步骤如下:

a. 创建如图 3-1-32 所示电路。

b. 选定菜单命令"Simulate"下的子菜单"Analysis"中的"Fourier Analysis"选项,如图 3-1-34 所示。

c. 确定被分析的电路节点(以输出节点为例)。

设置被分析的节点,如图 3-1-35 所示,在"Output"(输出)选项卡中的"Select variables for analysis"(选定变量)栏中只添加输出节点,表示将要分析输出节点处的信号频谱成分。

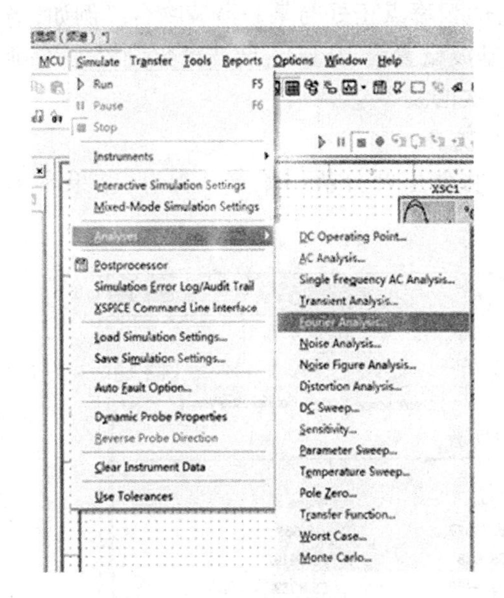

图 3-1-34　傅里叶分析

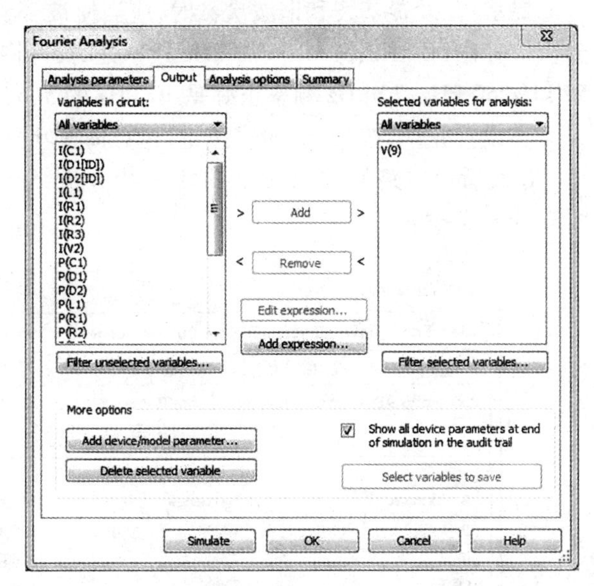

图 3-1-35　傅里叶分析中设置被分析的节点

d. 设置分析参数

切换到“Analysis parameters”(分析参数)选项卡,如图 3-1-36 所示。其中,“Frequency resolution(fundamental frequency)”(频率分辨率(基波))设置为 10 kHz;“Number of harmonics”(谐波次数)设置为 25;“Stop time for sampling”(取样时间结束),对于 10 kHz 以上的信号,一般取 0.001 s。

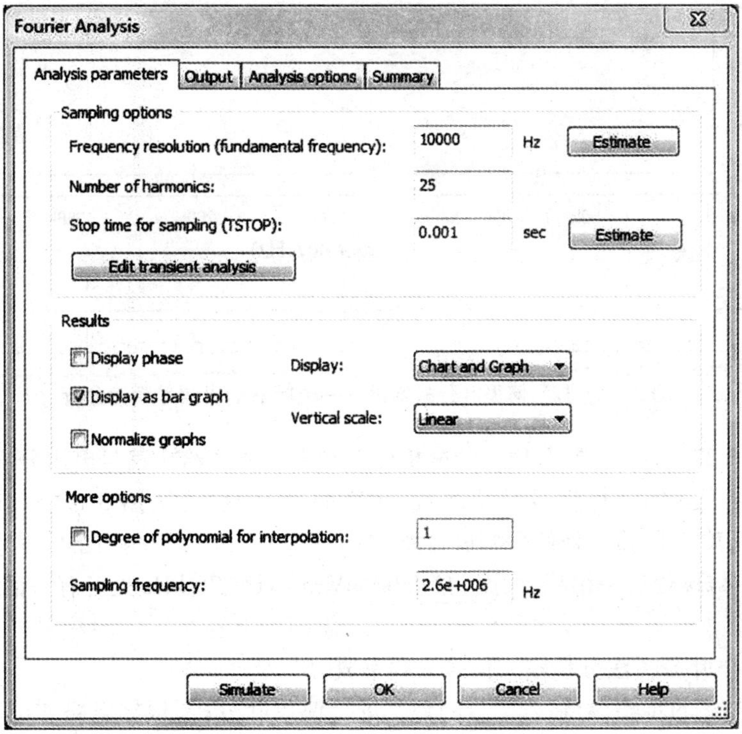

图 3-1-36　傅里叶分析中参数设置

提示:在设置基波和谐波次数时,应当使被分析的频率点正好与某一谐波吻合。例如,当分析信号在 50 kHz、60 kHz、70 kHz 频率处时,可将基波设置为 10 kHz,谐波次数设置为 8,则 50 kHz、60 kHz、70 kHz 频率正好是 10 kHz 的 5、6、7 次谐波。

e. 设置完毕,按“Simulate”按键,运行傅里叶分析仿真。

f. 查看该电路的输出频谱的傅里叶分析结果,将傅里叶分析结果截图保存,结果参考图3-1-37。

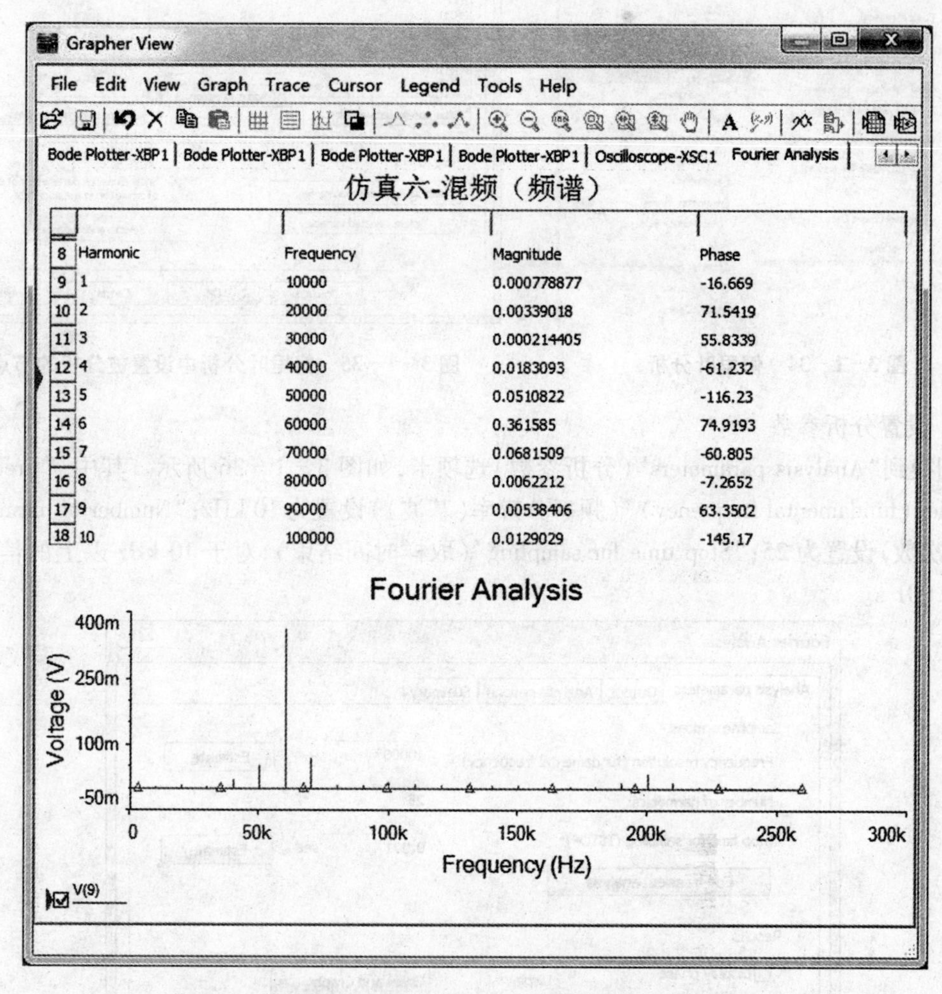

图 3-1-37　傅里叶分析结果——混频器输出信号频谱分析

从图 3-1-37 中可以看到,傅里叶分析以表和图的方式给出信号电压分量的幅值频谱和相位频谱。表中按列分别列出:谐波次数、频率幅度、相位。从图 3-1-37 中可以看到:50 kHz、60 kHz、70 kHz 频率处信号幅度分别为:0.051、0.361、0.068。图中,横坐标为频率,纵坐标为幅度,60 kHz 处有一谱线,幅度约为 360 mV;50 kHz、70 kHz 处各有一谱线,幅度均约为 60 mV。

② 运用傅里叶分析法分析输入信号的频率成分

参照①中描述的步骤,对输入信号的频率进行傅里叶分析,根据电路图可以看到,输入节点为 2 号节点,则节点设置如图 3-1-38 所示。

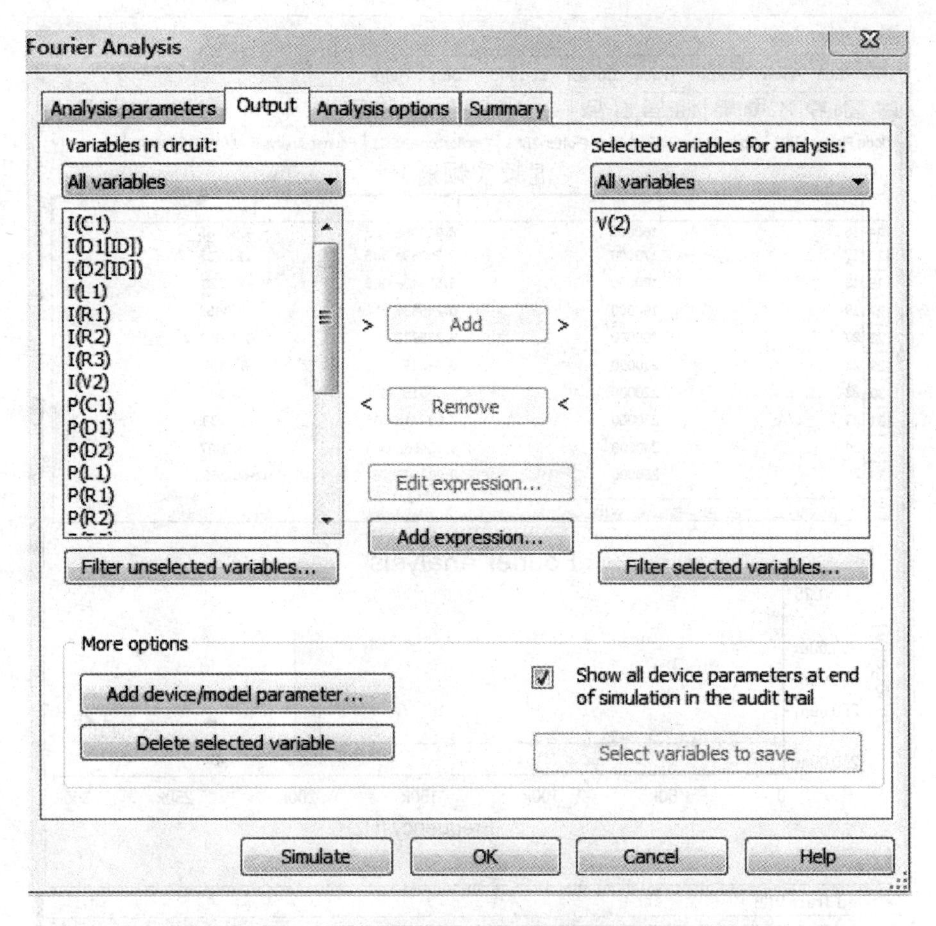

图 3-1-38　输入信号的傅里叶分析中设置被分析的节点

将输入信号的傅里叶分析结果截图保存。输入信号的傅里叶分析结果参考图 3-1-39。

(5) 自己设计一个二极管混频器

要求:设计一个接收信号为 100 kHz 的调幅信号,输出中频信号的中心频率为 60 kHz 的混频器。

在 Multisim 中绘制该电路,并保存,按照步骤(2)、(3)、(4)重新测读输入/输出信号的频谱,对步骤(2)中示波器输入/输出波形截图保存,步骤(3)中频谱仪测得的输出信号频谱截图保存,步骤(4)中傅里叶分析法中输入信号的傅里叶分析结果、输出信号的傅里叶分析结果分别截图保存。

(6) 仿真扩展

运用乘法器设计一个混频器。集成模拟乘法器是一种多用途线性集成电路,可作为高性能的 SSB 乘法检波器、AM 调制/解调器、FM 解调器、混频器、倍频器、鉴相器等。因此,可设计一个用乘法器实现混频功能的电路。参考电路如图 3-1-40 所示。

将示波器接入电路的输入与输出端,观察输入/输出信号的波形,并截图保存;同时,将频谱分析仪接入电路的输出端,分析输出信号频谱,并截图保存输出结果。输入/输出波形图参考图 3-1-41,输出信号频谱如图 3-1-42 所示。

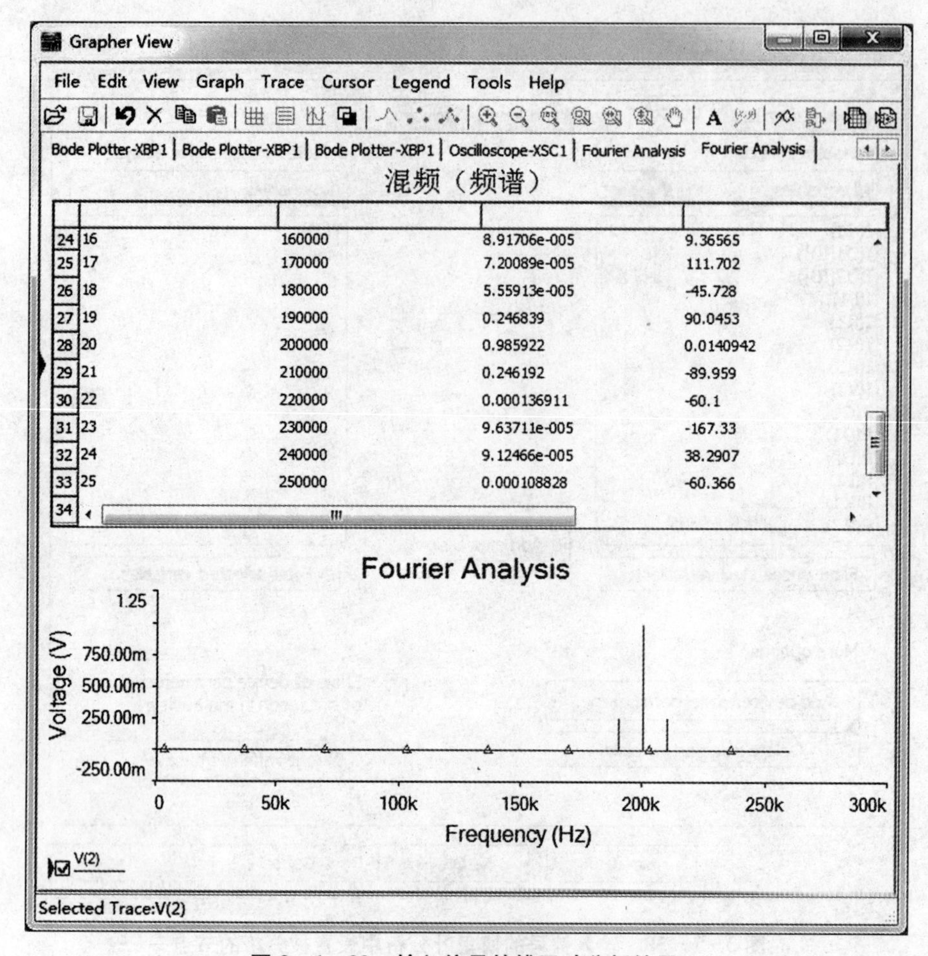

图 3-1-39 输入信号的傅里叶分析结果

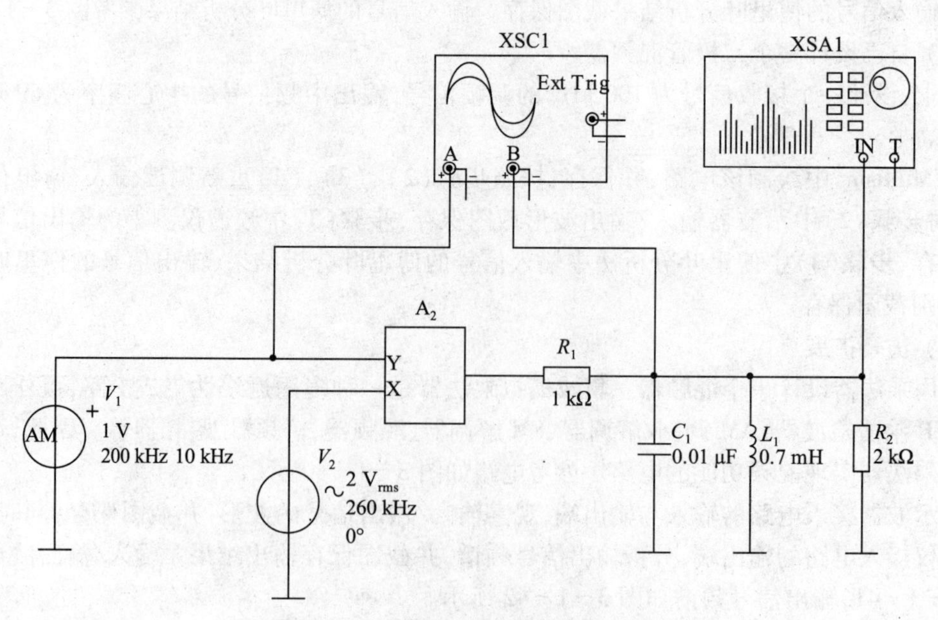

图 3-1-40 乘法器构成的混频电路

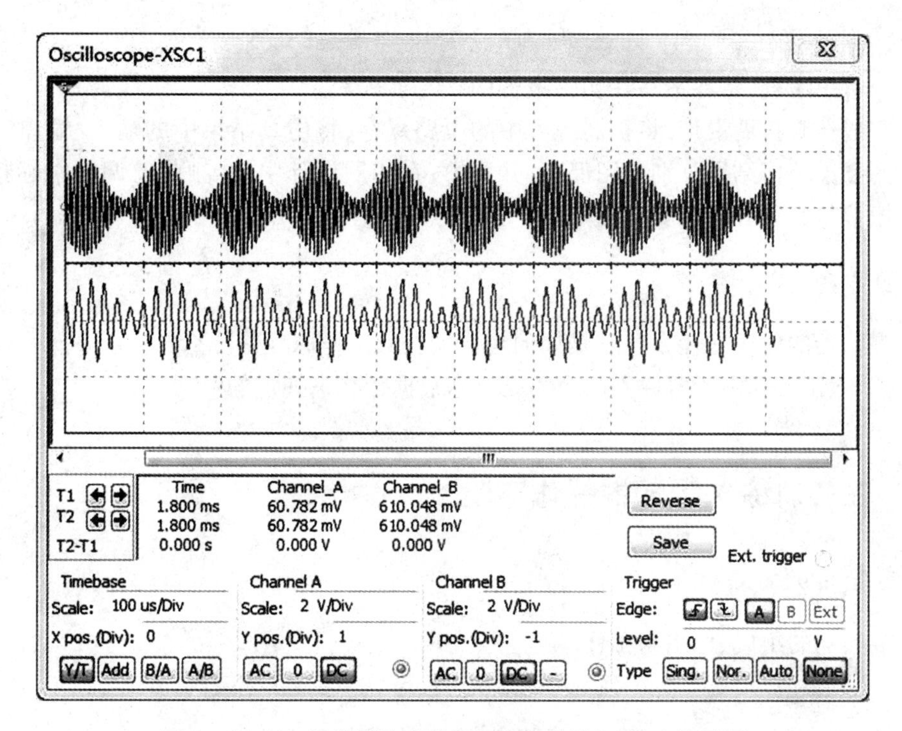

图 3-1-41 乘法器构成的混频电路的输入/输出波形图

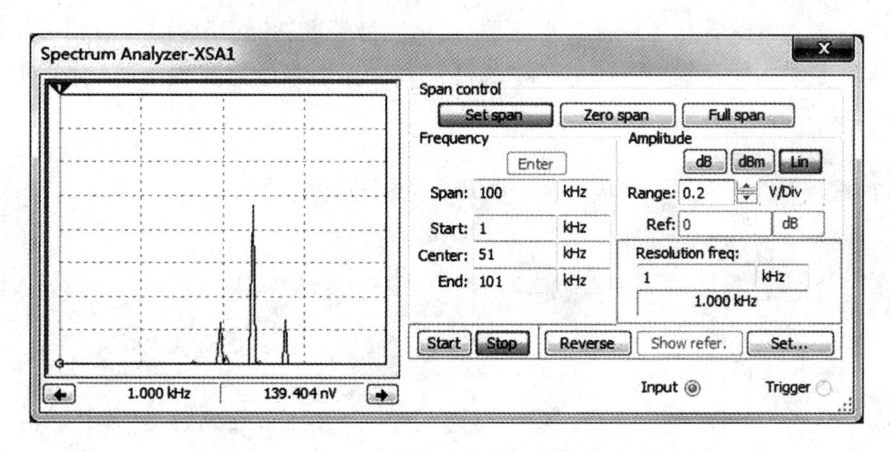

图 3-1-42 乘法器构成的混频电路的输出频谱

3）仿真作业提交要求

(1) 在已建立好的以自己学号和姓名命名的文件夹中，新建名为“二极管混频器仿真电路”的文件夹。

(2) 在以上文件夹中新建 Multisim 仿真电路文件（3 个），文件名为“学号 电路名.ms8”，如“＊＊混频器输入/输出波形.ms8”、“＊＊混频器频谱分析.ms8”、“＊＊混频器设计.ms8”。

(3) 将电路仿真结果截图（示波器输入输出波形截图、频谱仪读数截图、输入信号傅里叶分析结果截图、输出信号傅里叶分析结果截图；自行设计电路中示波器输入输出波形截图、频谱仪读数截图、输入信号傅里叶分析结果截图、输出信号傅里叶分析结果截图共 8 个）并保存为 Word 文档,文档名为“学号 姓名”。

(4) 回答思考题,将答案写在实验报告中。

(5) 完成仿真扩展设计,将扩展练习中的电路保存,将仿真结果中的输入/输出波形和频谱分析仪的频谱分析结果分别截图保存,并回答:在扩展设计中,混频前已调波中心频率 f_S 为多少?本振信号频率 f_L 为多少?混频后中频信号的中心频率 f_I 为多少?

4) 思考题

(1) 混频器的作用是什么?它是如何构成的?其工作原理是什么?

(2) 图 3-1-30 中元器件 C_1、L_1 的取值是根据什么来确定的?

3.1.3.6 任务训练 3:混频器操作实验

1) 实验目的

了解混频器的组成、作用与工作原理。

2) 实验原理与电路

(1) 实验电路

常见的混频器电路有晶体三极管混频器、晶体二极管混频器、场效应管混频器和集成混频电路等。本实验采用的是集成混频电路中的模拟乘法器混频电路实现混频功能,实验电路板如图 3-1-43 所示。

图 3-1-43 模拟乘法器混频电路实验电路

（2）电路原理

混频电路的作用是将输入调谐回路收到的高频已调波信号转换为一个具有固定频率的中频信号，其实现方法是将高频载波信号与本机振荡信号进行混频，利用非线性器件的频率变换作用，产生高频载波信号与本振信号的和、差频信号，再通过选频网络或滤波器获得指定中频信号。即将中心频率为f_S的高频信号，变换成为中心频率为f_I的中频信号。

实验中混频器由非线性器件（集成模拟相乘器）和带通滤波器构成，电路结构框图如图3－1－44所示。

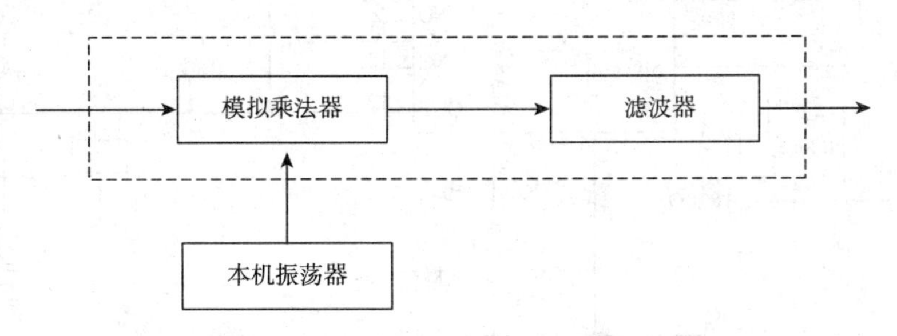

图3－1－44　乘法器混频电路的原理框图

电路基本工作过程为：接收到的频率为f_S的射频信号由实验箱上的石英晶体振荡器模块提供，本振信号f_L由高频信号源产生，将以上两个信号分别加到非线性集成模拟相乘器的两个输入端，将相乘的结果经滤波器选出其中的f_I信号，即实现了频率变换的功能。

混频前后频谱关系如图3－1－45和图3－1－46所示。

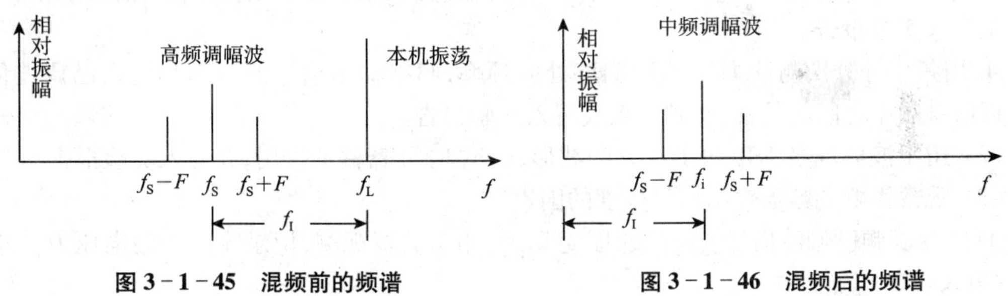

图3－1－45　混频前的频谱　　**图3－1－46　混频后的频谱**

图3－1－47所示的为实验用混频电路，该电路由集成模拟乘法器MC1496完成相乘功能，晶体F_2完成滤波功能。其中，MC1496采用双电源＋12 V、－12 V供电，R_{12}（820 Ω）、R_{13}（820 Ω）组成平衡电路。J_7为本振信号输入端，J_8为接收信号输入端，F_2为中心频率为4.5 MHz的带通滤波器。实验中，输入信号频率为f_S = 4.2 MHz，本振频率为f_L = 8.7 MHz。

3）实验内容与步骤

（1）用示波器观察混频器输入/输出信号波形

① 用信号源产生一个频率f_L = 8.7 MHz、峰-峰值U_{Lp-p} = 600 mV左右的高频信号，从J_8端输入，作为本振信号f_L；

② 用3号实验电路板的石英晶体振荡器电路产生一个频率f_S = 4.19 MHz、峰-峰值U_{Sp-p} = 100 mV左右的高频信号，从J_7端输入，作为高频已调波信号f_S；

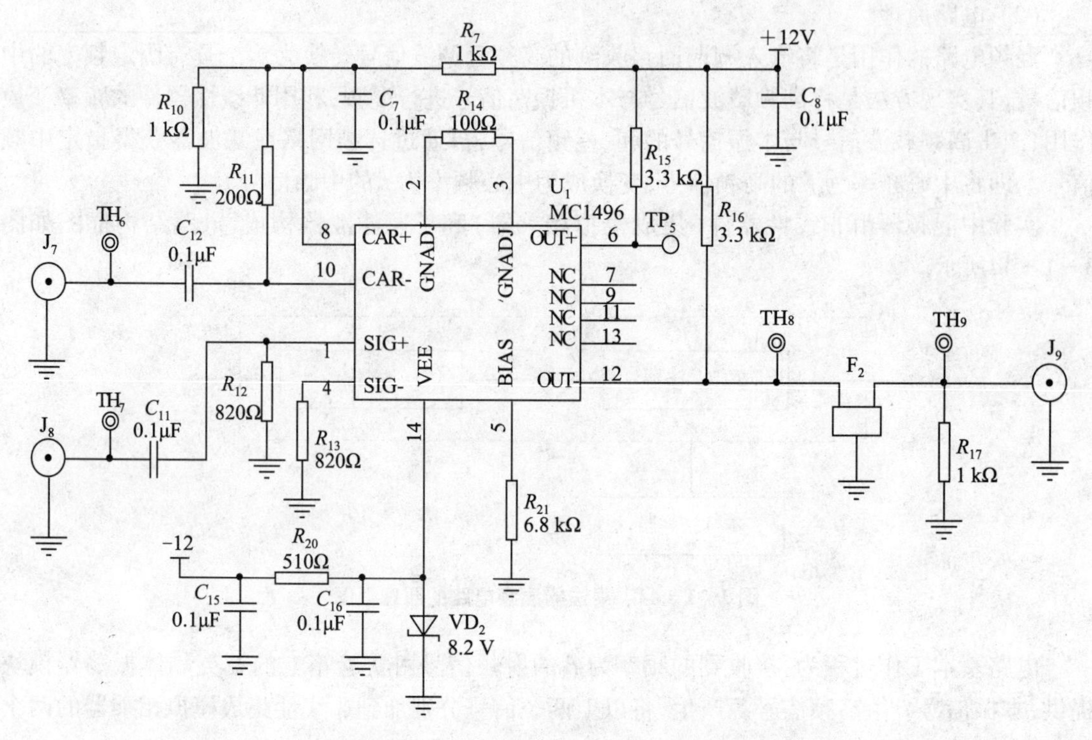

图 3-1-47　MC1496 构成的混频电路

③ 用示波器观察输出端 TH_7(输入)和 TH_9(输出)处的波形,并归纳混频器的基本功能,将结论写入实验报告;

④ 用频率计分别测量 TH_6、TH_7、TH_9 处的频率,归纳输出信号的频率与输入已调波信号和本振信号频率之间的关系,将其关系式写入实验报告。

(2) 用示波器观察 TH_8 和 TH_9 处的波形,归纳 F_2 元器件的作用,并写入实验报告。

(3) 观察影响混频器输出信号幅度的因素

① 改变高频已调波信号 f_S 电压的幅度 U_{Sp-p},用示波器观测,记录输出中频电压 U_{Ip-p} 的幅值,并填入表 3-1-5 中。

表 3-1-5　已调信号对混频的影响分析

U_{Sp-p}(mV)	80	100	120	140	160
U_{Ip-p}(mV)					

② 改变本振信号 f_L 电压的幅度 U_{Lp-p},用示波器观测,记录输出中频电压 U_{Ip-p} 的幅值,并填入表 3-1-6 中。

表 3-1-6　本振信号对混频的影响分析

U_{Lp-p}(mV)	200	300	400	500	600	700
U_{Ip-p}(mV)						

③ 试分析混频过程中,输入已调波信号f_S和本振信号f_L中,哪一个对输出中频信号f_I幅度的影响大,为什么?将结论写入实验报告中。

4）实验报告要求

（1）实验目的;

（2）绘制混频器的原理电路,分析模拟乘法器混频器的混频原理;

（3）绘制混频前后的输入/输出波形;

（4）写出输入/输出信号之间的频率关系式,填写表格 3-1-5 和 3-1-6,分析输出信号与输入信号的幅度关系;

（5）回答思考题。

5）思考题

（1）混频器的作用是什么?

（2）混频器由哪几部分构成?各部分的作用是什么?

3.1.4　任务 4:调幅信号的解调电路

3.1.4.1　任务要求

（1）了解同步检波工作的原理和性能分析。

（2）掌握包络检波的工作原理和性能分析。

（3）理解惰性失真和负峰切割失真的概念。

3.1.4.2　任务原理

1）基本概念

振幅解调是从已调制的高频振荡信号中恢复出原来的调制信号,是振幅调制的逆过程,这个过程也称为检波。从频谱上看,检波就是将幅度调制波中的边带信号不失真地从载波频率附近搬移到零频率附近,因此检波器也属于频谱搬移电路,必须由非线性元器件来完成。

检波器一般包括三部分:高频已调信号源、非线性元器件和 *RC* 低通滤波器。检波器的种类很多,根据所用器件、输入信号大小或工作特点,其分类如图 3-1-48 所示。

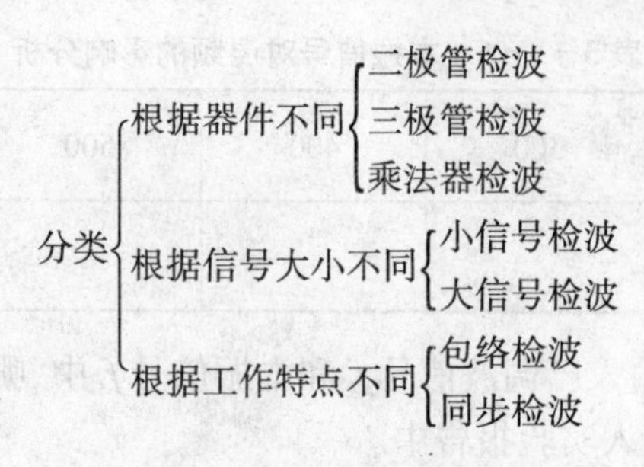

图 3-1-48　检波器分类

2）检波电路

（1）大信号包络检波

① 电路原理

对于普通调幅波,可用包络检波器进行检波。目前应用最广的是二极管包络检波器,大信号包络检波主要是利用二极管的单向导电性和检波负载 RC 的充放电过程来实现,其电路如图 3-1-49 所示。该电路为串联型二极管包络检波电路,RC 作为检波器的负载,在其两端输出解调后的调制信号。RC 同时还具有低通滤波器的作用,因此其参数必须满足:

$$\frac{1}{\omega_0 C} \ll R \ll \frac{1}{\Omega_{\max} C}$$

设输入信号 $u_I(t)$ 为单频调幅波, $u_I(t) = u_{im}(1 + m_a\cos\Omega t)\cos\omega_c t$, 此时检波的过程与高频等幅波输入很相似,不过随着 $u_I(t)$ 的幅度的增大或减小,$u_o(t)$ 也作相应的变化。因此,$u_o(t)$ 将是与调幅波包络相似的有锯齿状波动的电压,忽略很短的过渡过程后,$u_o(t)$ 的波形如图 3-1-50 所示。在一定条件下,$u_o(t)$ 的小锯齿波动可以忽略,其波形就近似为 $u_I(t)$ 的包络。

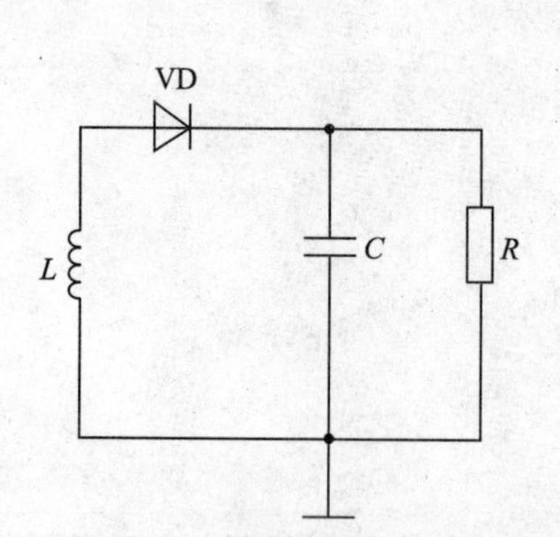

图 3-1-49　二极管包络检波器电路

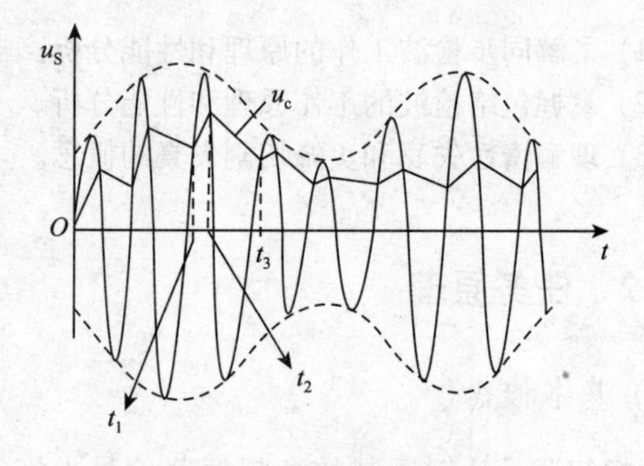

图 3-1-50　二极管检波器的波形图

② 包络检波器的质量指标

a. 检波效率 η_d

检波效率又叫传输系数,当输入信号的高频调幅波振幅为 $m_a u_{cm}$,检波输出的低频电压振幅为 $u_{\Omega m}$ 时

$$\eta_d = \frac{u_{\Omega m}}{m_a u_{cm}}$$

实际电路中 η_d 在 80%左右。当 R 足够大时，$\eta_d \approx 1$，即输出电压与调幅波的包络基本一致。

b. 输入电阻 R_i

$$R_i = \frac{U_{im}}{I_{im}}$$

③ 失真

a. 惰性失真

惰性失真是检波器的 RC 取值过大，使二极管在截止期间 C 的放电速度太慢，以致跟不上调幅波包络的下降速度，出现如图 3－1－51 所示的失真现象。

要克服这种失真，必须适当减小 RC 的数值，使电容器的放电速度加快。一般 RC 的选取应满足下述条件：

$$RC \leqslant \frac{\sqrt{1 - m_a^2}}{m_a \Omega}$$

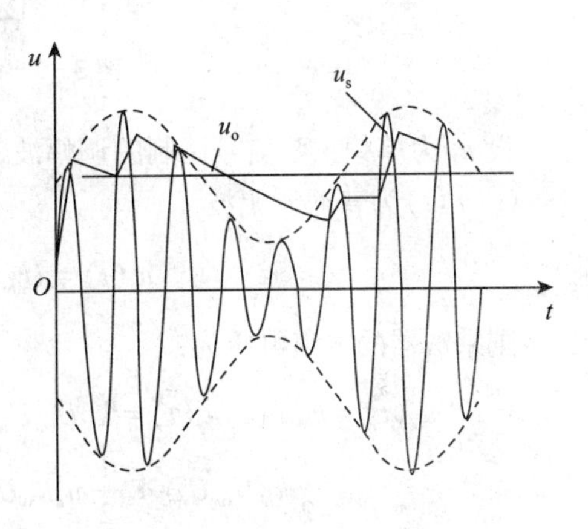

图 3－1－51　惰性失真波形

b. 负峰切割失真

在实际电路中，为了把检波器输出的低频信号耦合到下一级电路，就要经 C_C 耦合并隔除直流分量，如图 3－1－52 所示。在检波过程中，C_C 两端存在的直流电压 U_o将近似等于输入高频等幅波的振幅 U_{im}，其极性为左正右负。由于 C_C 的容量很大，所以在低频一周内 C_C 上的电压 $U_o \approx U_{im}$ 基本不变，则可以把它看做一直流电源。U_o被 R_L和 R_{i2}分压，它在 R_L上所分得的电压 U_{RL}的极性为上正下负，它对二极管来说相当于加入一个额外的反向偏压，在 R_L比 R_{i2}大得多的情况下，U_{RL}就很大，这就可能使输入调幅波包络在负半周的某段时间内小于 U_{RL}而导致二极管截止。这时 R_L上的电压 $U_o = U_{RL}$不随包络变化，从而产生失真，如图 3－1－53 所示。由于上述失真出现在输出低频信号的负半周，其底部（即负峰）被切割，故称为负峰切割失真。

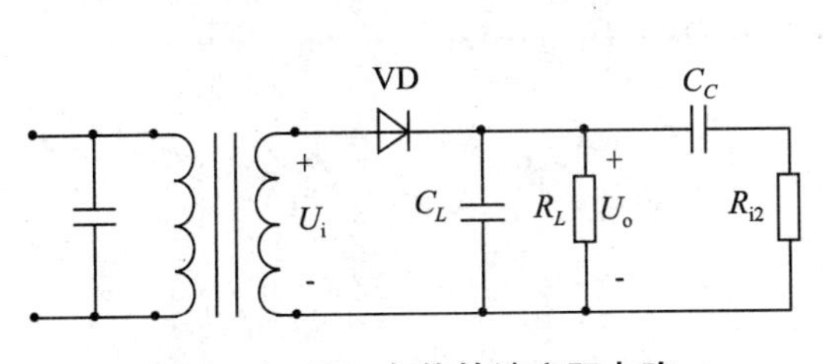

图 3－1－52　包络检波实际电路

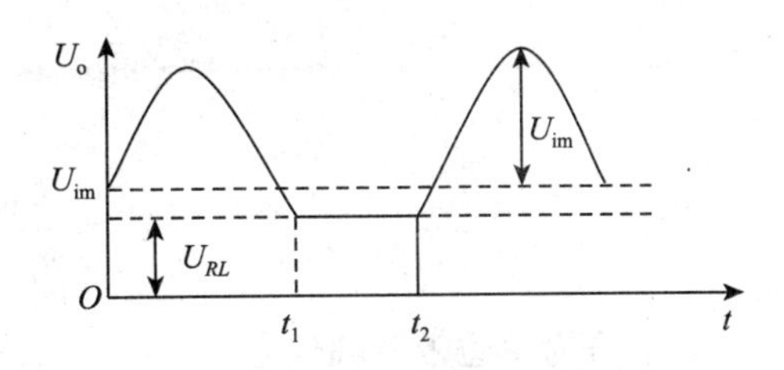

图 3－1－53　负峰切割失真

为避免产生负峰切割失真，R_L'与 R 满足下面关系：

$$\frac{R_L'}{R} \geqslant m_a，其中\ R_L' \approx R_L // R$$

（2）同步检波器

同步检波器又称为相干检波器，常由模拟乘法器和低通滤波器 LPF 组成。因此这种电路有时也称为模拟相乘检波器，其原理图如图 3－1－54 所示。同步检波器的突出特点是：它除了输入被检波信号外，还需要产生一个与被检波信号同频、同相的参考信号电压 u_r，这也就是取名为“同步”检波器的由来。同步检波器对 AM、DSB 和 SSB 等调幅信号的解调均适用。

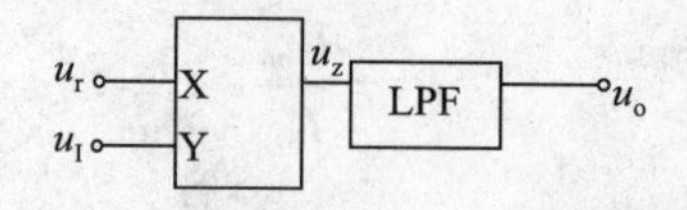

图 3－1－54　同步检波器原理图

设 u_I 为单频正弦信号调制的调幅波，而同步电压 $u_r(t)=U_{rm}\cos\omega_c t$。

① $u_I(t)$ 为普通调幅波

$$u_I(t)=U_{im}(1+m_a\cos\Omega t)\cos\omega_c t$$

则乘法器的输出电压为：

$$\begin{aligned}u_Z(t)&=k_M u_I(t)u_r(t)=k_M U_{rm}U_{im}(1+m_a\cos\Omega t)\cos^2\omega_c t\\&=\frac{1}{2}k_M U_{rm}U_{im}+\frac{1}{2}m_a k_M U_{rm}U_{im}\cos\Omega t+\frac{1}{2}m_a k_M U_{rm}U_{im}\cos 2\omega_c t+\\&\quad\frac{1}{4}m_a k_M U_{rm}U_{im}\cos(2\omega_c+\Omega)t+\frac{1}{4}m_a k_M U_{rm}U_{im}\cos(2\omega_c-\Omega)t\end{aligned}$$

可见，$u_Z(t)$ 中含有 0、F、$2f_c$、$2f_c\pm F$ 频率分量，经过 LPF 滤去 $2f_c$、$2f_c\pm F$ 分量，再阻隔直流后，就得到：

$$u_o(t)=\frac{1}{2}m_a k_M U_{rm}U_{im}\cos\Omega t=U_{\Omega m}\cos\Omega t$$

可见 $u_o(t)$ 已恢复出了原调制信号。

② $u_I(t)$ 为双边带调幅信号

若 $u_I(t)=m_a U_{im}\cos\Omega t\cos\omega_c t$，分析得到，$u_o(t)$ 与 k_d 的表达式与普通调幅波相同：

$$u_o(t)=\frac{1}{2}m_a k_M U_{rm}U_{im}\cos\Omega t=U_{\Omega m}\cos\Omega t$$

$$k_d=\frac{U_{\Omega m}}{m_a U_{im}}=\frac{1}{2}k_M U_{rm}$$

③ $u_I(t)$ 为单边带调幅信号

设 $u_I(t)$ 为上边带调幅信号，即

$$u_I(t)=\frac{1}{2}m_a U_{im}\cos(\omega_c+\Omega)t$$

则检波器的输出为：

$$u_{o}(t)=\frac{1}{4}m_{a}k_{M}U_{rm}U_{im}\cos\Omega t=U_{\Omega m}\cos\Omega t$$

综上所述,同步检波器可用于各种调幅信号的检波。用模拟乘法器 MC1496 组成的同步检波器如图 3-1-55 所示。

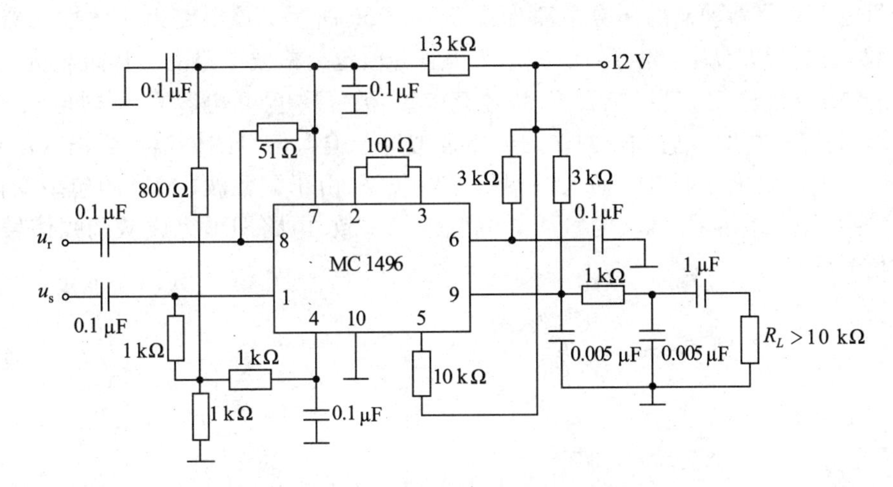

图 3-1-55　MC1496 组成的同步检波器

3.1.4.3　任务小结

常用的振幅检波电路有二极管峰值包络检波电路和同步检波电路。由于 AM 信号的包络能直接反映调制信号的变化规律,所以 AM 信号可采用电路很简单的二极管包络检波电路。由于 SSB 和 DSB 信号的包络不能直接反映调制信号的变化规律,所以必须采用同步检波电路。为获得良好的检波效果,要求同步信号与载波信号严格同频、同相。

3.1.4.4　任务训练 1:思考与练习

(1) 用乘法器实现同步检波时,为什么要求本地同步信号与输入载波信号同频、同相?

(2) 简述二极管检波时产生哪几种失真?产生失真的原因是什么以及如何避免失真?

(3) 已知二极管大信号包络检波器的 $R_L=220\ \text{k}\Omega$, $C_L=100\ \text{pF}$,设 $F_{max}=6\ \text{kHz}$,为避免出现惰性失真,最大调幅系数应为多少?

3.1.4.5　任务训练 2:检波仿真实验

1) 仿真目的

(1) 了解振幅解调电路的基本构成与作用。

(2) 理解二极管峰值包络检波器的工作过程、正常工作时各点的波形及不失真条件。

(3) 了解同步检波器的工作过程与正常工作条件。

2）仿真内容与步骤

(1) 二极管峰值包络检波

① 绘制二极管峰值包络检波器的仿真电路

二极管峰值包络检波器的仿真电路如图 3－1－56 所示。该电路由非线性元器件（二极管）和低通滤波器（*RC* 低通滤波器）组成。二极管峰值包络检波电路的工作过程为：当二极管导通时，输入信号通过二极管给电容 C_1 快速充电；二极管截止时，电容 C_1 通过电阻 R_2 缓慢放电；当充放电达到平衡时，电容 C_1 两端的电压近似等于输入信号的振幅。当输入信号为调幅波时，电容 C_1 两端的电压近似为输入调幅信号的包络，由于调幅波（AM）的包络变化规律与调制信号一致，因此电容 C_1 两端的电压与调制信号一致，电路即可完成从调幅信号（AM）中恢复调制信号的任务。

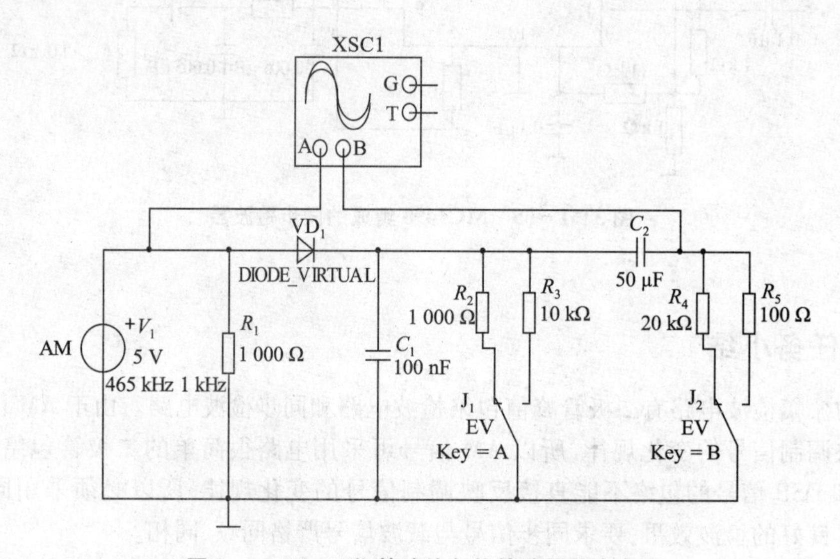

图 3－1－56　二极管峰值包络检波器仿真电路

绘制如图 3－1－56 所示电路并保存，将电路输入/输出端分别接示波器的 A、B 通道。

② 用示波器观察各点波形

将图 3－1－56 中的开关 J_1 接通 R_2（1 000 Ω），J_2 接通 R_4（20 kΩ），V_1 为 AM 调幅信号，调制指数 m_a 设为 0.5。进行仿真，用示波器观察输入/输出波形，将示波器的运行结果截图保存。仿真参考结果如图 3－1－57 所示，图中上方为电容 C_1 两端电压，下方为输入的已调波 AM 信号，图中可以看到，C_1 两端电压与已调信号的包络有相同的变化规律，即实现了包络检波。

③ 观察失真现象

在二极管峰值包络检波电路中，当电路参数选择不当时将会产生惰性失真和负峰切割失真。

a. 惰性失真

将图 3－1－56 电路中的 J_1 接通 R_3（10 kΩ），J_2 接通 R_4（20 kΩ）。电路中，由于 R_3 阻值过大，导致放电速度过慢，因此产生惰性失真。用示波器观察失真波形，并将波形截图保存，失真波形参考图 3－1－58。

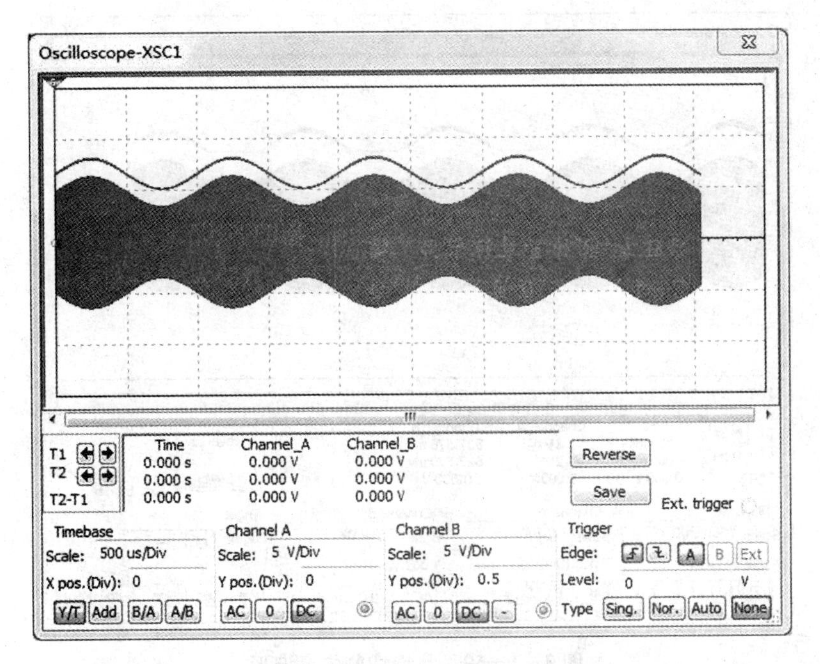

图 3-1-57 二极管峰值包络检波输入/输出波形

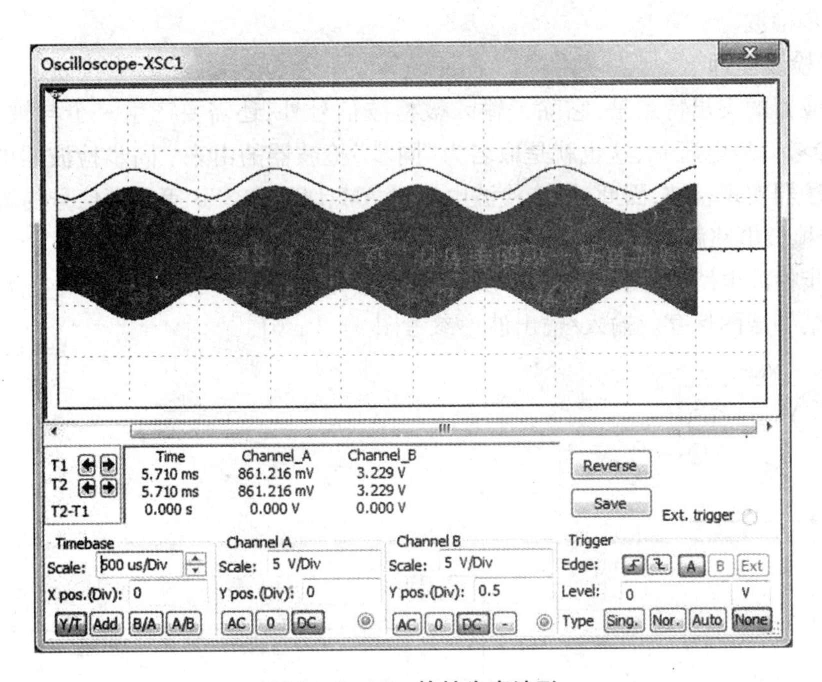

图 3-1-58 惰性失真波形

b. 负峰切割失真

将图 3-1-56 电路中的 J_1 接通 R_2(1 kΩ),J_2 接通 R_5(100 Ω)。电路中,由于 R_5 阻值太小,产生负峰切割失真。用示波器观察失真波形,并将波形截图保存,失真波形参考图3-1-59。

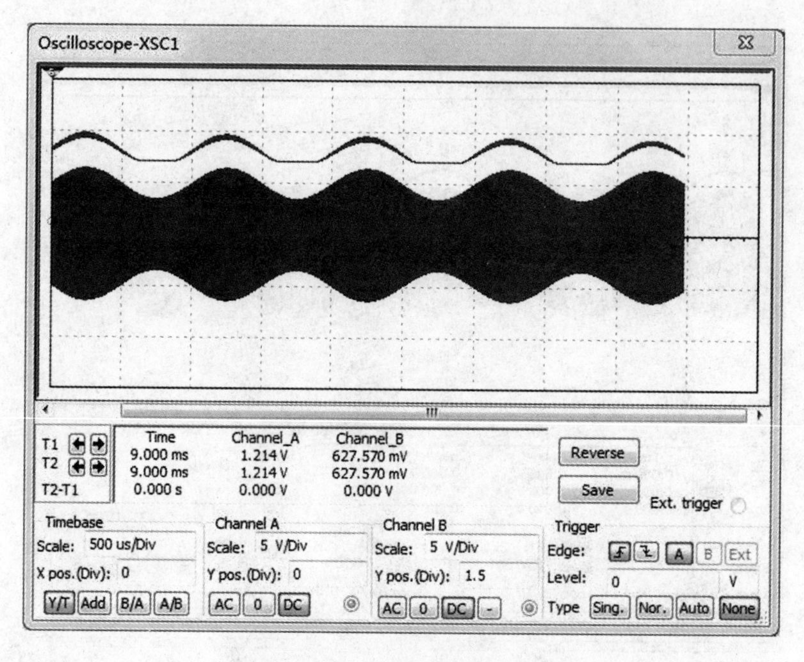

图 3-1-59　负峰切割失真波形

（2）同步检波

① 同步检波原理

同步检波器的突出特点是：它除了输入被检波信号外，还需要产生一个与被检波信号同频、同相的参考信号电压 u_r，这也就是取名为“同步”检波器的由来。同步检波器的设计中，可运用模拟乘法器实现检波，因此，同步检波电路对 AM、DSB 和 SSB 等调幅信号的解调均适用。

② 同步检波电路解调全载波已调信号（AM）

画出同步检波电路，如图 3-1-60 所示，保存该电路，用示波器观察输入/输出波形，并将示波器显示结果截图保存。输入/输出波形参考图 3-1-61。

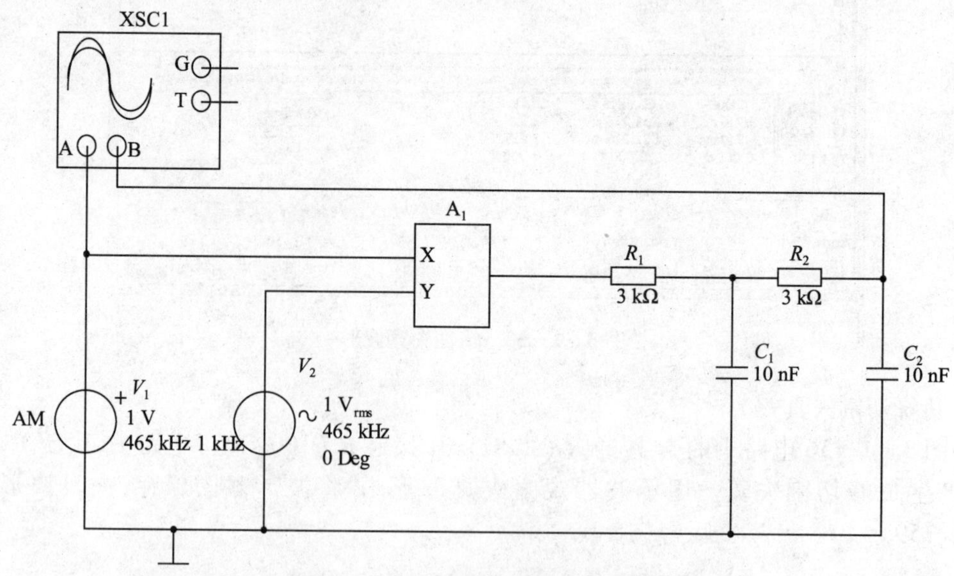

图 3-1-60　同步检波解调 AM 信号

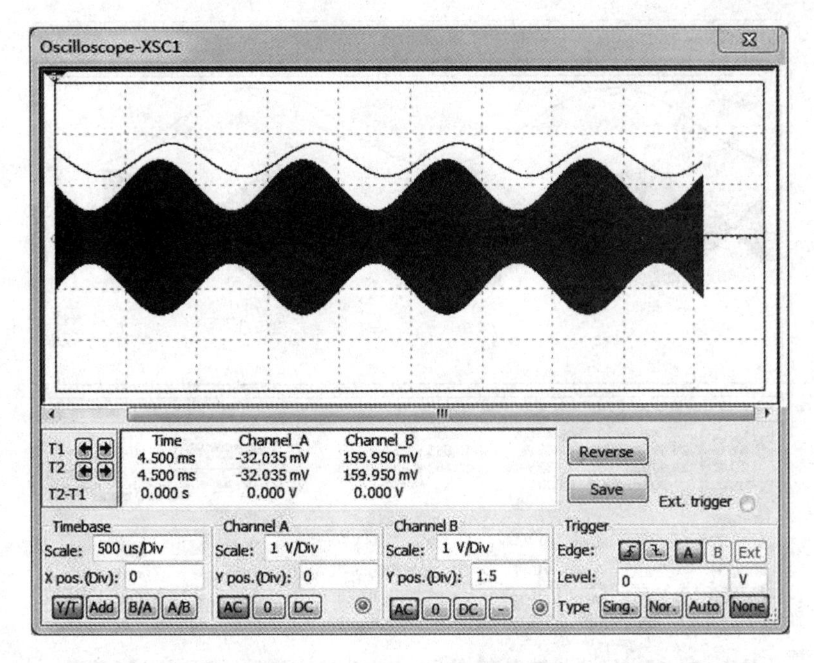

图 3－1－61　同步检波 AM 信号，上方为输出信号，下方为 AM 信号

③ 同步检波电路解调抑制载波的双边带已调信号(DSB)

画出同步检波电路，如图 3－1－62 所示，保存该电路，用示波器观察输入/输出波形，并将示波器显示结果截图保存。输入/输出波形参考图 3－1－63。

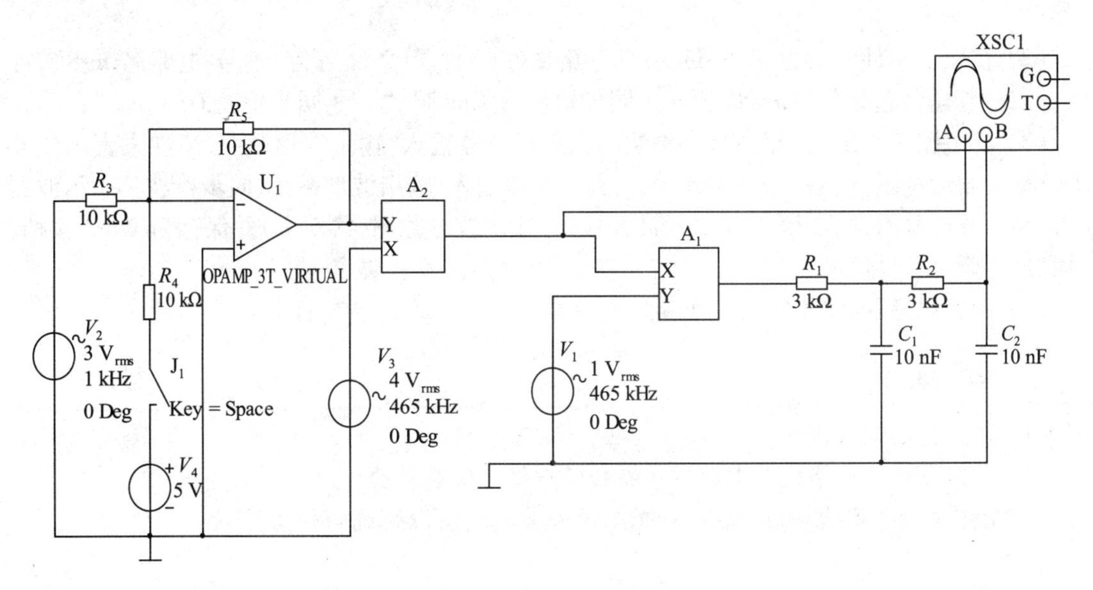

图 3－1－62　同步检波解调 DSB 信号

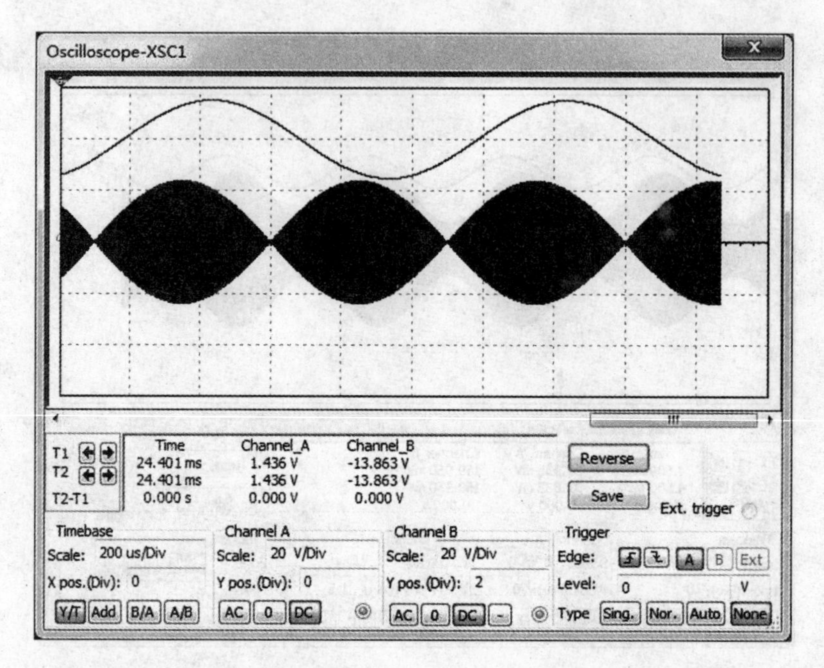

图 3-1-63　同步检波 DSB 信号,上方为输出信号,下方为 AM 信号

3）仿真作业提交要求

（1）在已建立好的以自己学号和姓名命名的文件夹中新建名为“幅度解调仿真电路”的文件夹;

（2）在以上文件中新建 Multisim 仿真电路文件(3 个),文件名为“学号 电路名.ms8”,如“＊＊二极管峰值包络检波.ms8”、“＊＊同步检波 AM.ms8”、“＊＊同步检波 DSB.ms8”;

（3）将电路仿真结果截图(包络检波不失真示波器输入/输出波形截图,惰性失真示波器输入/输出波形截图,包络检波负峰切割失真示波器输入/输出波形截图,同步检波 AM 示波器输入/输出波形截图,同步检波 DSB 示波器输入/输出波形截图,共 5 个)并保存为 Word 文档,文档名为“学号 姓名”。

（4）回答思考题,将答案写在实验报告中。

4）思考题

（1）什么是振幅解调?

（2）二极管峰值包络检波电路中各参数的选择原则是什么?

（3）画出同步检波器的原理框图,总结该检波电路可以解调何种信号。

3.1.4.6　任务训练 3:检波操作实验

1）实验目的

（1）了解调幅波解调的方法。

(2) 掌握二极管峰值包络检波的原理及正常工作时各点的波形。

(3) 了解各种波形失真的现象,分析产生的原因,给出防止失真的方法。

(4) 掌握用集成模拟乘法器电路实现同步检波的方法、实验原理与电路。

2) 实验原理与电路

(1) 实验原理

解调:解调是调制的逆过程,其作用是从已调信号中恢复出原调制信号,其中,调幅信号的解调称为检波。检波电路的实验电路如图 3-1-64 所示。

基本的检波方式有两种:包络检波和同步检波。

- 包络检波:用于对全载波振幅调制信号(AM)的解调,AM 信号的包络直接反映了调制信号的变化规律,可以直接用二极管包络检波进行解调;
- 同步检波:用于对抑制载波的双边带调幅信号(DSB)或单边带调幅信号(SSB)进行解调,因为该信号的包络不能直接反映调制信号的变化规律,无法采用包络检波。

图 3-1-64 检波电路实验电路板

① 包络检波

包络检波电路主要由非线性元器件二极管 VD 和 *RC* 低通滤波器组成。实验电路的交流通路如图 3-1-65 所示,其简化后的原理电路如图 3-1-66 所示。

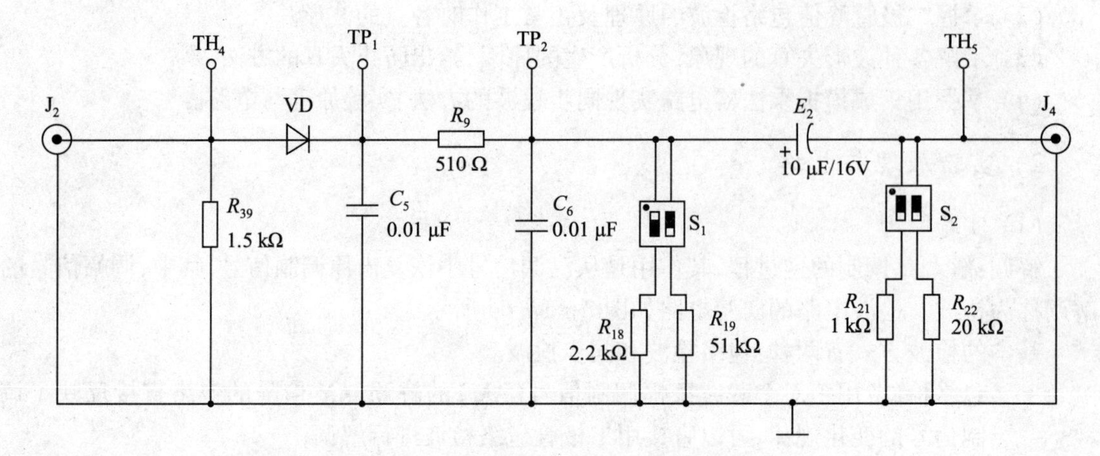

图 3-1-65　二极管峰值包络检波实验交流通路

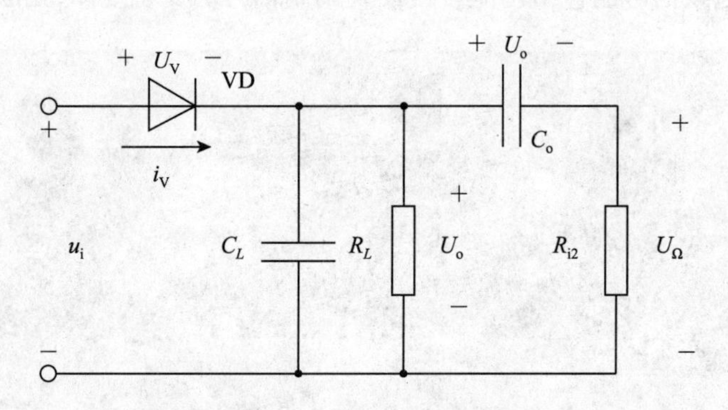

图 3-1-66　二极管包络检波原理电路

虽然二极管峰值包络检波器的实现电路简单,性能优越,但如若对电路中 RC 时间常数以及交直流负载电阻大小选择不当,即容易引起检波失真,其中最典型的是惰性失真(对角切割失真)与负峰切割失真(底边切割失真)。为了避免出现失真,二极管峰值包络检波器的电路参数应满足以下公式条件:

$$\omega_c \ll RC$$

$$RC\Omega_{max} \leqslant \frac{\sqrt{1-m_a^2}}{m_a}$$

$$m_a < \frac{R_\Omega}{R}$$

② 同步检波

同步检波器的突出特点是:它除了输入被检波信号外,还需要产生一个与被检波信号同频、同相的参考信号电压 u_r。同步检波器对 AM、DSB 和 SSB 等调幅信号的解调均适用。其组成框图如图 3-1-67 所示。

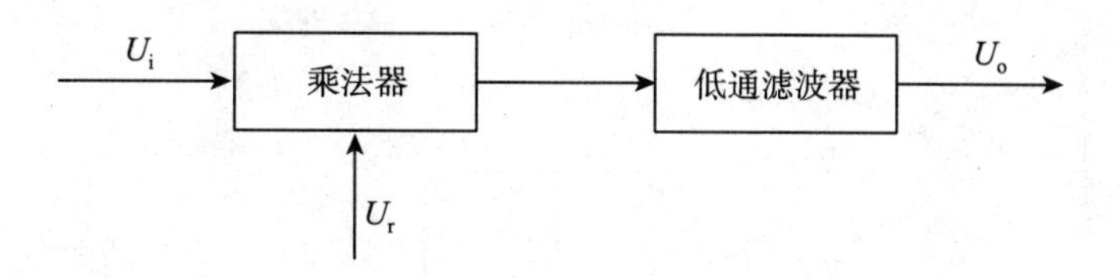

图 3-1-67 同步检波的组成框图

(2) 实验电路

运用集成模拟乘法器 MC1496 构成同步检波电路，实验电路如图 3-1-68 所示。载波信号从 J_8 经 C_{12}、W_4、W_3、U_2、C_{14}加在 8、10 管脚之间，调幅信号从 J_{11}经 C_{20}加在 1、4 管脚之间，相乘后经 12 管脚输出，再经 *RC* 低通滤波器和同相放大器从 J_9 输出。

3) 实验内容与步骤

(1) 二极管峰值包络检波器

① 正常工作时各点波形

a. 利用振幅调制实验电路，产生一个 AM 信号(具体步骤参见本书第 2 章调幅操作实验)。将此 AM 信号接入本次实验电路的输入端 J_2(如图 3-1-65 所示)，作为待解调的已调波信号；

b. 将 S_1 的 1 拨上，2 拨下，S_2 的 2 拨上，1 拨下，将示波器接入 TH_5(输出)，观察输出波形；

c. 增大低频调制信号的幅度(即增大 m_a)，使得 $m_a = 100\%$，观察并记录检波输出波形。

② 观察惰性失真(对角切割失真)

保持 $m_a = 100\%$，将 S_1 的 2 拨上，1 拨下，在 TH_5 处用示波器观察波形并记录，与无失真波形进行比较。

③ 负峰切割失真(底部切割失真)

将 S_2 的 1 拨上，2 拨下，S_1 的 2 拨上，1 拨下，在 TH_5 处观察波形，记录该波形并与正常解调波形进行比较。

(2) 同步检波器

① 利用振幅调制实验电路，产生一个 AM 信号(具体步骤参见本书第 2 章调幅操作实验)。

a. 将该信号加至同步检波电路的 J_{11}输入端(如图 3-1-68 所示)，并将该调幅信号的载波信号(由高频信号源产生的频率为 465 kHz)加入该解调电路的 J_8 载波输入端；

b. 在解调器输出端 J_9 观察解调信号，并记录波形；

c. 重复以上操作，增大 m_a，使得 $m_a = 100\%$，观察并记录此时的输出波形；

d. 重复以上操作，继续增大 m_a，使得此时 $m_a > 100\%$，观察并记录此时的输出波形。

② 利用振幅调制实验电路，产生一个 DSB 信号加至解调器电路 J_{11}输入端，并将载波信号加入 J_8 作为同步载波输入端，用示波器在 J_9 端观察并记录解调信号的波形。

4) 实验报告要求

(1) 实验目的；

(2) 绘制检波器的输出波形，填写在表 3-1-7 中；

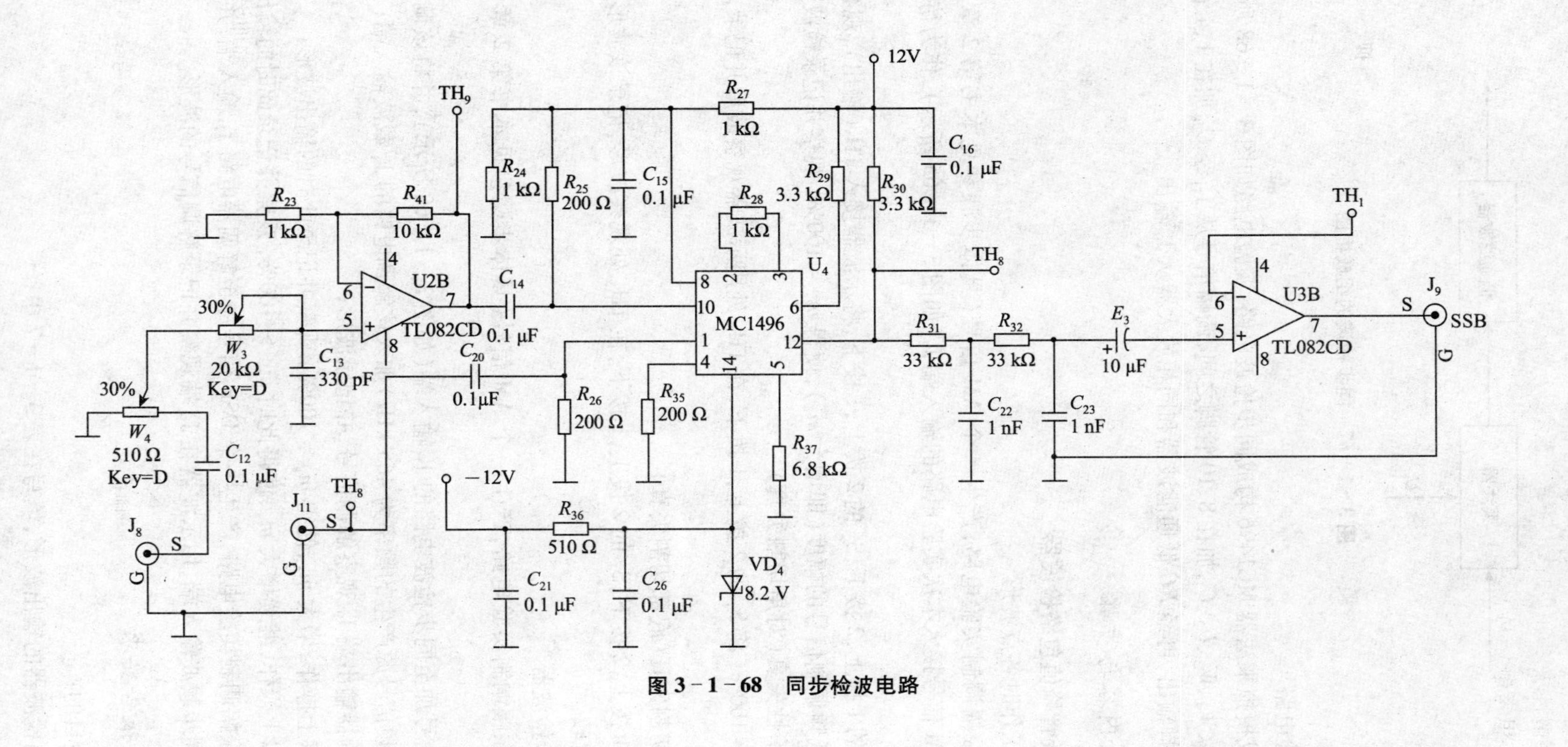

图 3-1-68 同步检波电路

（3）观察惰性失真和负峰切割失真现象，分析产生原因；
（4）回答思考题。

表 3-1-7 检波器的输出波形

输入的调幅波波形	全载波调幅 $m_a < 30\%$	全载波调幅 $m_a < 100\%$	抑制载波的双边带调幅波
二极管包络检波器的输出			
同步检波输出			

5）思考题

（1）振幅解调电路有哪些类型？每种类型能解调什么信号？
（2）包络检波电路的电阻阻值的选择原则是什么？
（3）同步检波器正常工作的条件是什么？

3.2 项目 4：无线调频接收电路

3.2.1 任务 1：电路组成及原理

若要接收调频高频信号就必须在接收电路中设置专门用于从调频高频信号中解调出调制信号的电路，这一过程称为鉴频，完成鉴频作用的装置叫做鉴频器。

调频（FM）接收机的原理框图如图 3-2-1 所示，天线和输入调谐回路从空中选出所需接收的调频广播信号后，先进行高频放大，再经混频器变换成中频调频信号，经中频放大器，再经限幅放大（滤除寄生干扰和寄生调幅以提高抗干扰能力）、鉴频，将调频信号转换成音频信号，再经过低频功放，推动扬声器工作。在调频收音机中，为提高频率稳定性通常加设自动频率控制（AFC）电路。

FM 接收机与 AM 接收系统基本类似，主要区别是调制电路，FM 接收机的解调电路是鉴频电路，因此在项目 4 中重点介绍鉴频电路、反馈控制电路，其他单元电路参考 AM 接收电路。

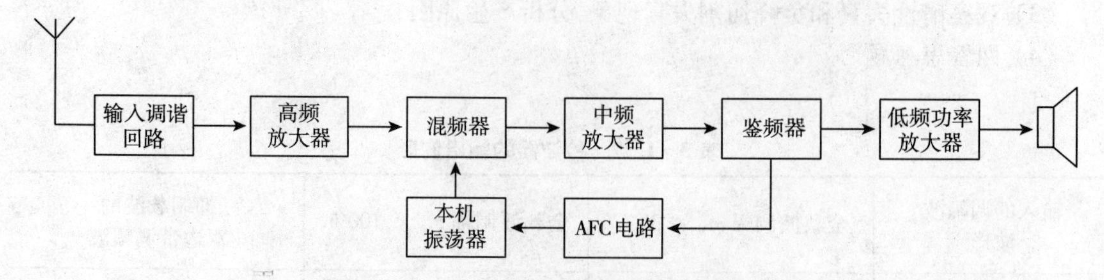

图 3－2－1　无线 FM 接收机的原理框图

3.2.2　任务 2：调角信号的解调电路

3.2.2.1　任务要求

（1）了解鉴频的概念。
（2）掌握典型的鉴频电路。

3.2.2.2　任务原理

鉴频是调频的逆过程，其作用是从已调频信号中解调出原调制信号。完成这一功能的电路称为鉴频器，也叫频率检波器或调频检波器。

1）鉴频特性

鉴频器的主要特性是鉴频特性曲线，即鉴频电路输出电压 u_o 与输入调频信号瞬时频率 f 之间的关系曲线，如图 3－2－2 所示。图 3－2－2 为典型的鉴频特性，由于它像英文字母“S”形，故又称 S 曲线。在调频信号中心频率 f_c 上，输出电压为 0。当信号频率偏离中心频率 f_c 升高或下降时，输出电压将分别向正、负极性方向变化（或相反）。在信号频率 f_c 附近，u_o 与 f 近似为线性关系。为了获得理想的鉴频效果，希望鉴频特性曲线要陡峭且线性范围大。

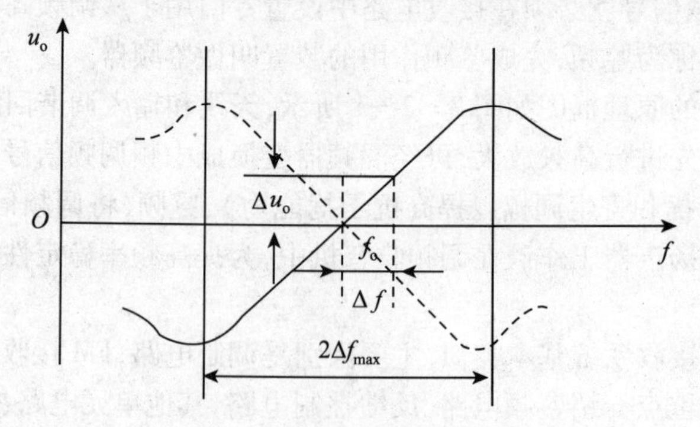

图 3－2－2　鉴频特性曲线

鉴频器特性曲线的主要指标有：

(1) 鉴频灵敏度 S_d。在中心频率附近，单位频偏所引起的输出电压的变化量，称为鉴频灵敏度。

$$S_d = \frac{\Delta u_o}{\Delta f}$$

鉴频灵敏度越高，意味着鉴频曲线越陡直，鉴频能力越强，鉴频效率越高。

(2) 线性范围。线性范围是指鉴频特性曲线近似直线段的频率范围，用 $2\Delta f_{max}$ 表示，也称为鉴频器的通频带，用 B_{WD} 表示，显然要求 $2\Delta f_{max}$ 要大于调频波最大频偏的两倍。

(3) 失真。鉴频特性曲线的线性越好，解调后的波形失真越小，才能使原来的调制信号不失真地重现。在线性范围内鉴频特性只是近似线性，但实际上仍然存在着非线性失真，失真要求越小越好。

(4) 稳定性。鉴频特性曲线的中心频率不随温度、信号电压大小与时间等外界因素的变化而产生漂移，要求中心频率 f_c 稳定性要好。

2) 鉴频的实现方法

(1) 斜率鉴频器

先将等幅调频信号送入频率-振幅线性变换网络，变换成幅度与频率成正比变化的调幅-调频信号，然后用包络检波器进行检波，还原出原调制信号，如图 3－2－3 所示。

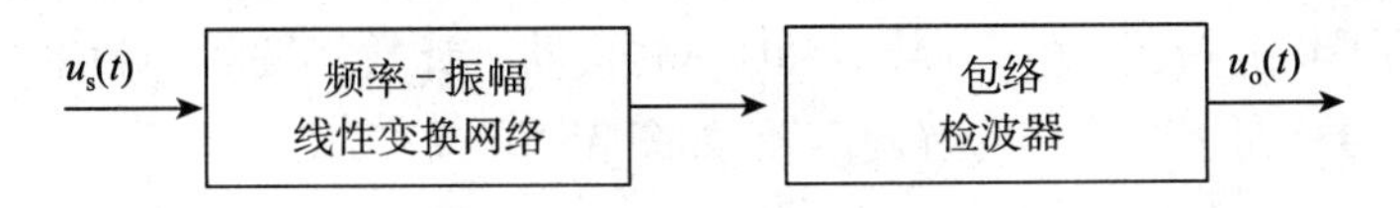

图 3－2－3　斜率鉴频器原理图

(2) 相位鉴频器

先将等幅的调频信号送入频率-相位线性变换网络，变换成相位与瞬时频率成正比变化的调相-调频信号，然后通过相位检波器还原出原调制信号，如图 3－2－4 所示。

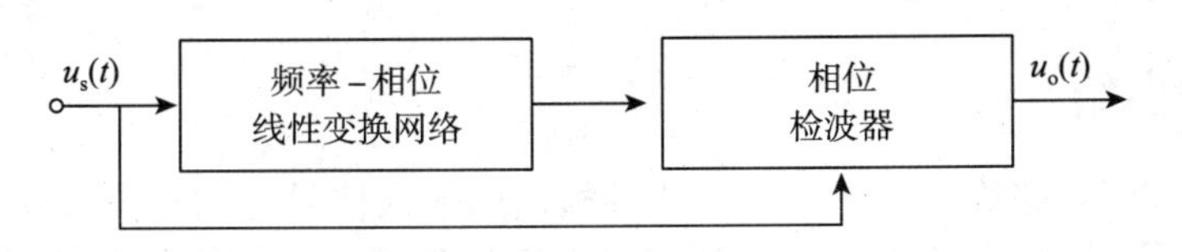

图 3－2－4　相位鉴频器原理图

① 乘积型相位鉴频器

乘积型相位鉴频器的原理框图如图 3－2－5 所示，将 FM 波延时满足一定条件时，可得到相位随调制信号线性变化的调相波，再与原调频波相乘实现鉴相后，经低通滤波器滤波，即可获得所需的原调制信号。

② 叠加型相位鉴频器

叠加型相位鉴频器的原理框图如图 3－2－6 所示。首先利用延时电路将调频波转换为调相波，再将其与原调频波相加获得调幅-调频波，然后用二极管包络检波器对调幅-调频波解调，恢复原调制信号。

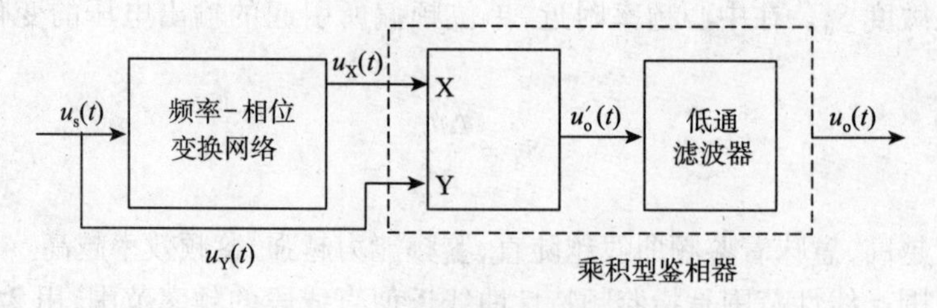

图 3-2-5　乘积型相位鉴频器

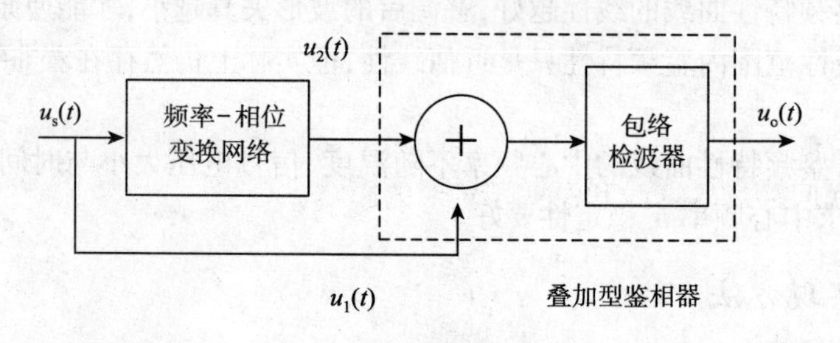

图 3-2-6　叠加型相位鉴频器的原理框图

（3）脉冲计数式鉴频器

先将等幅的调频信号送入电压比较器，将它变为调频等宽脉冲序列，该等宽脉冲序列含有反映瞬时频率变化的平均分量，并送入计数器和D/A转换器。计数器按时钟频率定时计数，D/A 转换器输出的模拟信号就是 FM 信号的解调信号，如图 3-2-7 所示。

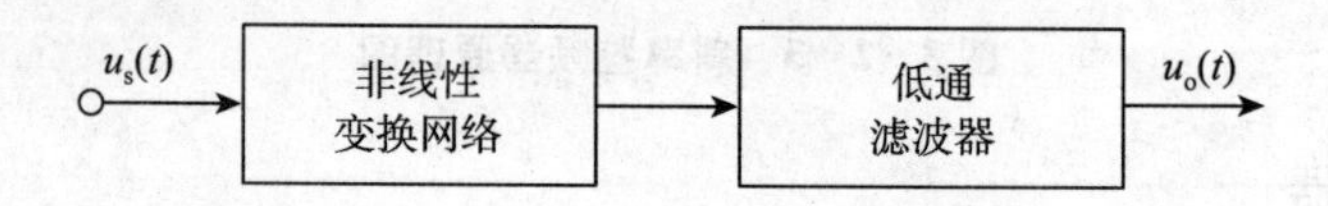

图 3-2-7　脉冲计数式鉴频器原理图

3.2.2.3　任务小结

调频信号的解调电路称为鉴频电路。能够检出两输入信号之间相位差的电路称为鉴相电路。鉴频电路的输出电压与输入调频信号频率之间的关系曲线称为鉴频特性，通常希望鉴频特性曲线要陡峭，线性范围要大。

常用的鉴频电路有斜率鉴频器、相位鉴频器和脉冲计数式鉴频器等。斜率鉴频器通常是先利用 *LC* 并联谐振回路谐振曲线的下降（或上升）部分，将等幅调频信号变成调幅调频信号，然后用包络检波器进行解调。相位鉴频器是先将等幅的调频信号送入频率-相位变换网络，变换成调相调频信号，然后用鉴相器进行解调。

3.2.2.4 任务训练1:思考与练习

(1) 什么是鉴频?

(2) 典型的鉴频电路有哪些?

(3) 鉴频特性的重要指标有哪些?

3.2.2.5 任务训练2:鉴频电路仿真实验

1) 仿真目的

(1) 熟悉相位鉴频器的基本工作原理。

(2) 掌握并联回路对S曲线和对解调波形的影响。

2) 仿真内容及步骤

(1) 绘制正交鉴频器(乘积型相位鉴频器)仿真电路图

鉴频是调频的逆过程,广泛采用的鉴频电路是相位鉴频,其核心部件是相位鉴频器(又称为相位检波器)。相位鉴频又分为乘积型和叠加型两种,其中现代调频通信机的接收通道集成电路的调频解调几乎都采用乘积型相位鉴频器(又称为正交鉴频器)。运用 Multisim 绘制如图3-2-8所示的正交鉴频器的仿真电路并保存。

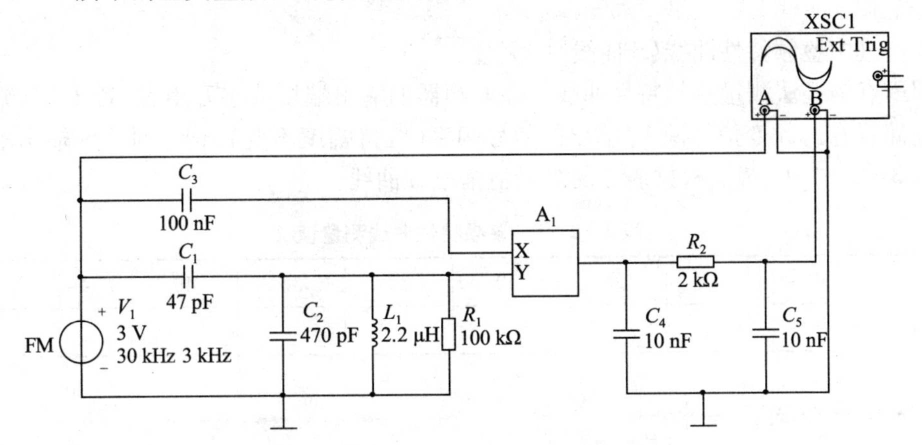

图3-2-8 正交鉴频器仿真电路

(2) 用示波器观察鉴频信号

在仿真电路中设置示波器参数,示波器双通道显示,仿真运行,观察示波器输出的波形,将仿真输出波形截图保存。图3-2-9为仿真结果参考示意图,上方为调频信号波形,下方为已解调的低频调制信号波形。

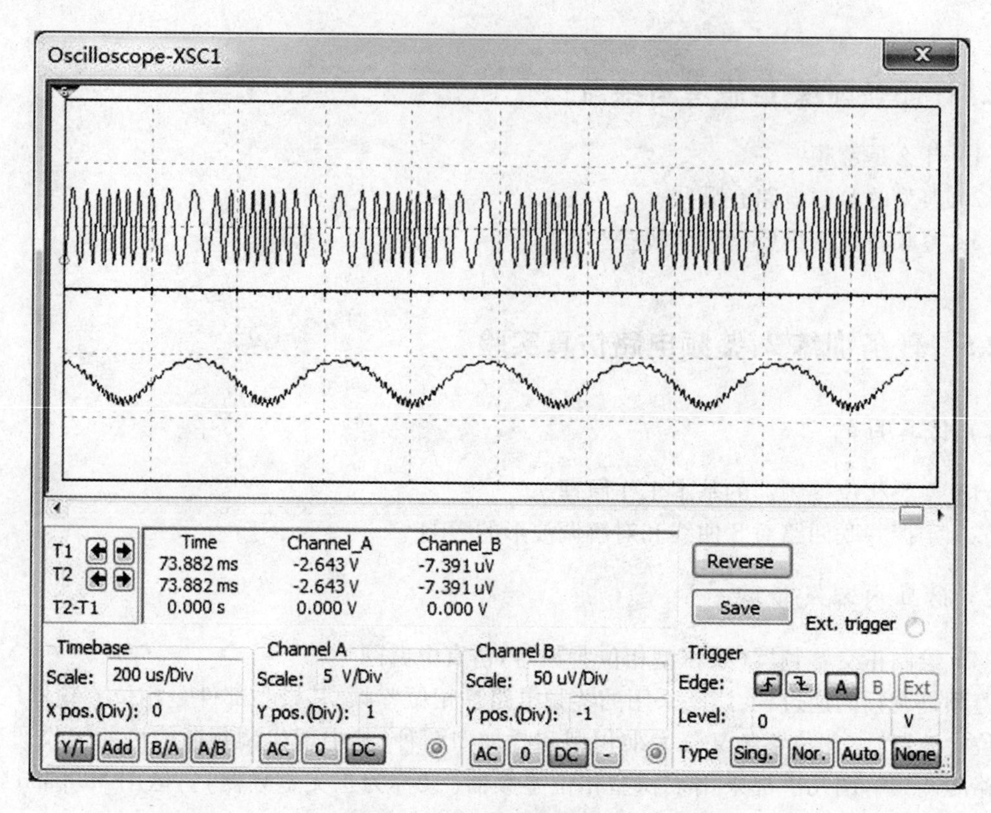

图 3-2-9　正交鉴频参考波形

（3）仿真中鉴频特性曲线（S 曲线）的测量

运用逐点描迹法测量鉴频特性曲线。在鉴频器的输出端接数字万用表（置于“直流电压”挡），将电路保存。改变信号源 V_1 输出的信号频率（维持幅度不变），记下对应的输出电压值，并填入表 3-2-1 中，最后根据表中的测量值描绘 S 曲线。

表 3-2-1　鉴频特性曲线测量值

f(kHz)	20	24	28	30	32	36	40	44	48
U_o(μV)									

3）仿真作业提交要求

（1）在已建好的以自己学号和姓名命名的文件夹中，新建名为“正交鉴频仿真电路”的子文件夹；

（2）在以上文件夹中新建 Multisim 仿真电路文件（2 个），文件名为“学号 电路名.ms8”，如“ * * 正交鉴频电路.ms8”、“ * * 鉴频特性曲线测量.ms8”；

（3）将电路仿真结果的截图（正交鉴频仿真波形图 1 个）、结果记录表格（1 个）、描点连线画出的 S 曲线保存为 Word 文档，文档名为“学号 姓名”。

（4）回答思考题，将答案写在仿真报告中。

4）思考题

（1）乘积型相位鉴频器的工作原理是什么？

（2）鉴频特性曲线的测量方法有哪些？

3.2.2.6 任务训练3：正交鉴频操作实验

1）实验目的

（1）熟悉相位鉴频器的基本工作原理。

（2）了解鉴频特性曲线（S曲线）的正确调整方法。

2）实验原理及实验电路说明

（1）乘积型相位鉴频器

如图3-2-10所示的是鉴频实验单元电路（模块⑤），上半部分为正交鉴频，下半部分为锁相鉴频，本次实验主要运用正交鉴频电路实现鉴频。

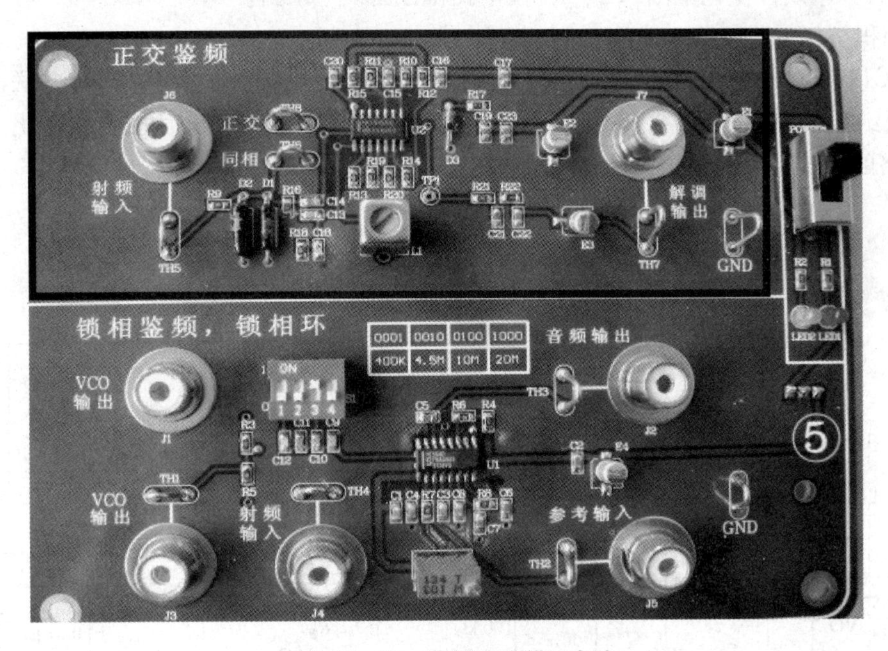

图3-2-10 鉴频实验单元电路

① 鉴频基本原理

鉴频是调频的逆过程，广泛采用的鉴频电路是相位鉴频。鉴频原理：先将调频波经过一个线性移相网络变换成调频调相波，然后再与原调频波一起加到一个相位检波器进行鉴频。因此，实现鉴频的核心部件是相位检波器。

相位检波又分为叠加型相位检波和乘积型相位检波，利用模拟乘法器的相乘原理可实现乘积型相位检波，其基本原理是在乘法器的一个输入端输入调频波 $u_{FM}(t)$，其表达式为：

$$u_{FM}(t)=U_{sm}\cos(\omega_c+m_f\sin\Omega t)$$

式中，m_f为调频系数，$m_f=\Delta\omega/\Omega$ 或 $m_f=\Delta f/f$，其中 $\Delta\omega$ 为调制信号产生的频偏。另一输入端输入经线性移相网络移相后的调频调相波 $u'_{FM}(t)$，设其表达式为：

$$u'_{FM}(t)=U'_{sm}\cos\left\{\omega_c+m_f\sin\Omega t+\left[\frac{\pi}{2}+\varphi(\omega)\right]\right\}=-U'_{sm}\sin[\omega_c+m_f\sin\Omega t+\varphi(\omega)]$$

式中，第一项为高频分量，可以被滤波器滤掉。第二项是所需要的频率分量，只要线性移相网络的相频特性 $\varphi(\omega)$ 在调频波的频率变化范围内是线性的，当 $|\varphi(\omega)|\leqslant 0.4$ rad 时，$\sin\varphi(\omega)\approx\varphi(\omega)$。因此，鉴频器的输出电压 $u_o(t)$ 的变化规律与调频波瞬时频率的变化规律相同，从而实现了相位鉴频。所以，相位鉴频器的线性鉴频范围受到移相网络相频特性的线性范围的限制。

② 鉴频特性

相位鉴频器的输出电压 u_o 与调频波瞬时频率 f 的关系称为鉴频特性，其特性曲线（或称 S 曲线）如图 3-2-12 所示。鉴频器的主要性能指标是鉴频灵敏度 S_d 和线性鉴频范围 $2\Delta f_{max}$。S_d 定义为鉴频器输入调频波单位频率变化所引起的输出电压的变化量，通常用鉴频特性曲线 u_0-f 在中心频率 f_0 处的斜率来表示，即 $S_d=u_o/\Delta f$，$2\Delta f_{max}$ 定义为鉴频器不失真解调调频波时所允许的最大频率线性变化范围，$2\Delta f_{max}$ 可在鉴频特性曲线上求出。

③ 乘积型相位鉴频器

用 MC1496 构成的乘积型鉴频器实验电路如图 3-2-11 所示。其中 C_{13} 与并联谐振回路 L_1C_{18} 共同组成线性移相网络，将调频波的瞬时频率的变化转变成瞬时相位的变化。分析表明，该网络的传输函数的相频特性 $\varphi(\omega)$ 的表达式为：

$$\varphi(\omega)=\frac{\pi}{2}-\arctan\left[Q\left(\frac{\omega^2}{\omega_0^2}-1\right)\right]$$

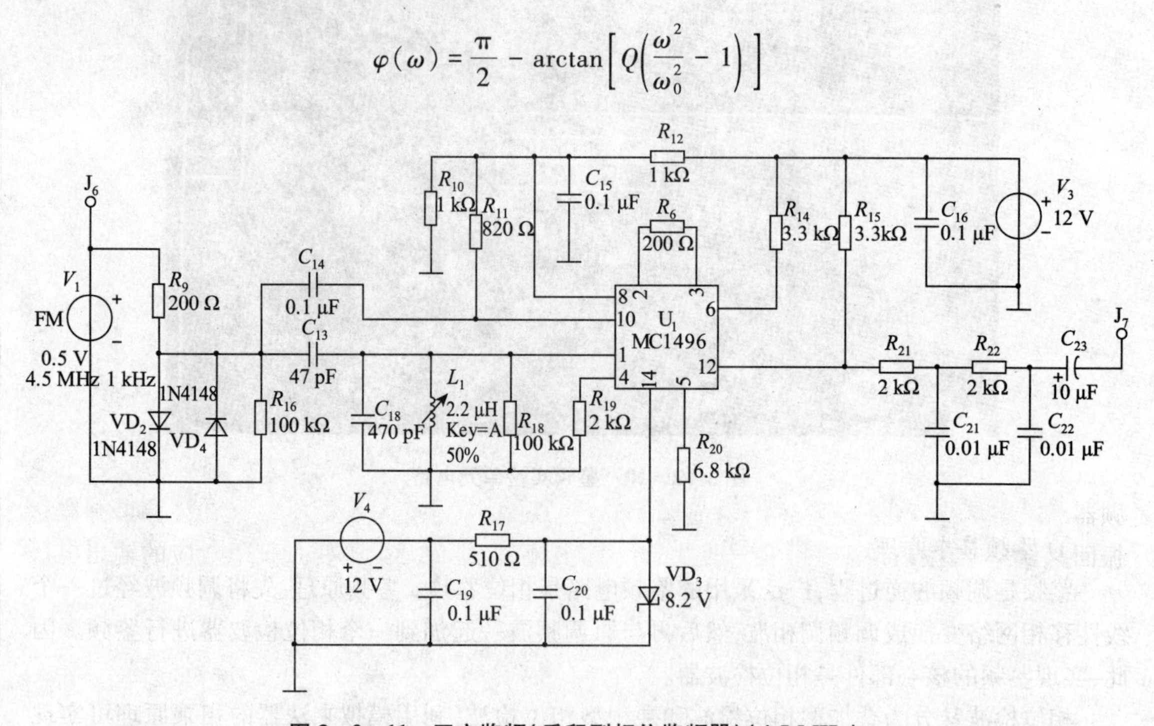

图 3-2-11　正交鉴频（乘积型相位鉴频器）(4.5 MHz)

当$\frac{\Delta\omega}{\omega_0}\ll 1$时，上式可近似表示为：

$$\varphi(\omega)=\frac{\pi}{2}-\arctan\left[Q\left(\frac{2\Delta\omega}{\omega_0}\right)\right] \text{或} \varphi(f)=\frac{\pi}{2}-\arctan\left[Q\left(\frac{2\Delta f}{f_0}\right)\right]$$

式中，f_0为回路谐振频率，与调频波的中心频率相等，Q为回路品质因数，Δf为瞬时频率偏移，相移φ与频偏Δf的特性曲线如图3-2-12所示。

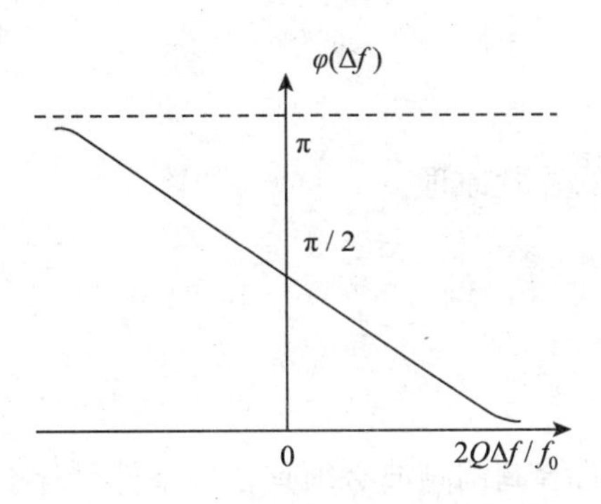

图3-2-12　移相网络的相频特性

由图3-2-12可见：在$f=f_0$即$\Delta f=0$时相位等于$\frac{\pi}{2}$，在Δf范围内，相位随频偏呈线性变化，从而实现线性移相。MC1496的作用是将调频波与调频调相波相乘，经RC滤波网络输出。

3）实验步骤

（1）乘积型鉴频器

① 调谐并联谐振回路，使其谐振（谐振频率$f_0=4.5$ MHz）

方法：从J_6端输入$f_0=4.5$ MHz，调制信号频率$f_\Omega=1$ kHz，最大频偏$\Delta f_{max}=75$ kHz的调频信号，按下“FM”开关，将“FM频偏”旋钮旋到最大，调节谐振回路电感L_1，使输出端获得的低频调制信号$u_o(t)$的波形失真最小，幅度最大。

② 鉴频特性曲线（S曲线）的测量

测量鉴频特性曲线的常用方法有逐点描迹法和扫频测量法。

a. 逐点描迹法

用高频信号发生器作为鉴频器的输入$u_{FM}(t)$，频率$f_0=4.5$ MHz，幅度$U_{sp-p}=400$ mV；鉴频器的输出端$u_o(t)$接数字万用表（置于“直流电压”挡），测量输出电压$u_o(t)$值（调谐并联谐振回路，使其谐振）；改变高频信号发生器的输出频率（维持幅度不变），记下对应的输出电压值，并填入表3-2-2中；最后，根据表中测量值描绘S曲线。

表3-2-2　鉴频特性曲线测量值

F(MHz)	4.5	4.6	4.7	4.8	4.9	5.0	5.1	5.2	5.3	5.4	5.5
U_o(mV)											

b. 扫频测量法

将扫频仪的输出信号作为鉴频器的输入信号，扫频仪的检波探头电缆换成夹子电缆线接到鉴频器的输出端，先调节扫频仪的中心频率，使 f_0 = 5 MHz（并联谐振回路谐振），然后调节扫频仪的“频率偏移”、“输出衰减”和“Y 轴增益”等旋钮，使扫频仪上直接显示出鉴频特性曲线，利用“频标”可绘出S曲线，调节图 3-2-12 中谐振回路的电感 L_1，可改变S曲线的斜率和对称性。

4）实验报告要求

（1）实验目的；
（2）说明乘积型鉴频器的鉴频原理；
（3）记录实验数据；
（4）回答思考题。

5）思考题

（1）鉴频器基本不失真的解调调频波必须具备的条件是什么？
（2）简述鉴频特性曲线的测量方法。

3.2.3 任务3：反馈控制电路

3.2.3.1 任务要求

（1）了解反馈控制电路的类型和基本特性。
（2）理解三种反馈控制电路的组成、作用。

3.2.3.2 任务原理

1）基本概念

反馈控制电路是电子设备和系统中的一种自动调节电路，其作用是当电子系统受到某种扰动的情况下，系统能通过自身反馈控制电路的调节作用，对系统的某些参数进行修正，使系统的各项指标仍达到预定精度。反馈控制电路的组成框图如图 3-2-13 所示。

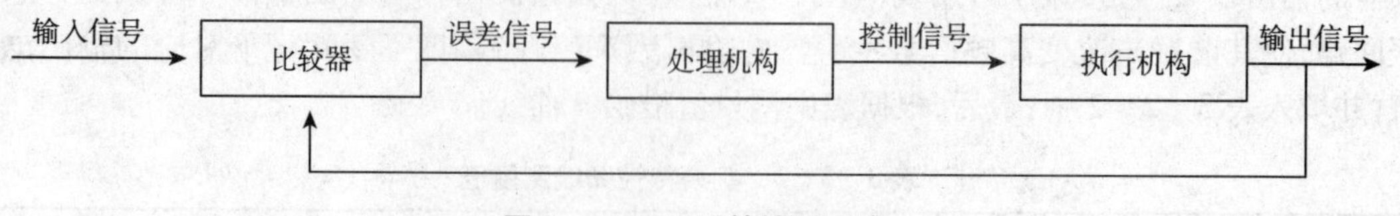

图 3-2-13　反馈控制系统

根据控制的参量不同，反馈控制电路可分为以下三种类型：

（1）自动增益控制（AGC）：需要控制的参量是信号的振幅，如电压或电流，目的是在系统的输入信号幅度发生变化时，输出信号幅度能基本保持恒定，经常采用控制系统中放大器的增益来实现，因而将自动幅度控制称为自动增益控制。

（2）自动频率控制（AFC）：需要控制的参量是信号的频率，目的是保持系统输出频率的稳定。

（3）自动相位控制（APC）：需要控制的参量是信号的相位，又称相位锁定，简称锁相。它能使受控振荡器输出信号的频率和相位均与参考信号保持同步。

2）自动增益控制（AGC）电路

在调幅接收机接收电台信号时，由于各发射台功率有大有小、发射台离接收机的距离远近不一、无线电波传播过程中的多径效应和衰落等原因，使接收天线上感生的有用信号强度相差非常悬殊，而且往往有很大的起伏（约为 $10^4 \sim 10^5$ 倍），有可能在接收微弱信号时造成某些电路（例如检波器）不能正常工作而丢失信号，而在接收强信号时造成放大电路的阻塞（非线性失真）。为此，在接收设备中几乎无例外地都必须采用自动增益控制电路，用来压缩有用信号强度的变化范围。

自动增益控制简称 AGC，是接收机的重要辅助电路之一。AGC 的作用：当输入信号变化很大时，保持接收机的输出信号基本稳定，即当输入信号很弱时，接收机的增益高，当输入信号很强时，接收机的增益低。

AGC 电路应包括：（1）产生一个随输入信号大小变化而变化的控制电压，即 AGC 电压；（2）利用 AGC 电压去控制某些级的增益，实现 AGC 控制。图 3－2－14 给出了一个带有自动增益控制电路的调幅接收机的组成方框图。

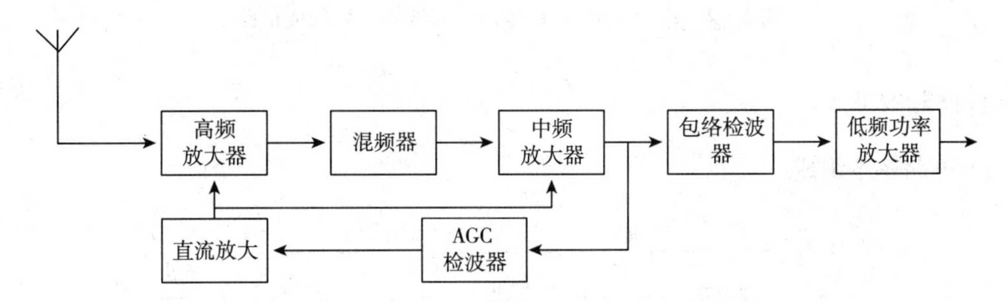

图 3－2－14　带有自动增益控制电路的调幅接收机的组成方框图

3）自动频率控制（AFC）电路

在通信和各种电子设备中，频率是否稳定将直接影响到系统的性能，为此，工程上常采用自动频率控制（AFC）电路来自动调节振荡器的频率，使之稳定在某一预期的标准频率附近。自动频率控制（AFC）电路也是一种反馈控制电路，它与 AGC 电路的区别是其控制的对象为振荡器的工作频率，它使受控振荡器的振荡频率锁定在近似等于预期的标准频率上。图 3－2－15 所示为 AFC 的原理框图。其中，标准频率源的振荡频率为 f_i，压控振荡器 VCO 的振荡频率为 f_s。

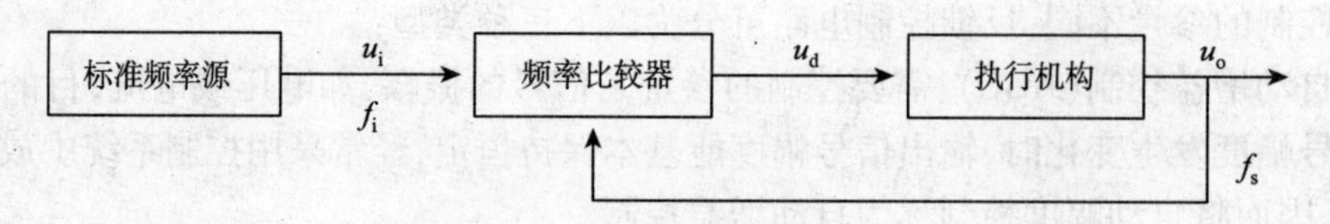

图 3-2-15　AFC 的原理框图

AFC 电路的应用：

(1) 采用 AFC 的调频器

图 3-2-16 为采用 AFC 的调频器组成框图。

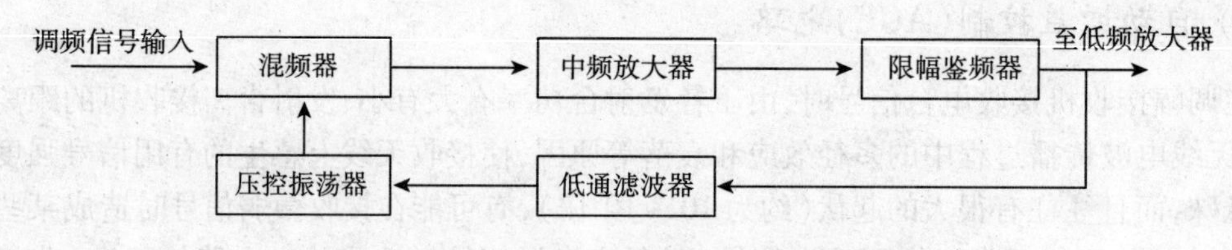

图 3-2-16　采用 AFC 的调频器组成框图

(2) 采用 AFC 电路的调幅接收机

采用 AFC 电路的调幅接收机的组成框图如图 3-2-17 所示。

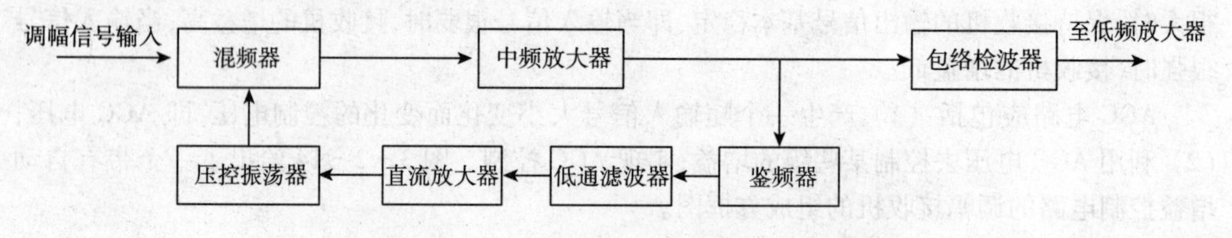

图 3-2-17　采用 AFC 电路的调幅接收机组成框图

4) 锁相环电路

(1) 电路基本组成

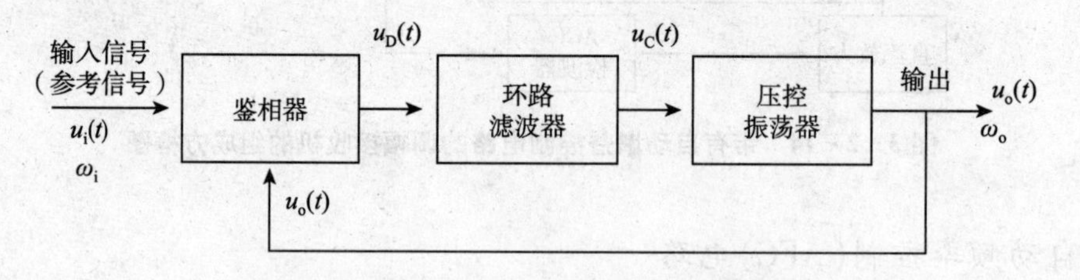

图 3-2-18　锁相环电路的基本组成框架

① 鉴相器(PD)：用以比较 u_i、u_o 的相位，输出反映相位误差的电压 $u_D(t)$。

设压控振荡器的输出电压为：

$$u_o(t) = U_{om}\cos[\omega_{o0}t + \varphi_o(t)]$$

ω_{o0}是压控振荡器未加控制电压时的固有振荡角频率；

$\varphi_o(t)$是以 ω_{o0}为参考的瞬时相位。

环路输入电压为：$u_i(t)=U_{im}\sin(\omega_i t)$，其相位可改写为：$\omega_i t=\omega_{o0}t+(\omega_i-\omega_{o0})t=\omega_{o0}t+\varphi_i(t)$，则 $u_i(t)$与 $u_o(t)$之间的瞬时相位差为 $\varphi_e(t)=\varphi_i(t)-\varphi_o(t)$，设鉴相器具有正弦鉴相特性，则 $u_D(t)=A_d\sin[\varphi_e(t)]$。

② 环路滤波器(LF)：用以滤除误差信号中的高频分量和噪声，提高系统稳定性。

③ 压控振荡器(VCO)：在 $u_c(t)$控制下输出相应频率f_o。

在 $u_c=0$ 附近，控制特性近似线性：

$$\omega_o(t)=\omega_{o0}+A_o u_c(t)$$

式中，A_o 是控制灵敏度(增益系数)，单位 rad/(s · V)。

可见压控振荡器是一个理想的积分器，将积分符号用微分算子的倒数表示，则得：

$$\varphi_o(t)=\frac{A_o}{p}u_c(t)$$

(2) 锁相环路的应用简介

① 锁相环路的基本特性

a. 环路锁定时，鉴相器的两个输入信号频率相等，没有频率误差；

b. 频率跟踪特性：环路锁定时，VCO 输出频率能在一定范围内跟踪输入信号频率的变化；

c. 窄带滤波特性：可以实现高频窄带带通滤波。

② 锁相鉴频电路

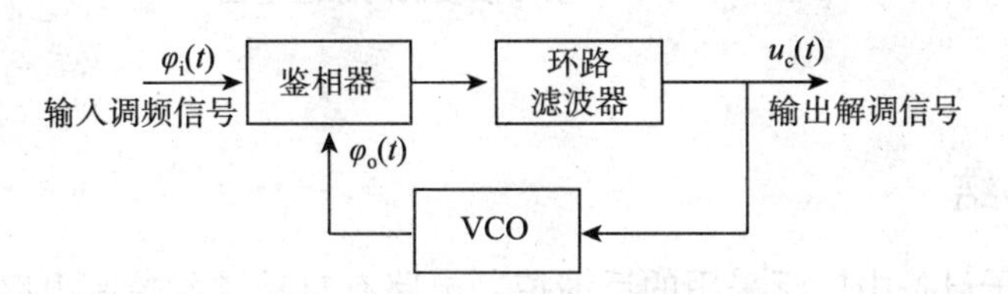

图 3－2－19　锁相鉴频电路原理框图

锁相鉴频电路的原理如图 3－2－19 所示。工作原理：输入为调频信号，当环路锁定后，压控振荡器的振荡频率就精确地跟踪输入调频信号的瞬时频率，产生具有相同调制规律的调频信号。只要压控振荡器的频率控制特性是线性的，压控振荡器的控制电压 $u_c(t)$ 就是输入调频信号的原调制信号。

要求：捕捉带大于输入调频信号的最大频偏；环路带宽大于输入调频信号中调制信号的频谱宽度。

③ 调幅波的同步检波

锁相同步检波的原理如图 3－2－20 所示。工作原理：输入为调幅信号或带有导频的单边带信号，LF 的通频带很窄，使锁相环路锁定在调幅信号的载频上，这样压控振荡器就可以提供能跟踪调幅信号载波频率变化的同步信号。再利用同步检波器可以得到解调电压输出。

注意：压控振荡器输出电压与输入已调信号的载波电压间有 $\pi/2$ 的固定相移，因此须经过 $\pi/2$ 的移相器加到同步检波器上，这样才能使 VCO 输出电压与已调信号的载波电压同相。

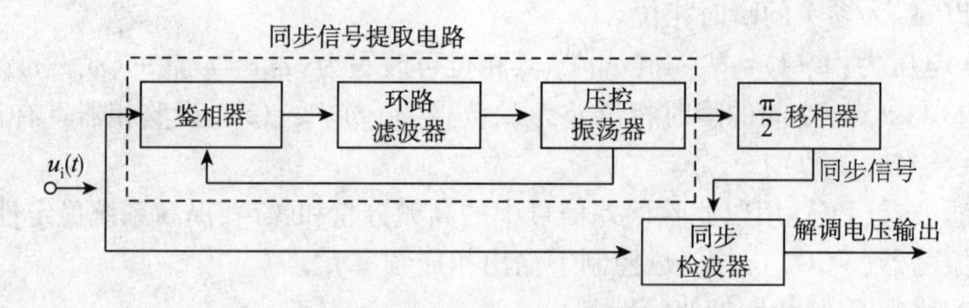

图 3-2-20　锁相同步检波的原理框图

④ 锁相接收机(利用窄带跟踪特性)

信号频率漂移较严重时,若采用普通接收机,就要求带宽较宽,这可能导致接收机输出信噪比严重下降而无法检出有用信号。采用锁相接收机,利用 PLL 的窄带跟踪特性,就可自动跟踪信号频率进行接收,有效提高输出信噪比。锁相接收机的原理框图如图 3-2-21 所示。

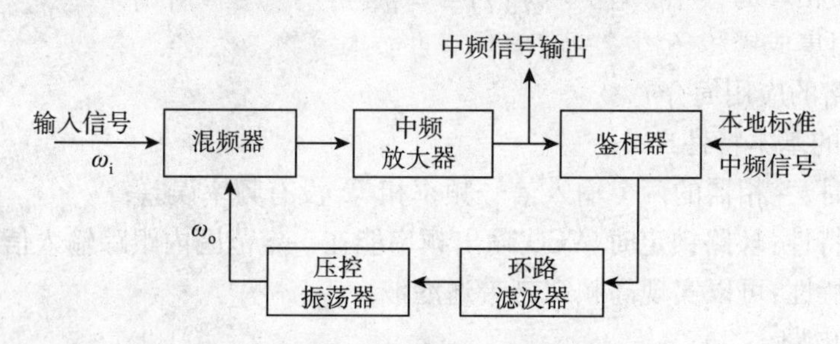

图 3-2-21　锁相接收机的原理框图

3.2.3.3　任务小结

(1) 通信与电子设备中广泛采用的反馈控制电路有自动增益控制电路(AGC)、自动频率控制电路(AFC)和自动相位控制电路(APC),它们用来改善和提高整机的性能。

(2) AGC 用来稳定输出电压或电流的幅度;AFC 用于维持工作频率的稳定;APC 又称锁相环路(PLL),用于实现两个电信号的相位同步。

(3) 锁相环电路是利用相位的调节以消除频率误差的自动控制系统,由鉴相器、环路滤波器、压控振荡器等组成。当环路锁定时,环路输出信号频率与输入信号(参考信号)频率相等,但两信号之间保持一恒定的剩余相位误差。锁相环路广泛应用于滤波、频率合成、调制与解调等方面。

3.2.3.4　任务训练 1:思考与练习

(1) 简述 AGC 电路的作用。

(2) 简述 AFC 电路的作用。

(3) 锁相环电路由哪几个部分组成?说明其工作原理,它有哪几种自动调节过程?

(4) 对于图 3-2-22 所示的锁相环电路,试描述它的工作原理。

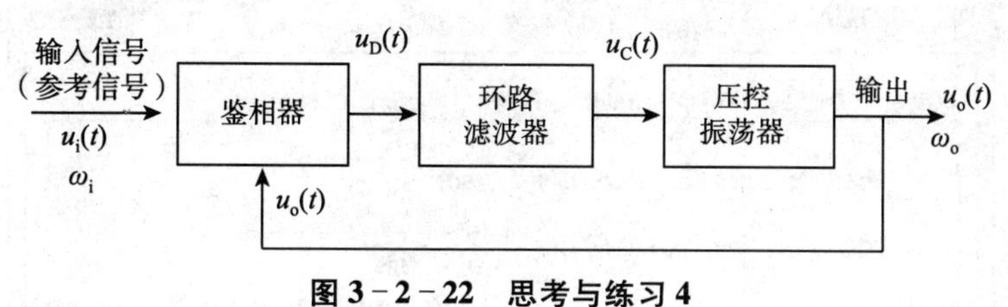

图 3－2－22 思考与练习 4

3.2.3.5 任务训练 2：反馈控制电路仿真实验

1）仿真目的

（1）掌握锁相环的锁相原理，了解用锁相环构成的调频波解调原理。
（2）学习用集成锁相环构成的调频波信号产生电路。

2）仿真内容与步骤

（1）PLL 应用 1：产生 FM 信号
① 绘制锁相环调频电路图

运用 Multisim 绘制如图 3－2－23 所示的锁相环调频电路，其中载波为 1 V、10 kHz，调制信号为 12 mV、1 kHz。图中 A_1 为锁相环，元器件名称为“PLL_VIRTUAL”，该元器件选自“Mixed\MIXED_VIRTUAL”库，将绘制的电路保存。

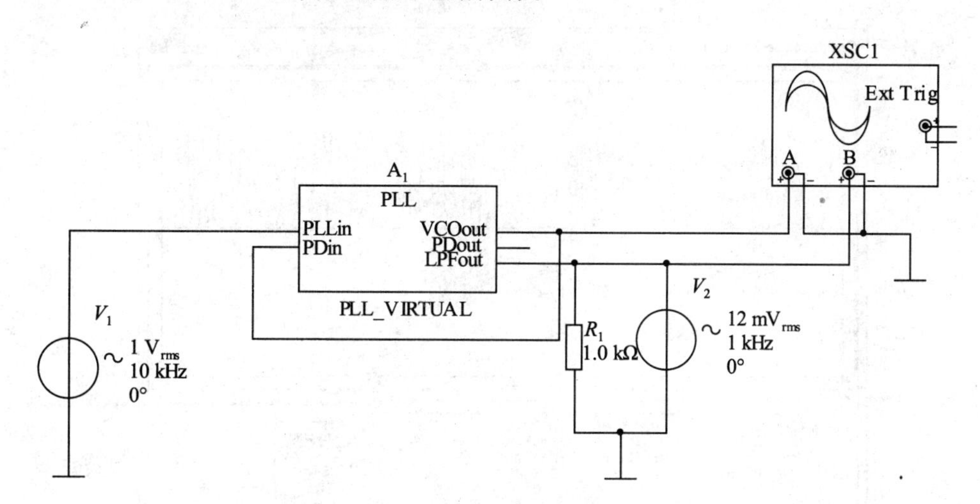

图 3－2－23 锁相环产生调频波电路图

② 用示波器观察已调波信号

示波器连接如图 3－2－23 所示，设置示波器参数，示波器双通道显示。双击锁相环 A_1，设置参数如图 3－2－24 所示，截图保存参数设置界面。仿真运行后可在示波器上观察锁相环电路产生的调频波波形，参考波形如图 3－2－25 所示，上方为调频信号，下方为低频调制信号，截图保存示波器的波形。

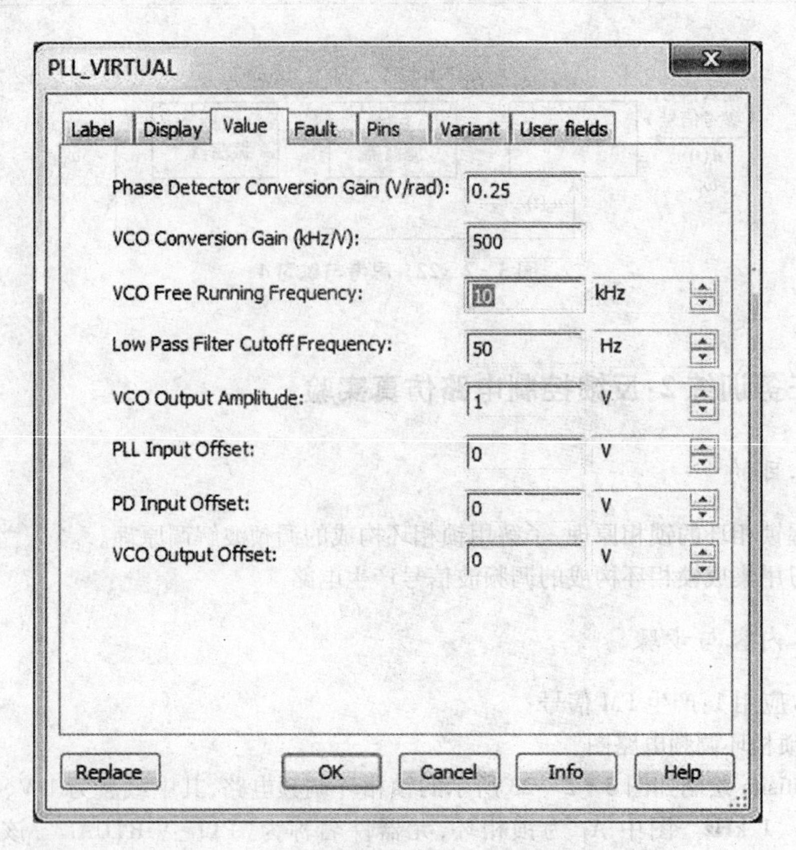

图 3-2-24　锁相环产生调频波的参数设置

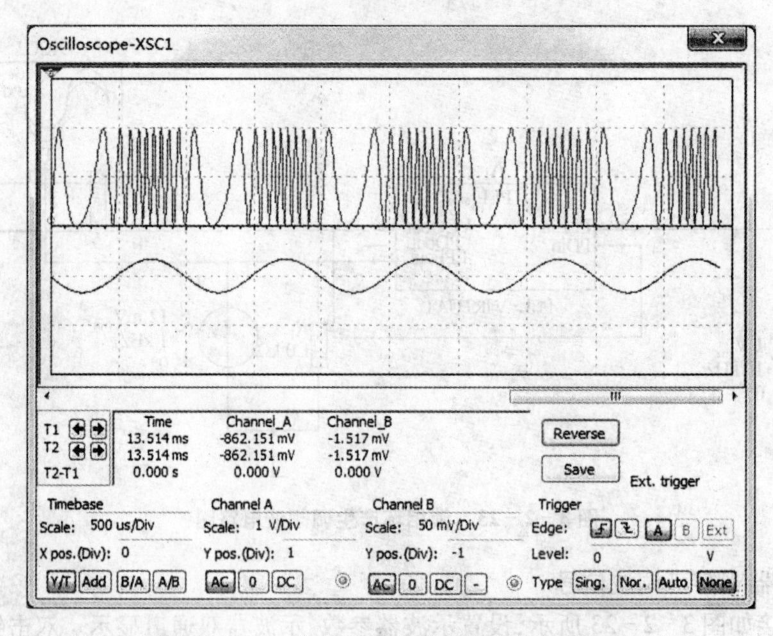

图 3-2-25　锁相环产生的调频波参考波形图

(2) PLL 应用 2:调频波的解调

① 绘制锁相环鉴频器电路图

运用 Multisim 绘制如图 3－2－26 所示的锁相环鉴频器电路。图中 A_1 为锁相环，元器件名称为“PLL_VIRTUAL”，该元器件选自“Mixed\MIXED_VIRTUAL”库。将绘制的电路图保存。

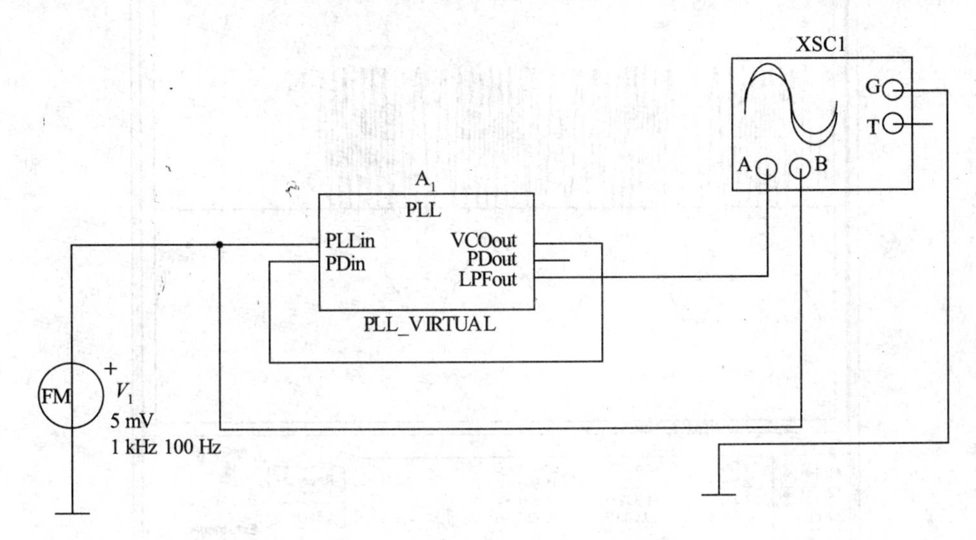

图 3－2－26　锁相环鉴频器电路图

② 用示波器观察鉴频信号

示波器的连接如图 3－2－26 所示，设置示波器参数，示波器双通道显示。双击锁相环 A_1，设置参数如图 3－2－27 所示，截图保存参数设置界面。仿真运行后可在示波器上观察锁相环电路产生的解调波波形，参考波形如图 3－2－28 所示，上方为调频信号，下方为带有高频寄生振荡的解调的低频信号，截图保存示波器的波形。

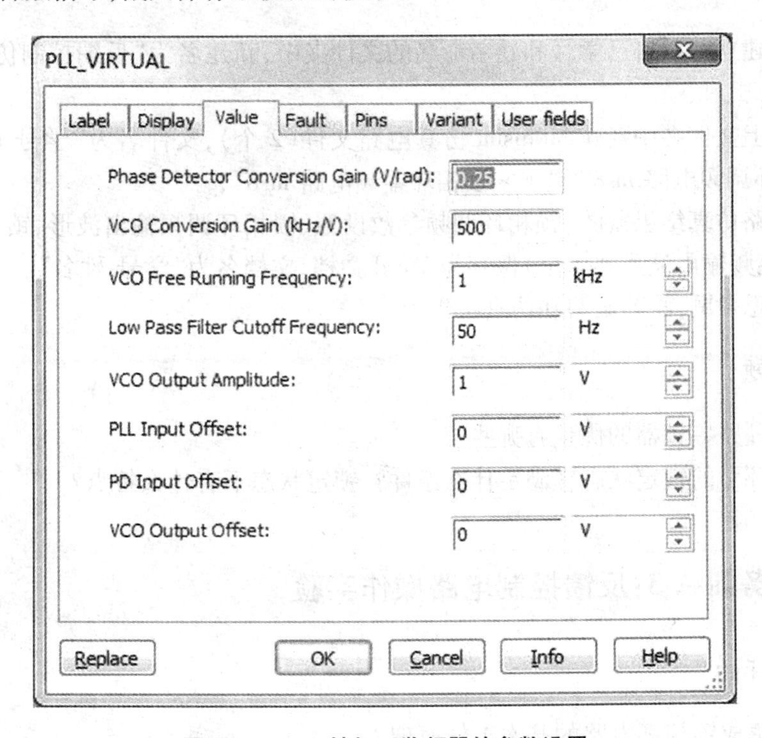

图 3－2－27　锁相环鉴频器的参数设置

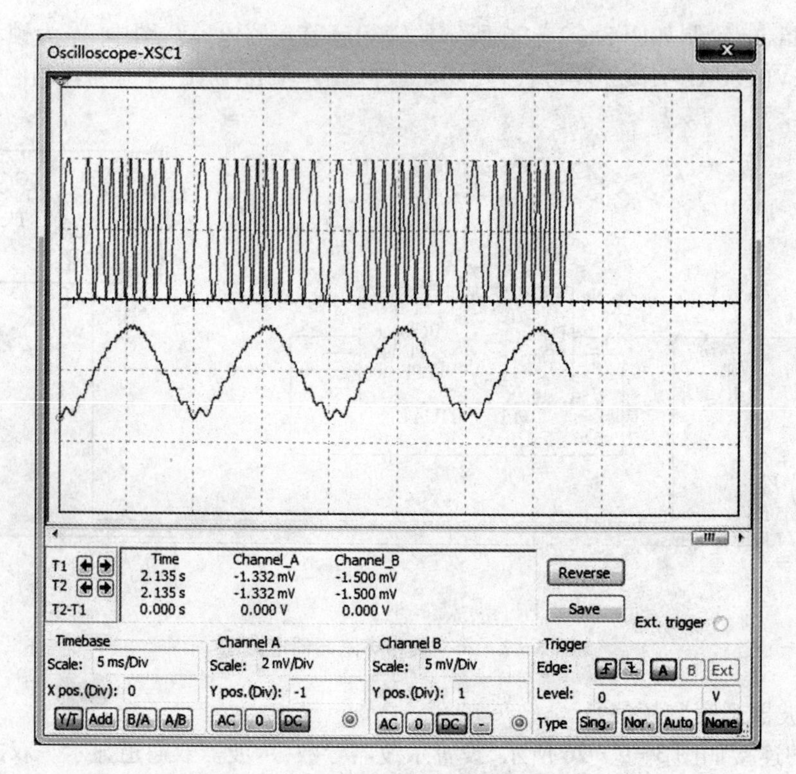

图 3-2-28　锁相环鉴频器的参考波形图

3）仿真作业提交要求

（1）在已建立的以自己学号和姓名命名的文件夹中，新建名为“反馈控制仿真电路”的子文件夹；

（2）在以上文件夹中新建 Multisim 仿真电路文件（2 个），文件名为“学号 电路名.ms8”，如“＊＊锁相环调频电路.ms8”、“＊＊锁相环鉴频电路.ms8”；

（3）将电路仿真结果截图（锁相环调频参数设置、锁相环调频输出波形、锁相环鉴频参数设置、锁相环鉴频输出波形共 4 个）保存为 Word 文档，文档名为“学号 姓名”。

（4）回答思考题，将答案写在仿真报告中。

4）思考题

（1）锁相环路鉴频器的优点有哪些？

（2）锁相环路的锁定状态应满足什么条件？锁定状态下有什么特点？

3.2.3.6　任务训练 3：反馈控制电路操作实验

1）实验目的

（1）了解集成锁相环电路的基本工作原理。

(2) 掌握锁相环电路自由振荡频率的测量。

(3) 掌握锁相环电路同步带与捕捉带的测量。

(4) 学习用集成锁相环电路构成锁相解调电路。

2) 实验电路与实验原理

如图 3-2-29 所示的为鉴频实验单元电路(模块⑤),上半部分为正交鉴频,下半部分为锁相鉴频,本次实验主要运用下半部分电路进行实验。

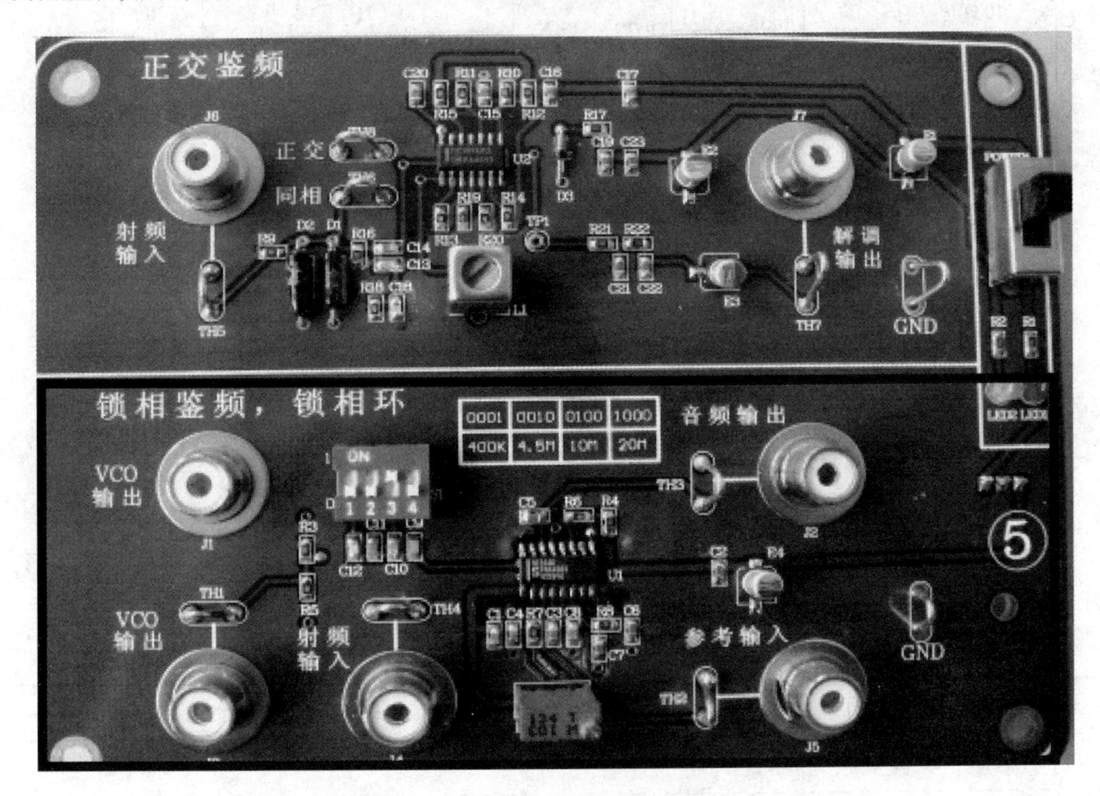

图 3-2-29　鉴频实验单元电路

(1) 锁相环电路与锁相实验电路

如图 3-2-30 所示为锁相环电路(PLL)的实验电路图,所使用的锁相环电路为高频模拟锁相环集成电路 NE564,其最高工作频率可达到 50 MHz,采用+5 V 单电源供电,特别适合于高速数字通信中 FM 调频信号及 FSK 移频键控信号的调制、解调,无需外接复杂的滤波器。

(2) 锁相鉴频

当调频信号有频偏时,和原来稳定在载波中心频率上的压控振荡器的相位比较,相位比较器输出一个误差电压,以使压控振荡器向外来信号的频率靠近。由于压控振荡器始终想要和外来信号的频率锁定,为达到锁定的条件,相位比较器和低通滤波器向压控振荡器输出的误差电压必须随外来信号的载波频率偏移的变化而变化。也就是说,这个误差控制信号就是一个随调制信号频率变化而变化的解调信号,即实现了鉴频。

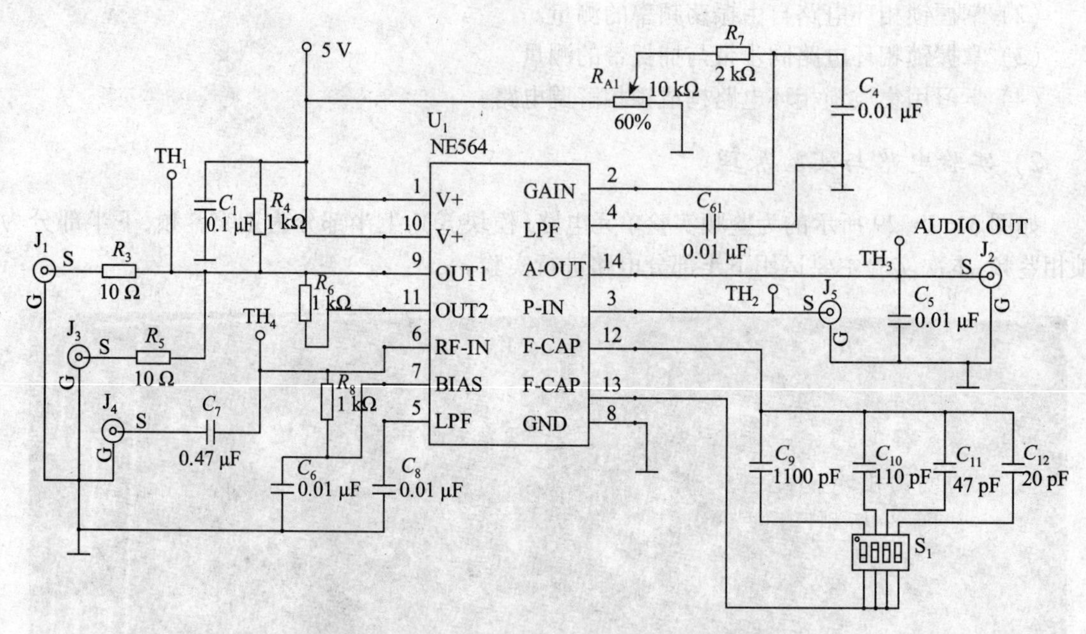

图 3－2－30　锁相环电路(PLL)的实验电路图

3）实验步骤

（1）锁相环自由振荡频率的测量

依次选择 S_1 的 1、2、3、4 拨码开关，即选择不同的定时电容，从 TH_1 处观察自由振荡波形，并将结果填入表 3－2－3 中。

表 3－2－3　自由振荡频率的测量

开关 S_1 和电容 C 的值	波形	频率(MHz)	幅度(V_{p-p})
$S_1=1, C=20$ pF			
$S_1=2, C=47$ pF			
$S_1=2, C=110$ pF			
$S_1=3, C=1\ 100$ pF			

（2）同步带和捕捉带的测量

将 S_1 的 3 拨上(即 VCO 的自由振荡频率为 4.5 MHz)，J_3 和 J_5 用连接线连接，并将 4.5 MHz(峰-峰值为 500 mV 左右)的参考信号从 J_4 输入，从 TH_1 处观察 VCO 的输出信号波形。将 J_1 连到频率计，观察频率的锁定情况。先增大载波频率 f_i 直至环路刚刚失锁，记下此时的输入频率 f_{H_1}，再减小 f_i 直到环路刚刚锁定为止，记下此时的输入频率 f_{H_2}，继续减小 f_i 直到环路再一次刚刚失锁为止，记下此时的频率 f_{L_1}，再一次增大 f_i，直到环路再一次刚刚锁定为止，记下此时的频率 f_{L_2}。由以上测试可计算得：

同步带为：$f_{H_1} - f_{L_1}$

捕捉带为：$f_{H_2} - f_{L_2}$

(3) 改变 R_{A1} 重做步骤2)，观察VCO输出波形的幅度和同步带、捕捉带的变化。

(4) 锁相鉴频

① 观察系统的鉴频情况。将峰-峰值 U_{p-p} = 500 mV 左右，f = 4.5 MHz，调制信号的频率 f_Ω = 1 kHz 的调频信号从 J_4 输入，将 S_1 的3拨上，观察 J_2 输出的解调信号，并做好记录；

② 改变调制信号的频率，观察解调信号的变化；

③ 改变 R_{A_1}，观察 J_1、J_2 处的波形。

4) 实验报告要求

(1) 实验目的。

(2) 说明锁相环鉴频器的工作原理。

(3) 整理、分析测量数据。

4 高频电子技术综合实践

4.1 项目 5:综合电路仿真实践

本项目在 Multisim 软件环境下应用 MC1496 分别构建调幅仿真电路、同步检波仿真电路、混频仿真电路、正交鉴频仿真电路。

4.1.1 任务 1:典型调幅电路仿真设计

4.1.1.1 任务要求

(1) 掌握调幅电路的构成原理。

(2) 学会运用子电路和层次设计的方法仿真较为复杂的电路。

(3) 掌握 MC1496 在高频电路中的应用。

4.1.1.2 实施步骤

1) 构建 MC1496 子电路

在仿真复杂系统时,有时需要采用子电路和层次设计的方法。子电路是用户自己建立的一种单元电路,一个主电路中允许包含若干个子电路,而子电路以一个图形形式显示在主电路中,就像使用一个元器件一样。在层次型电路的设计中,子电路成为主电路的一部分。子电路可以修改,其修改结果将影响主电路。子电路不能被直接打开,必须从主电路中打开,当保存主电路时,子电路也会被保存。使用子电路需要几个步骤:创建、调用、修改。

在本设计中,核心元器件模拟乘法器 MC1496 不存在于 Multisim 的元器件库中,由于该元器件属于集成元器件,因此可以通过构建子电路的方式,对照 MC1496 的内部电路结构图,手动创建一个 MC1496,在电路中作为子电路被调用,以实现模拟乘法器的相乘功能。

(1) 在主电路下创建名为 MC1496 的子电路

① 创建指定文件夹

在指定盘下新建一个以学号和姓名命名的文件夹,在该文件夹下创建名为"模拟乘法器 MC1496 调幅"的子文件夹,如图 4-1-1 所示。

② 在指定文件夹下创建主电路

在 Multisim 软件环境下新建主电路,将电路保存为"学号 模拟乘法器 MC1496 调幅.ms8",

例如“＊＊模拟乘法器 MC1496 调幅.ms8”，如图 4－1－2 所示。

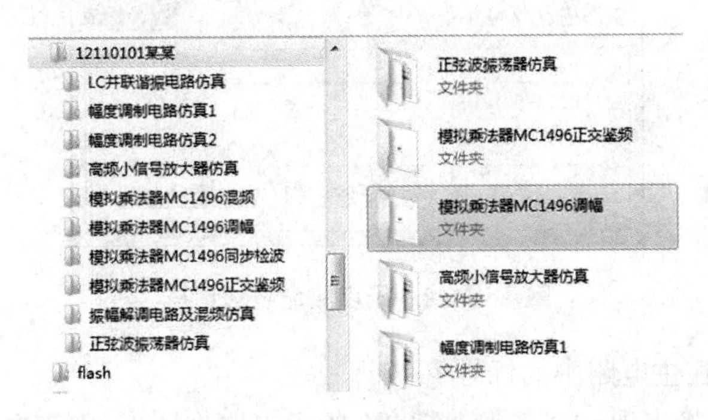

图 4－1－1　创建文件夹

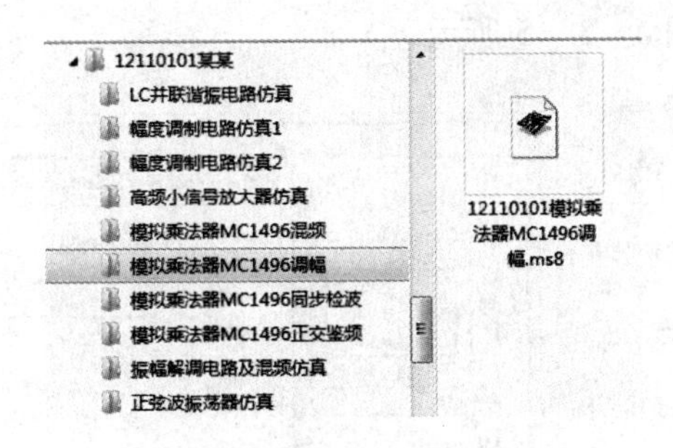

图 4－1－2　创建主电路

③ 在主电路环境下创建子电路

在工作区空白处单击鼠标右键，在下拉菜单中选择“Place on Schematic”→“New Subcircuit”，如图 4－1－3 所示，单击鼠标左键即在主电路下创建了一个子电路。

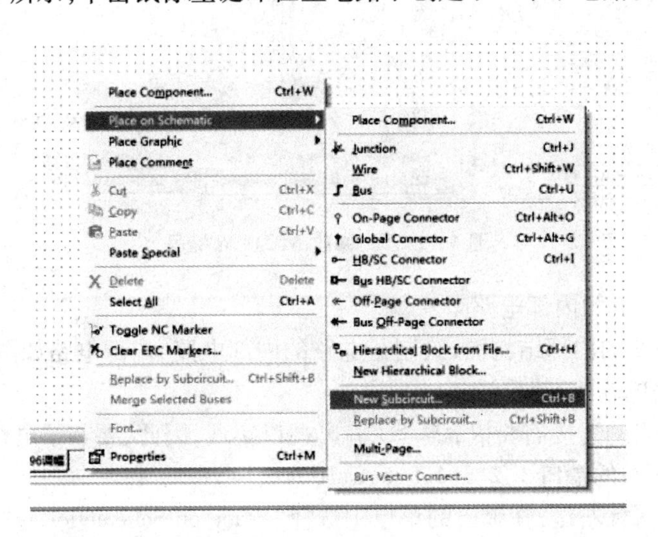

图 4－1－3　创建子电路命令

此时会弹出一个子电路命名对话框，如图 4－1－4 所示，在对话框中将该子电路命名为“MC1496”，单击“OK”，完成子电路的创建。

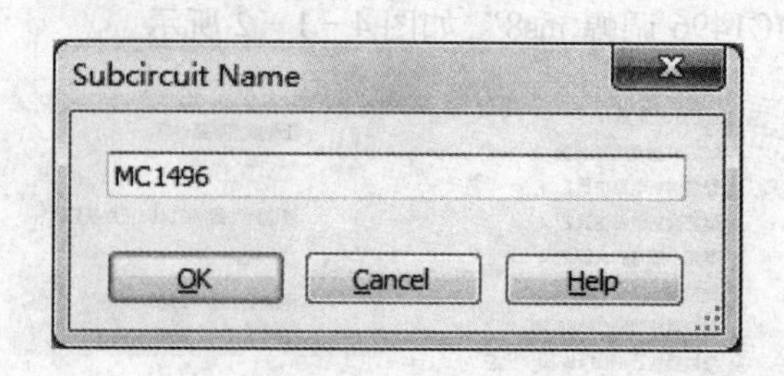

图 4-1-4　子电路命名对话框

④ 修改 MC1496 在主电路中的标号

此时,在主电路中将出现一个名为 MC1496 的子电路框图,双击该框图弹出子电路的属性对话框,可将该 MC1496 的电路标号修改为 U_1(MC1496 在电路中的标号可根据电路中的具体情况自行定义与修改),如图 4-1-5 所示。

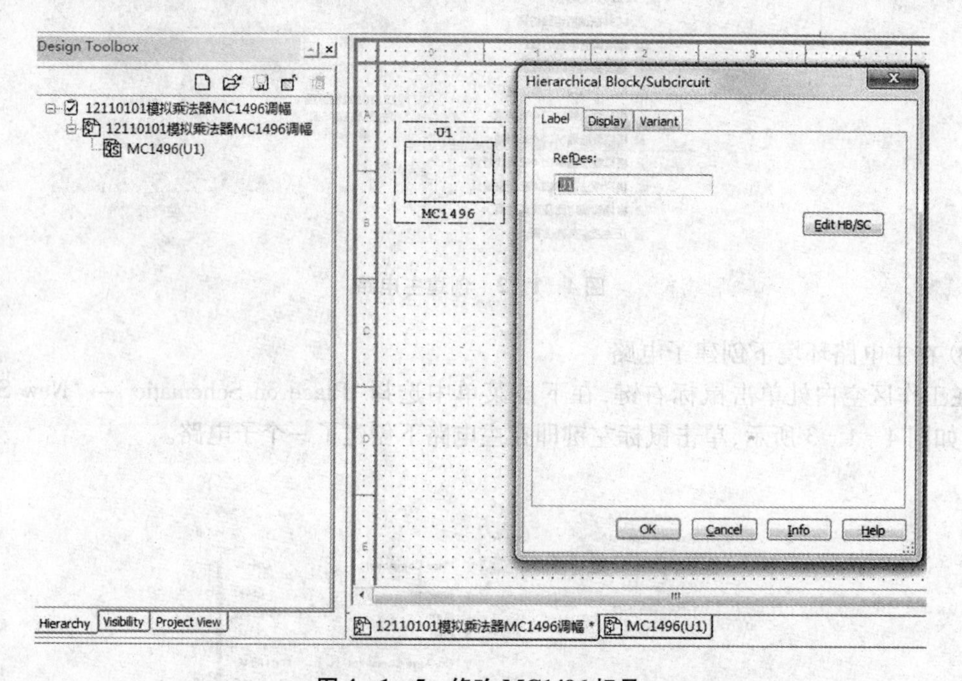

图 4-1-5　修改 MC1496 标号

(2) 绘制 MC1496 的内部电路

① 根据 MC1496 的内部结构图,绘制子电路的内部电路,内部电路如图 4-1-6 所示。

② 添加子电路的输入/输出端口

子电路与主电路的连接需要依靠输入/输出端口实现,因此,要在子电路上添加输入/输出端口,如图 4-1-6 中的端口 1、2、3、4、5、6、8、10、12、14。

在工作区单击鼠标右键,在弹出的菜单中选择"Place on Schemetic"→"HB/HC Connecter"命令或使用快捷键"Ctrl+I"快捷操作,如图 4-1-7 所示,屏幕上会出现输入/输出端口符号。

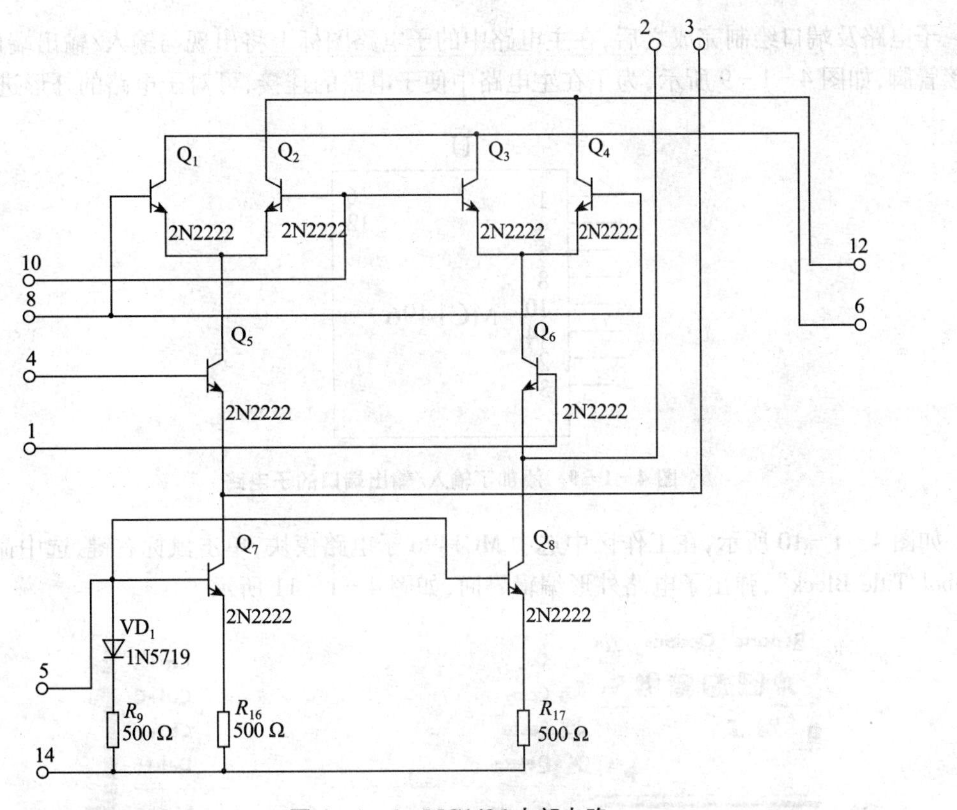

图 4-1-6　MC1496 内部电路

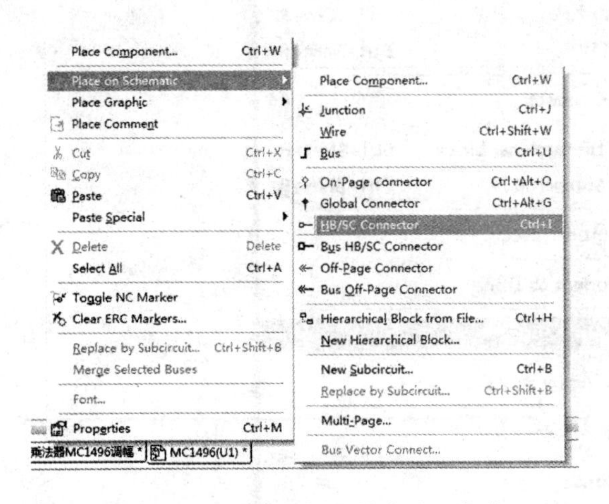

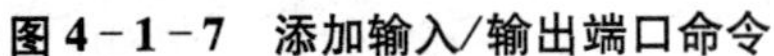

图 4-1-7　添加输入/输出端口命令

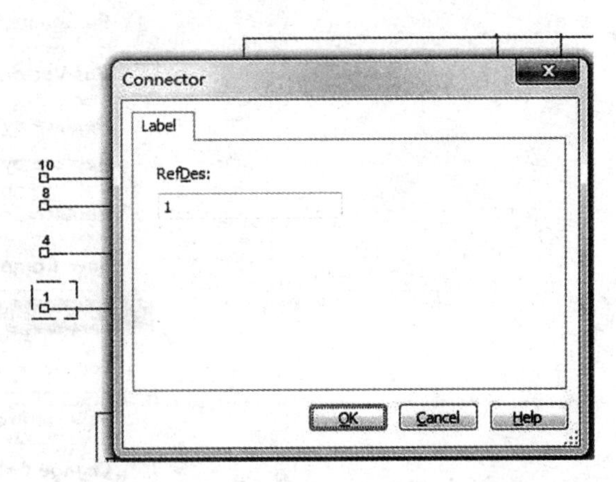

图 4-1-8　编辑输入/输出端口名称

③ 连接输入/输出端口并编辑端口属性

像元器件的旋转操作一样，修改输入/输出端口的方向；将输入/输出端口连接到子电路的输入/输出端；双击输入/输出端口符号，如图 4-1-8 所示，为端口设置端口名称，由于 MC1496 中的端口即为 MC1496 芯片的管脚，因此，本电路中的端口名称即由对应的管脚序号命名。

④ 编辑子电路外形

子电路及端口绘制完成之后，在主电路中的子电路图标上将出现与输入/输出端口对应的连接管脚，如图 4-1-9 所示，为了在主电路中便于电路的连接，可对子电路的外形进行编辑。

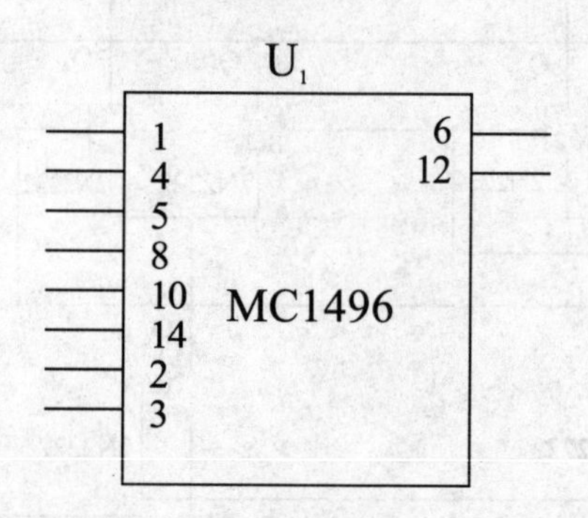

图 4-1-9　添加了输入/输出端口的子电路

如图 4-1-10 所示，在工作区中选中 MC1496 子电路模块，单击鼠标右键，选中命令“Edit Symbol/Title Block”，弹出子电路外形编辑界面，如图 4-1-11 所示。

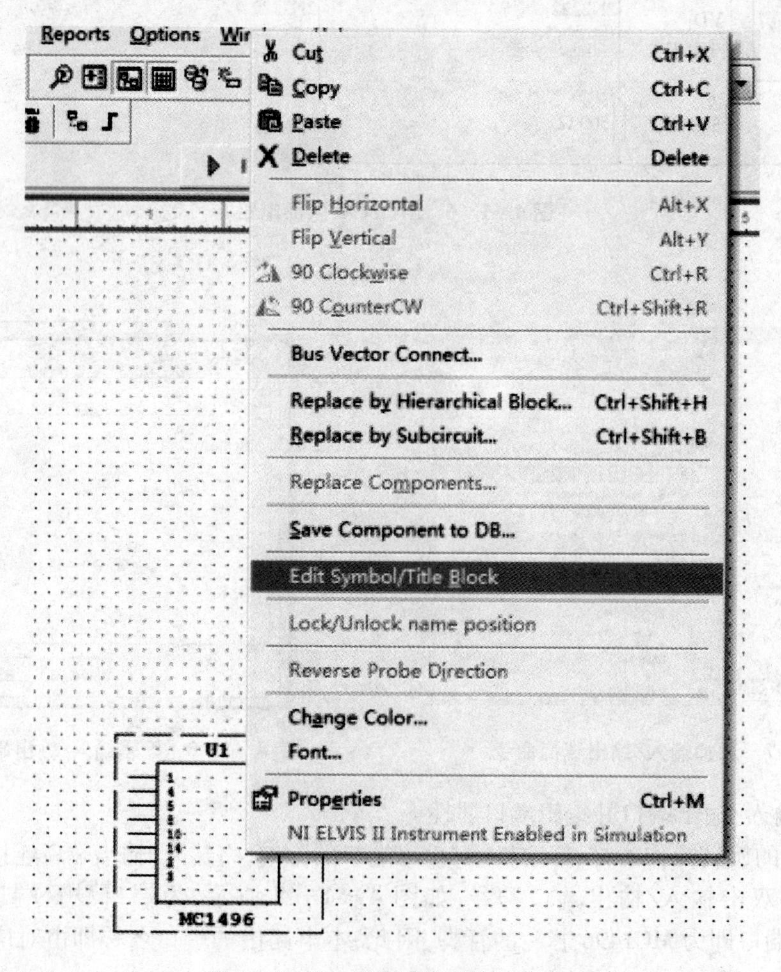

图 4-1-10　编辑子电路外形命令

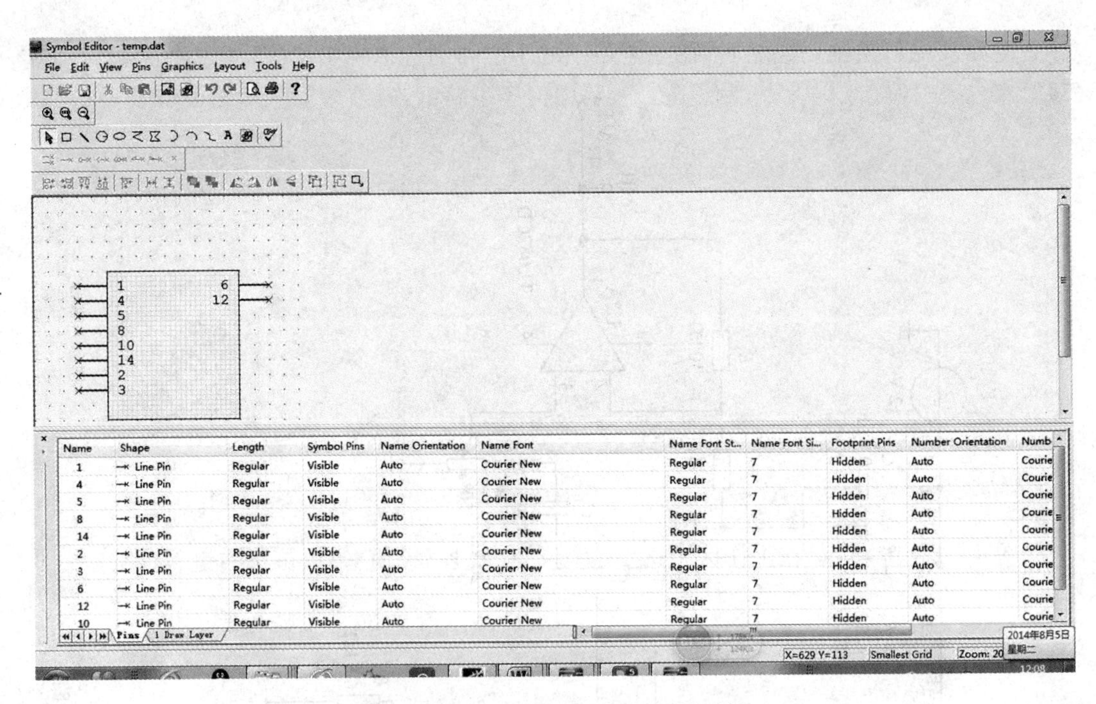

图 4-1-11　子电路外形编辑对话框

可在图 4-1-11 所示的编辑环境下对子电路的外形、管脚的位置等进行编辑，也可通过添加文本的方式在对应端口上添加对应的名称，美化、编辑后的 MC1496 外形如图 4-1-12 所示。

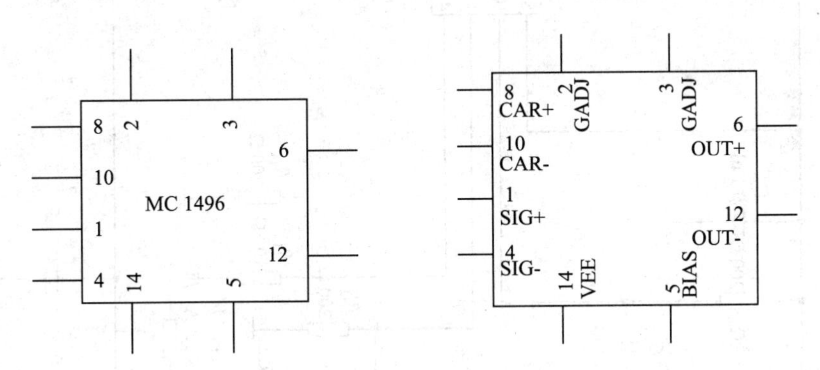

图 4-1-12　经过美化、编辑后的 MC1496 子电路外形

编辑完成后单击“保存”按键，关闭外形编辑器，即完成了对子电路 MC1496 的编辑。

2）构建 MC1496 调幅仿真电路

（1）绘制 MC1496 调幅仿真电路

利用已经构建好的 MC1496 子电路，参考 MC1496 的数据手册选择适当电路元器件设计一个模拟乘法器 MC1496 调幅仿真电路并保存。本次设计中要求低频调制信号的频率为 10 kHz，高频载波信号的频率为 465 kHz，参考电路如图 4-1-13 所示。其中 U2A 元器件在“Analog\OPAMP”库中。

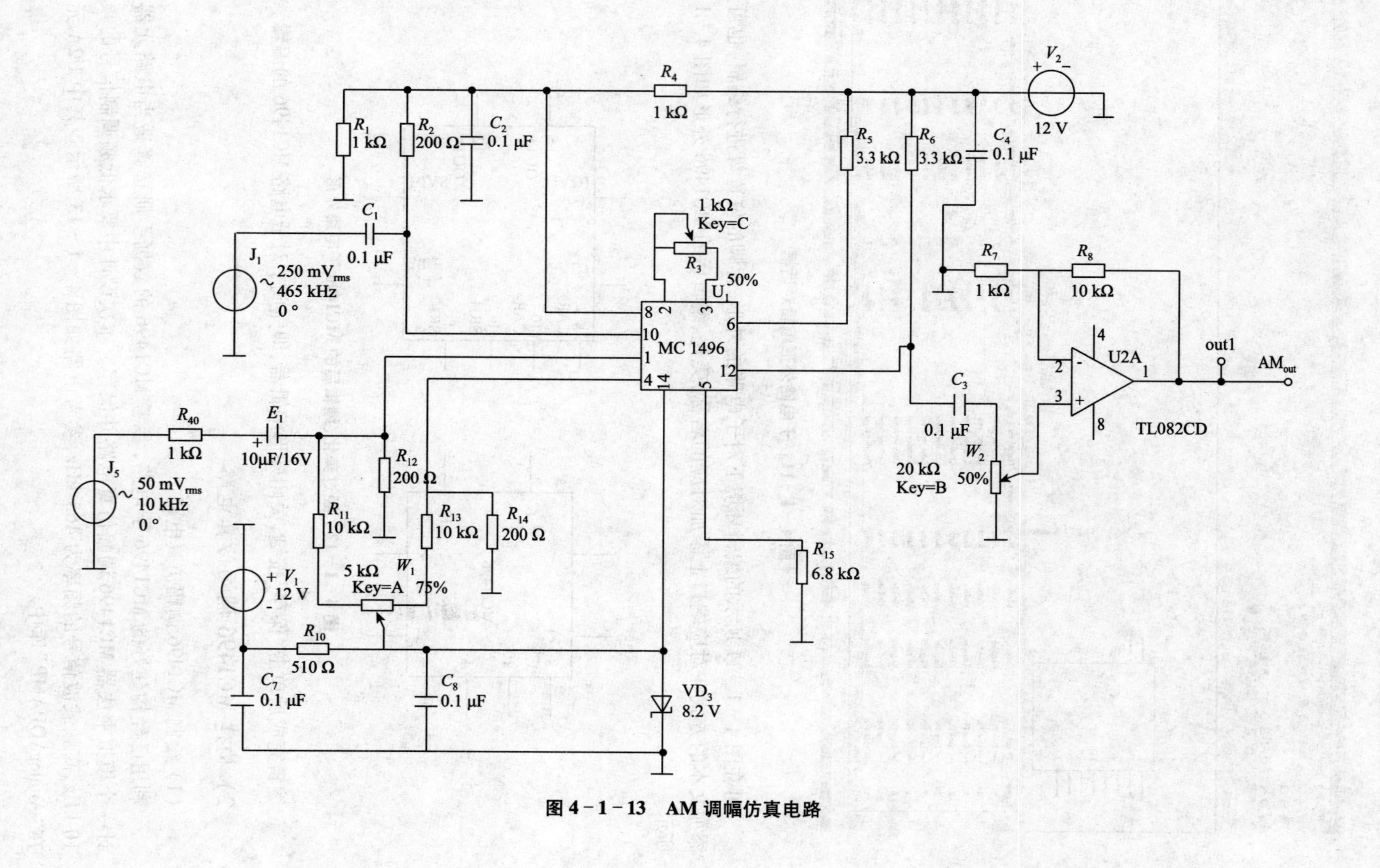

图 4-1-13　AM 调幅仿真电路

在该电路的设计中,电阻 R_1、R_2、R_4、R_5、R_6 为元器件提供静态偏置电压,保证元器件内部各个晶体管工作在放大状态。载波信号 u_c 通过 J_1 加到10、8 引脚上($u_2 = u_c$),调制信号 u_Ω 通过 J_5 加到1、4 引脚上,W_1 调节引脚1、4 之间的直流电压 u_Q($u_1 = u_Q + u_\Omega$)。2、3 引脚外接1 kΩ 电阻,以扩大调制信号的动态范围。当电阻增大时,线性范围增大,但乘法器的增益随之减小。u_1 和 u_2 相乘的积 u_o,u_o 经 U2A 放大后从 AM_{out} 端口输出 AM 或 DSB 信号。

(2) 仿真电路调试

① MC1496 的直流工作点调测

已知 MC1496 在正常工作时,各引脚偏置电压的参考电压值如表 4-1-1 所示。

表 4-1-1 MC1496 各引脚参考电压值

管脚	1	2	3	4	5	6	7	8	9	10	11	12	13	14
电压(V)	0	-0.74	-0.74	0	-7.16	8.7	0	5.93	0	5.93	0	8.7	0	-8.2

在调测 MC1496 静态工作点时,电路输入端不能输入信号,即电路中的 J_1、J_5 处应先断开,运行静态工作点分析功能(DC Operating Point Analysis),如图 4-1-14 所示,分析 MC1496 的对应引脚的直流工作点电压,并与表 4-1-1 的参考值进行比对。

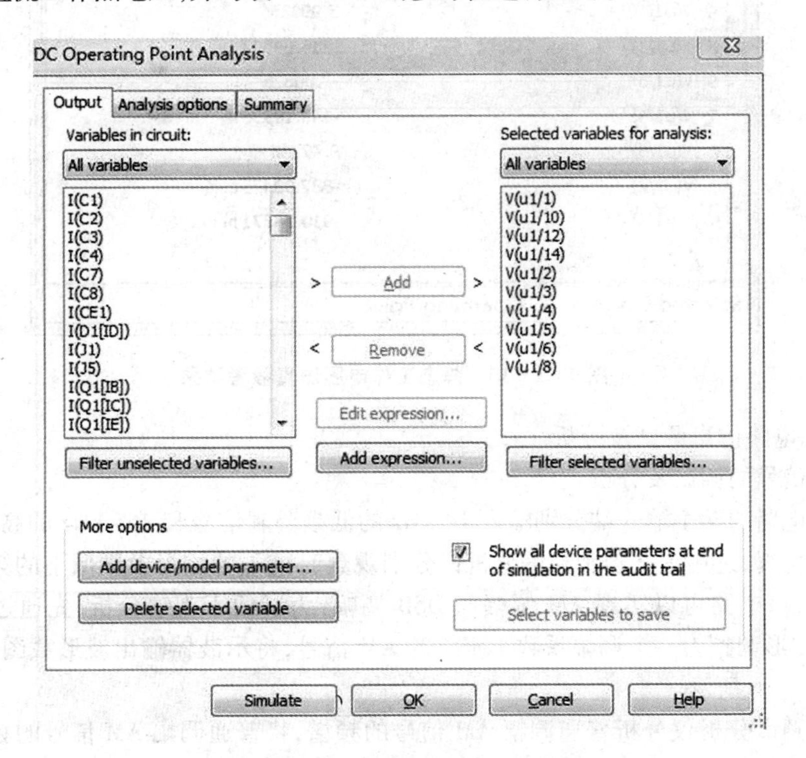

图 4-1-14 分析直流工作点电压

在仿真调测的过程中,需要通过不停调整电位器 W_1,使得芯片的 1、4 引脚电压接近于 0 V,以确保 MC1496 工作于小信号放大状态。将仿真运行后的静态工作点电压值截图保存,仿真运行后数据参考结果如图 4-1-15 所示。将该仿真分析结果与参考电压值进行比对,得出以下结论:芯片的静态偏置电压满足 u_1 的 8 号引脚与 10 号引脚电压相等,u_1 的 1 号引脚与

4 号引脚电压相等，u_1 的 6 号引脚与 12 号引脚电压相等，保证了芯片工作于小信号放大状态；芯片的 1、4 号引脚的电压通过调试不能完全减小到 0，只能尽量接近于 0，与理论参考值无法达到完全一致，但是也在可接受范围内；仿真结果与参考值并不完全相等，但是能达到基本相符，关键点的电压值符合芯片工作要求，能够确保 MC1496 正常工作于小信号放大状态，实现相乘功能。

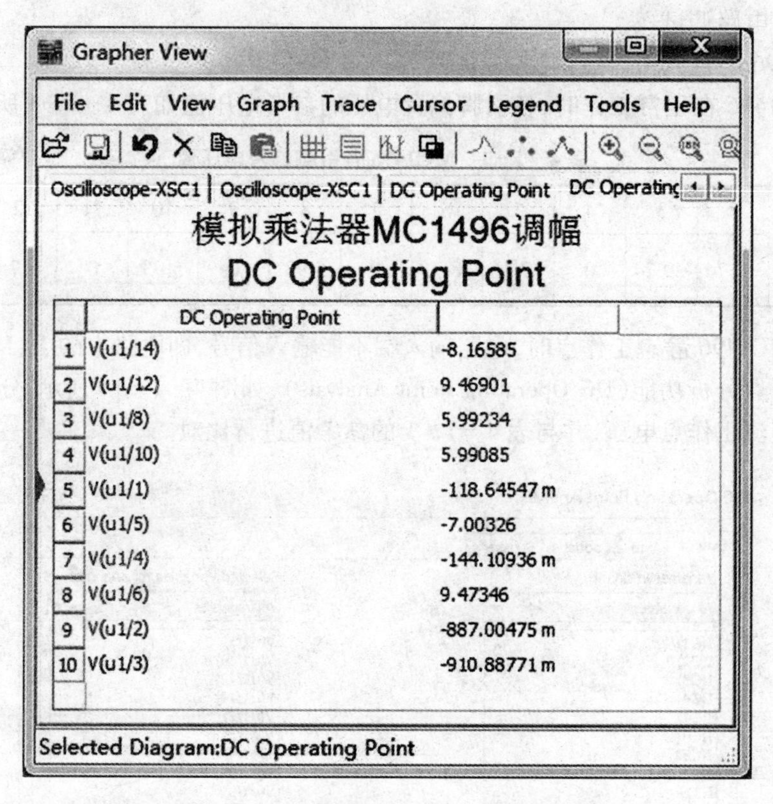

	DC Operating Point		
1	V(u1/14)	-8.16585	
2	V(u1/12)	9.46901	
3	V(u1/8)	5.99234	
4	V(u1/10)	5.99085	
5	V(u1/1)	-118.64547 m	
6	V(u1/5)	-7.00326	
7	V(u1/4)	-144.10936 m	
8	V(u1/6)	9.47346	
9	V(u1/2)	-887.00475 m	
10	V(u1/3)	-910.88771 m	

图 4-1-15　静态工作电压仿真参考结果

② 调幅电路仿真调试及分析

a. AM 信号的调试及分析

在仿真电路的两个输入端分别输入 10 kHz 的低频调制信号和 465 kHz 的高频载波信号，对电路进行仿真，运用示波器和频谱分析仪分别观察时域下的波形及频域下的频谱分布。需要注意的是，该电路可以实现 AM 调幅和 DSB 调幅，为了便于观察分析，先通过调整电位器 W_1，将输出波形调整为一个调幅系数小于 1 的 AM 信号，将示波器输出波形截图保存，参考波形如图 4-1-16 所示。

再运用频谱分析仪分析普通调幅 AM 信号的频谱，将普通调幅 AM 信号的频谱分析结果截图保存，并填写表 4-1-2 的频谱结构。分析结果参考图 4-1-17，运用软件中的光标，可以自动测读到幅度最大的载波分量频率为 464.39 kHz，幅度约为 327 mV，下边频频率约为 454.07 kHz，幅度约为 61.2 mV。

通过比较和分析可以看出，该仿真结果与理想 AM 调幅信号的频谱分布及幅度关系基本一致，说明该电路的调幅功能在仿真环境下已实现。

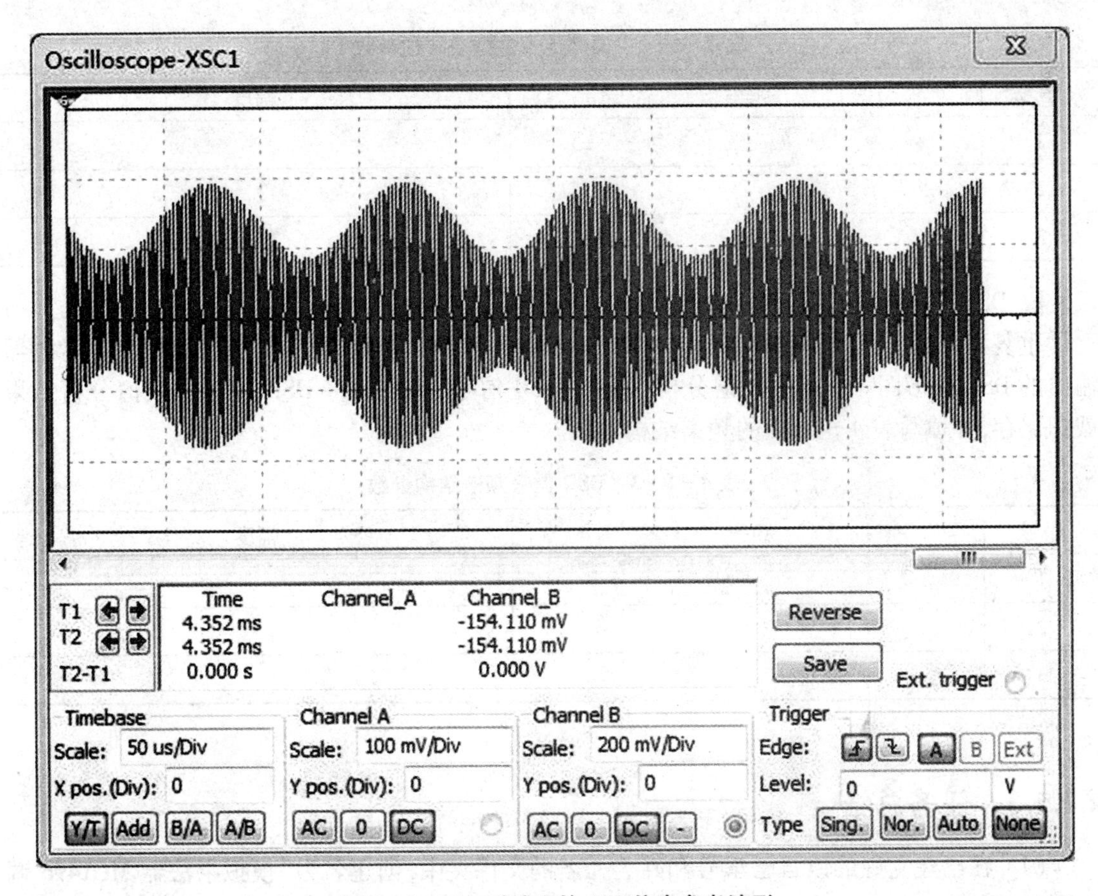

图 4-1-16　时域下的 AM 仿真参考波形

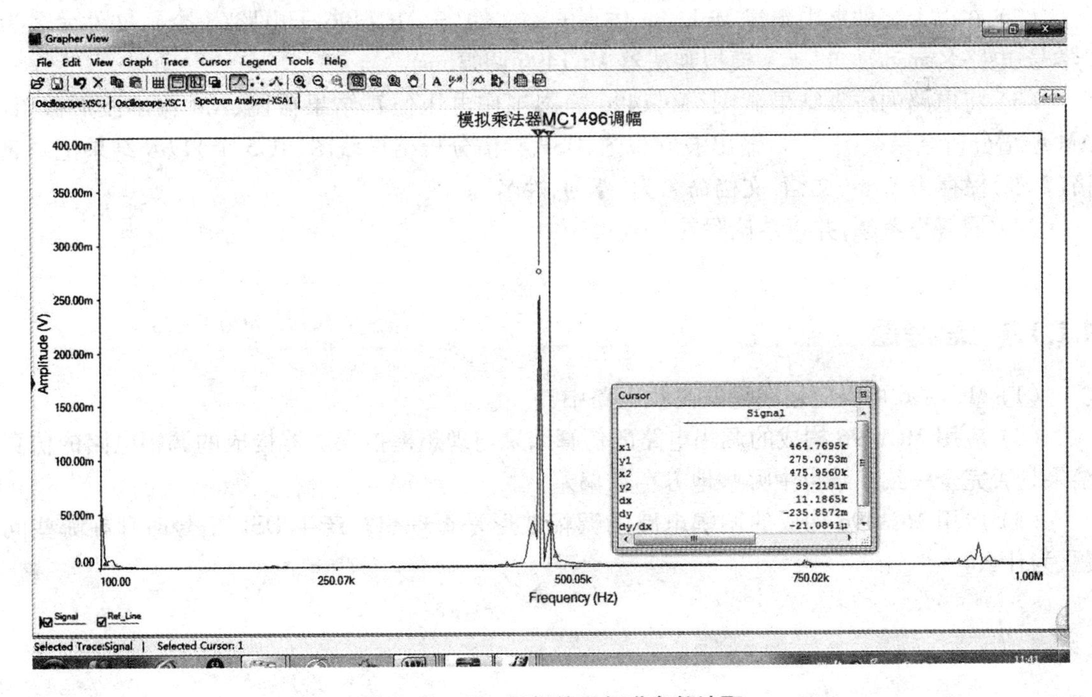

图 4-1-17　调幅信号频谱参数读取

表 4-1-2　调幅信号的频谱结构参数

序号	频率	幅度
1		
2		
3		

b. DSB 信号的调试及分析

重复 a 中的操作步骤,通过调整 W_1,使得示波器输出为一个 DSB 信号。截图保存示波器输出的 DSB 波形图。再运用频谱分析仪分析 DSB 信号的频谱,将 DSB 信号的频谱分析结果截图保存,并填写表 4-1-3 的频谱结构参数。

表 4-1-3　DSB 信号频谱结构参数

序号	频率	幅度
1		
2		
3		

4.1.1.3　任务总结

(1) 在已建立好的以自己学号和姓名命名的文件夹中,创建名为“模拟乘法器 MC1496 调幅”的子文件夹。

(2) 在以上文件夹中新建 Multisim 仿真电路文件,含 MC1496 子电路(1 个),文件命名为“学号 电路名.ms8”,如“ * * 模拟乘法器 MC1496 调幅.ms8”。

(3) 将电路的仿真结果截图(MC1496 静态工作电压仿真结果截图、AM 输出波形截图、AM 频谱分析结果截图、DSB 输出波形截图、DSB 频谱分析结果截图,共 5 个)以及结果记录表格(2 个)保存为 Word 文档,文档命名为“学号 姓名”。

(4) 回答思考题,并将结论写在仿真报告中。

4.1.1.4　思考题

(1) MC1496 可以应用在哪些高频电路中?

(2) 应用 MC1496 构成的调幅电路的仿真结果与理想模拟乘法器构成的调幅电路的仿真结果是否完全一致? 结果中哪些地方存在偏差?

(3) 应用 MC1496 构成的调幅电路的调幅波形是否理想? 产生 DSB 信号时存在哪些问题,为什么?

4.1.2　任务2:典型同步检波电路仿真设计

4.1.2.1　任务要求

（1）掌握同步检波电路的构成原理。

（2）学会运用子电路和层次设计的方法仿真较为复杂的电路。

（3）掌握MC1496在高频电路中的应用。

4.1.2.2　实施步骤

1）构建子电路

在任务1中已经介绍了子电路的创建及调用方法,在本设计中,要将任务1中调幅电路产生的调幅信号作为同步检波的信号源,因此,本设计中采用了层次设计的方法,且电路中含有两个MC1496和一个调幅电路,共三个子电路。

（1）创建模拟乘法器MC1496调幅子电路

① 创建指定文件夹

在指定盘符下新建一个以学号和姓名命名的文件夹,在该文件夹下创建名为“模拟乘法器MC1496同步检波”的子文件夹,如图4-1-18所示:

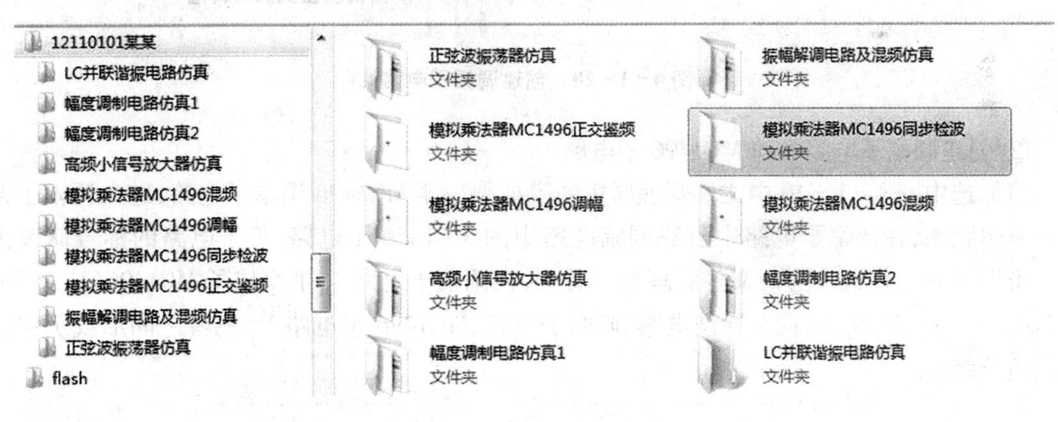

图4-1-18　创建文件夹

② 在指定文件夹下创建主电路

在Multisim软件环境下新建主电路,将电路保存为“学号模拟乘法器MC1496同步检波.ms8”,例如“＊＊模拟乘法器MC1496同步检波.ms8”,如图4-1-19所示。

（2）在主电路环境下创建模拟乘法器MC1496调幅子电路

本设计是一个典型的层次型电路设计,首先要先创建调幅子电路,由于调幅子电路中含有一个MC1496集成模拟乘法器,因此,在调幅子电路中还要创建调幅电路中的MC1496子电路。

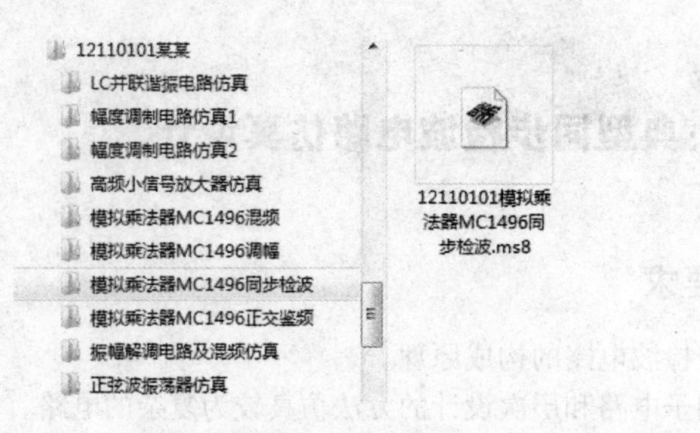

图 4-1-19　创建主电路

① 创建调幅子电路

在工作区创建第一个子电路，将子电路命名为“模拟乘法器 MC1496 调幅”，并将该子电路的标号改为 J_{11}。此时，在 Multisim 工作区左边的导航中可以看到在主电路的下方出现了第一个子电路，如图 4-1-20 所示。

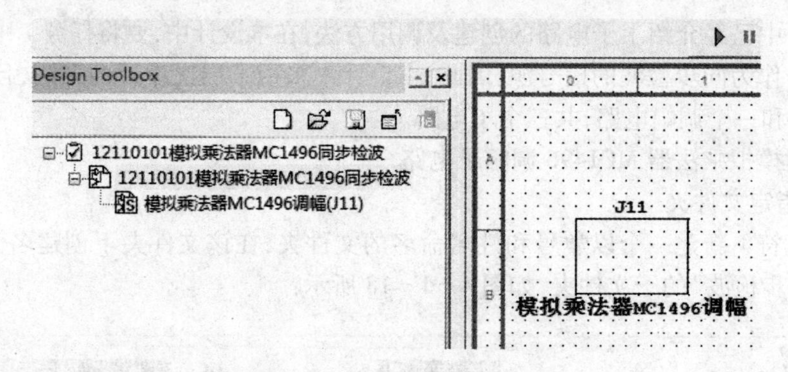

图 4-1-20　创建调幅子电路

② 创建调幅子电路中的 MC1496 子电路

鼠标选中图 4-1-20 中文件管理器里的模拟乘法器 MC1496 调幅子电路，进入调幅子电路的编辑状态，在调幅子电路中创建调幅电路中的 MC1496 子电路，将子电路的标号修改为 U_1。此时可在工作区左边的文件管理器中看到，在调幅子电路 J_{11} 下生成了 MC1496(U_1)子电路，如图 4-1-21 所示，同步检波电路、调幅子电路、MC1496 子电路 U_1 三者之间形成了层次型的电路结构。

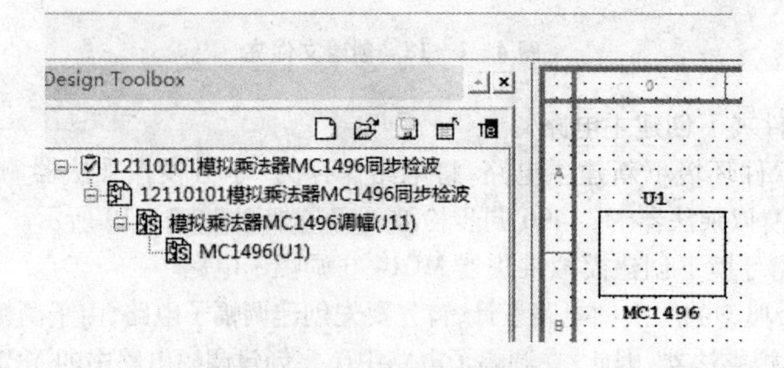

图 4-1-21　层次型电路

③ 绘制 MC1496(U_1)子电路的内部电路

在 MC1496(U_1)的编辑环境下，绘制 MC1496 内部电路，添加输入/输出端口，修改、编辑 MC1496 的外形及管脚位置。具体操作方法在任务 1 中已详细介绍，在此不再赘述。

④ 绘制调幅子电路 J_{11}

绘制如图 4 - 1 - 22 所示调幅子电路，注意，在电路输出端要加一个输出端口，命名为 AM_{out}。

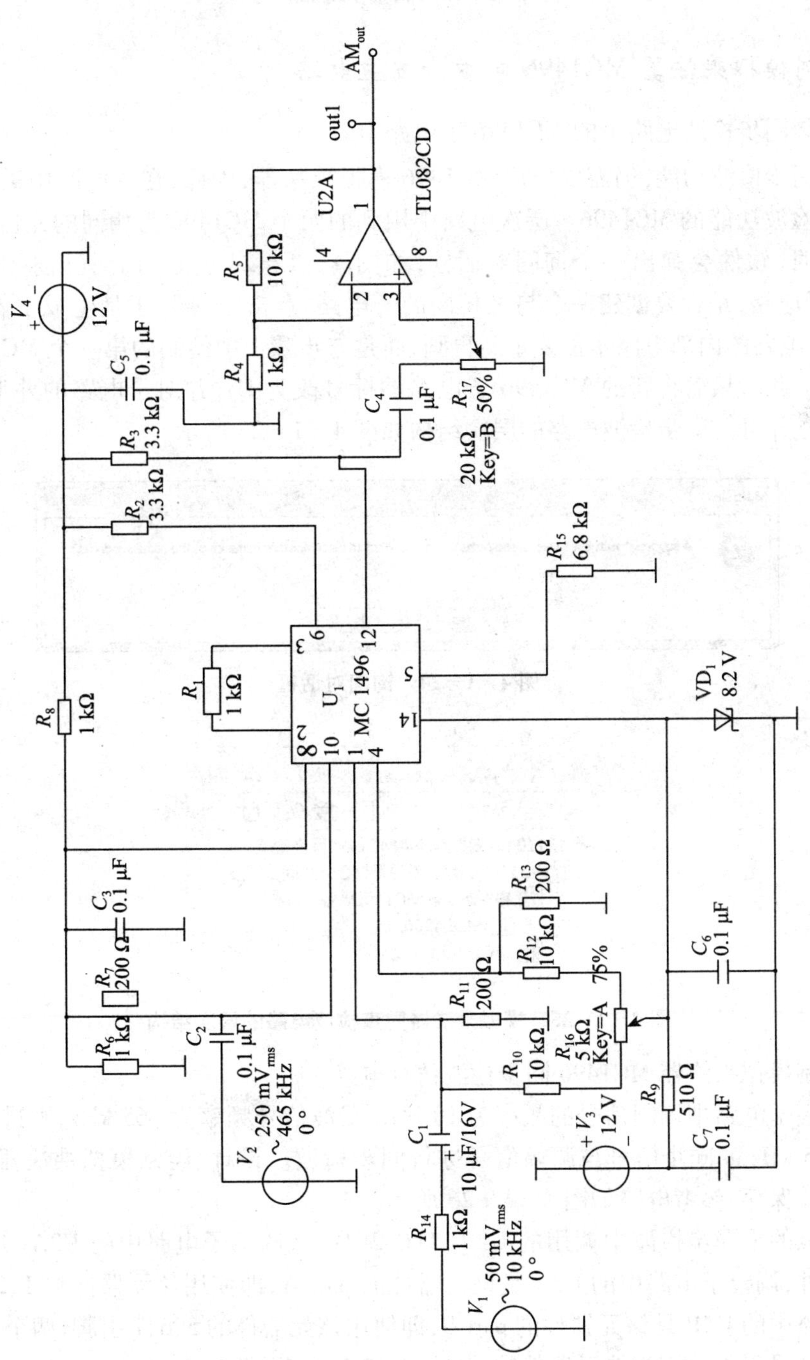

图 4 - 1 - 22 模拟乘法器 MC1496 调幅子电路

绘制完成后在同步检波主电路上将生成如图 4-1-23 所示的调幅子电路符号。

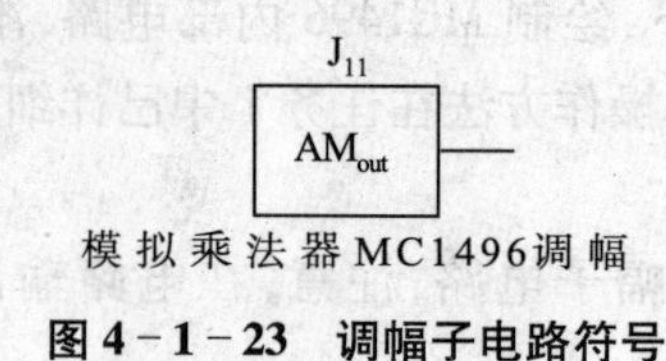

图 4-1-23 调幅子电路符号

2) 绘制模拟乘法器 MC1496 同步检波主电路

(1) 绘制同步检波电路中的 MC1496 子电路 U_3

要实现同步检波功能,仍需要使用 MC1496 模拟乘法器,因此,在主电路中需要创建另一个实现同步检波功能的 MC1496。层次电路中用到的两个 MC1496 为相同的元器件,因此,在创建子电路时,软件会弹出一个询问对话框,如图 4-1-24 所示,询问已创建过一个名为 MC1496 的子电路,是否要创建一个与之相同的子电路,点击"Yes",于是生成了新的 MC1496 子电路,该子电路的内部电路不需要重新再画,而是与步骤 1 中绘制的第一个 MC1496 内部电路完全一致。此时只需将新的 MC1496 子电路的标号改为 U_3,并对子电路的外形、引脚等进行编辑和美化即可。同步检波电路的层次结构如图 4-1-25 所示。

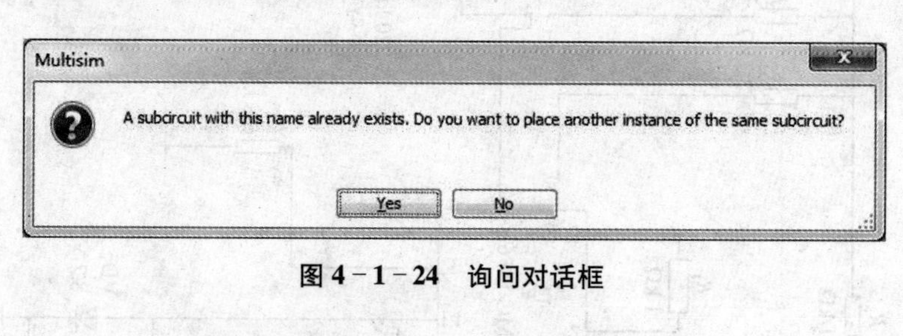

图 4-1-24 询问对话框

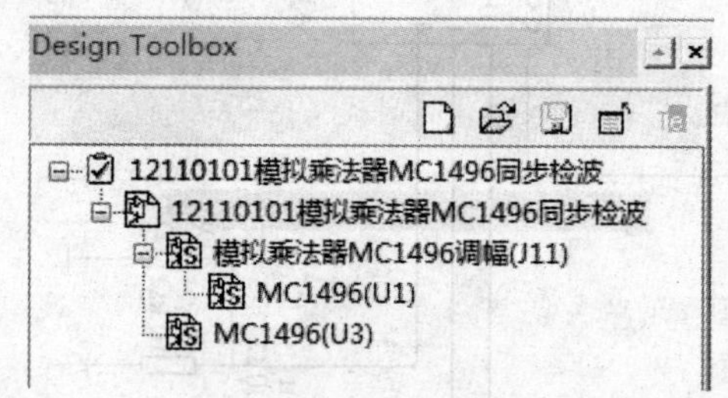

图 4-1-25 模拟乘法器同步检波电路的层次结构

(2) 绘制模拟乘法器 MC1496 同步检波仿真电路

根据调幅子电路中调制信号的频率为 10 kHz,载波信号频率为 465 kHz,则进行同步检波时需选择 465 kHz 的同步信号与调幅信号进行同步检波。设计、绘制模拟乘法器 MC1496 同步检波电路并保存,参考电路如图 4-1-26 所示。

需要注意的是同步检波中调用的 U2B(TL082CD)与调幅子电路中的 U2A(TL082CD)是同一个元器件,调幅子电路中的 U2A 是该元器件的 part A,即使用该元器件的 1、2、3 引脚,而同步检波电路中的 U2B 是该元器件的 part B,即使用该元器件的 5、6、7 引脚,两个 part 共用 4、8 号引脚(4、8 号引脚分别为该元器件的-12 V、+12 V 电源端。)

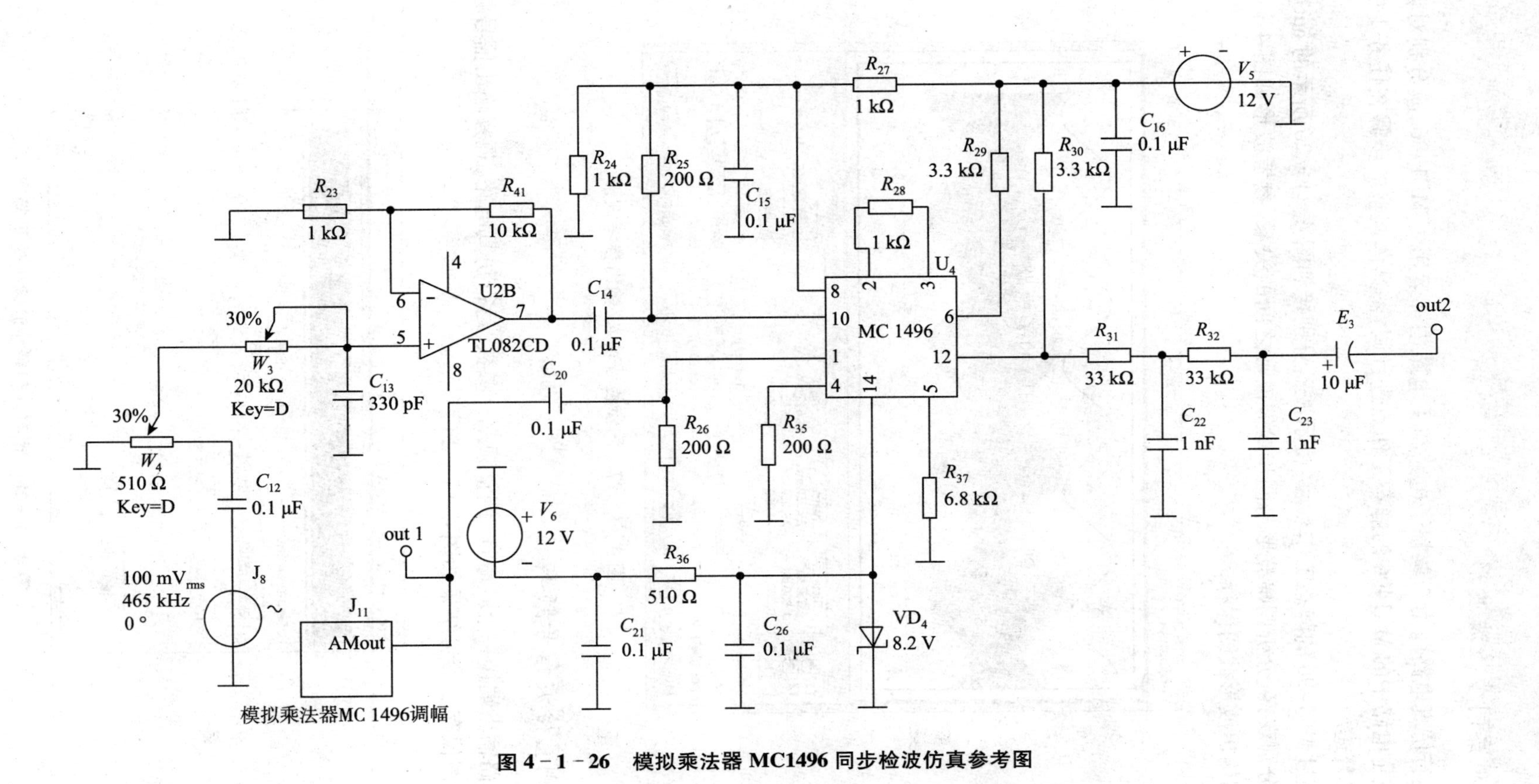

图 4-1-26 模拟乘法器 MC1496 同步检波仿真参考图

3）观察同步检波波形

在运行仿真电路前由于调幅子电路与主电路中都运用了 MC1496，应分别对调幅子电路、同步检波主电路中的 MC1496 的静态工作点进行调整，具体调整的步骤在任务 1 中已有叙述，在此不再赘述。

调整过 MC1496 的静态工作点后，将示波器分别接到图 4－1－26 所示的 out1、out2 端，运行仿真，分别观察、分析调幅波形与同步检波波形之间的关系，参考波形如图 4－1－27 所示。将示波器输出波形截图保存。

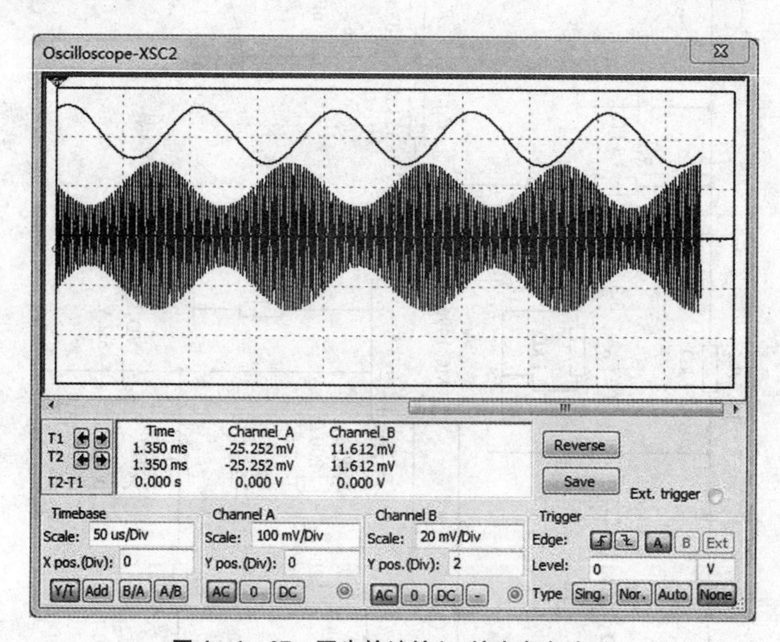

图 4－1－27　同步检波输入/输出参考波形

4）测量检波信号频率

在电路输出端接一个频率计，调整频率计参数，运行仿真电路，观察输出信号频率，并将输出结果截图保存。参考结果如图 4－1－28 所示。

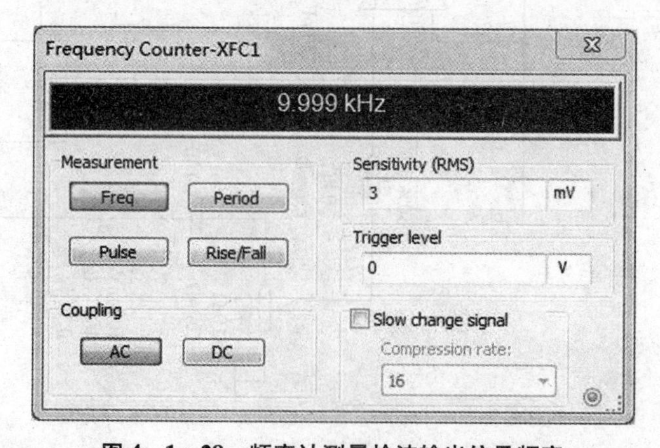

图 4－1－28　频率计测量检波输出信号频率

5) 用频谱分析仪分析输出信号频谱

可在电路输出端接一个频谱分析仪,适当调整频谱分析仪的参数,如图 4－1－29 所示。观察频谱分析结果。

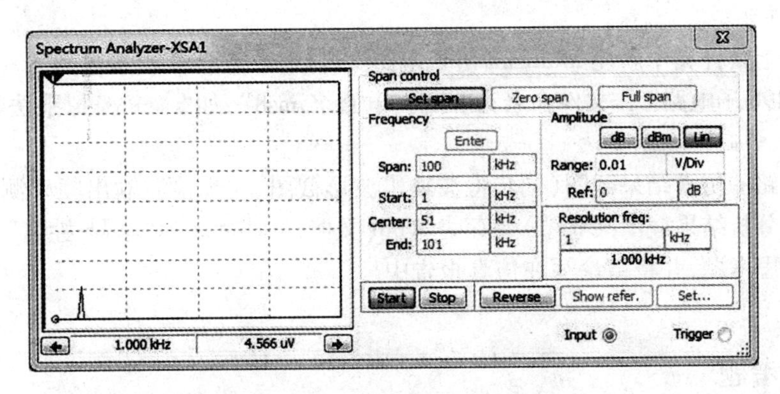

图 4－1－29　频谱分析仪的参数设置

由于频谱分析仪上显示的频谱幅度较小,可将频谱分析结果放大后进行分析观测,点击快捷操作栏上的“Grapher/Analyses List”图标,如图 4－1－30 所示,即可看到一个被放大的频谱分析结果展示图,将频谱分析结果截图保存,参考结果如图 4－1－31 所示。

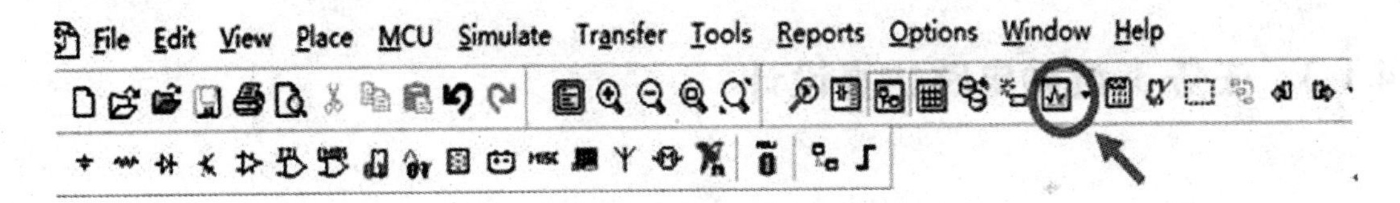

图 4－1－30　快捷图标

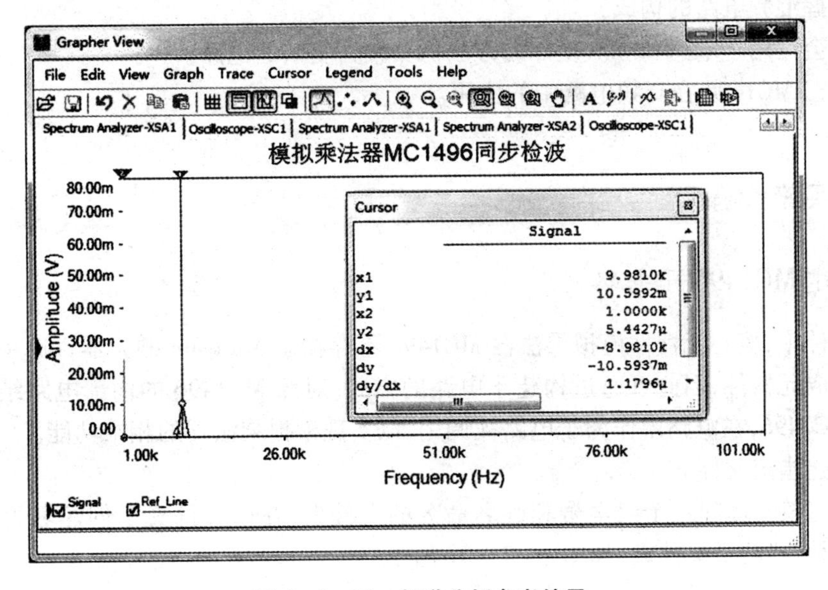

图 4－1－31　频谱分析参考结果

4.1.2.3 任务总结

(1) 在已建立好的以自己学号和姓名命名的文件夹中创建名为“模拟乘法器 MC1496 同步检波”子文件夹。

(2) 在以上文件夹中新建 Multisim 仿真电路文件(1 个),含调幅子电路 J_{11}、MC1496 子电路 U_1 和 MC1496 子电路 U_3,文件命名为“学号 电路名.ms8”,如“ * * 模拟乘法器 MC1496 同步检波.ms8”。

(3) 将电路的仿真结果截图(同步检波输出波形截图、同步检波输出频率测量结果截图、同步检波频谱分析结果截图共 3 个)保存为 Word 文档,文档命名为“学号 姓名”。

(4) 回答思考题,并将结论写在仿真报告中。

4.1.2.4 思考题

(1) MC1496 可以应用在哪些高频电路中?

(2) 同步检波的特点是什么?可以用来解调哪些调幅信号?

(3) 在较为复杂的电路设计中,应采用层次型电路的设计方法,请简述层次型电路的设计步骤。

4.1.3 任务 3:混频电路仿真设计

4.1.3.1 任务要求

(1) 掌握混频电路的构成原理。

(2) 学会运用子电路和层次设计的方法仿真较为复杂的电路。

(3) 掌握 MC1496 在高频电路中的应用。

4.1.3.2 实施步骤

1) 构建 MC1496 子电路

在本设计中,核心元器件模拟乘法器 MC1496 不存在于 Multisim 的元器件库中,由于该元器件属于集成元器件,因此可通过构建子电路的方式,对照 MC1496 的内部电路结构图,手动创建一个 MC1496,在电路中作为子电路被调用,以实现模拟乘法器的相乘功能。

(1) 创建指定文件夹

在指定盘符下新建一个以学号和姓名命名的文件夹,在该文件夹下创建名为“模拟乘法器 MC1496 混频”的子文件夹,如图 4-1-32 所示。

（2）在指定文件夹下创建主电路

在 Multisim 软件环境下新建主电路，将电路保存为“学号 模拟乘法器 MC1496 混频.ms8”，例如“＊＊模拟乘法器 MC1496 混频.ms8”，如图 4－1－33 所示。

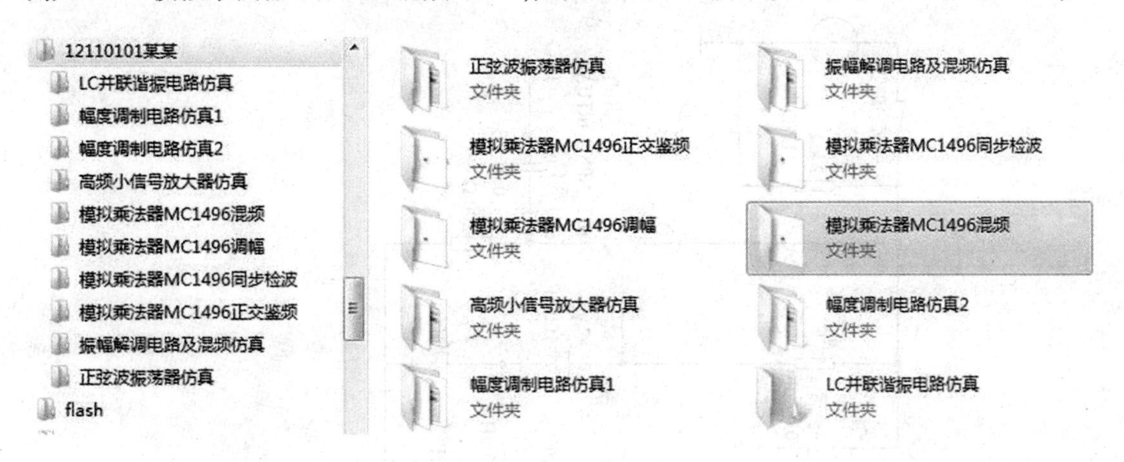

图 4－1－32　创建文件夹

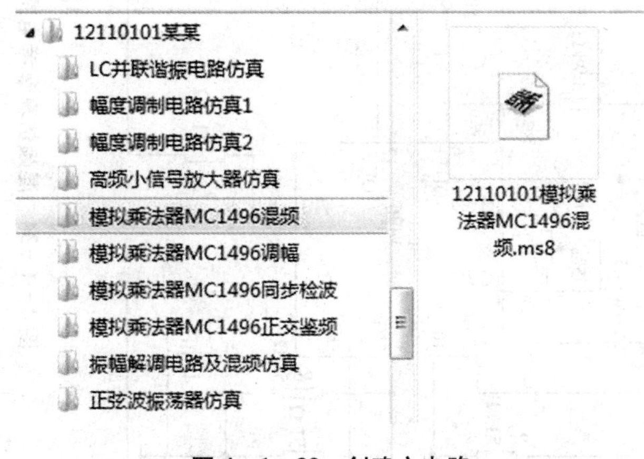

图 4－1－33　创建主电路

（3）在主电路环境下创建 MC1496 子电路

在工作区空白处单击鼠标右键，在菜单中选择“Place on Schematic”→“New Subcircuit”，单击鼠标左键即可在主电路下创建一个 MC1496 子电路。将该 MC1496 电路的标号修改为 U_1；绘制 MC1496 子电路的内部电路，添加输入/输出端口，编辑子电路外形及引脚。

2）构建 MC1496 混频仿真电路

（1）绘制 MC1496 混频仿真电路

利用已经构建好的 MC1496 子电路，参考 MC1496 的数据手册选择适当电路元器件设计一个模拟乘法器 MC1496 混频仿真电路并保存，设计中要求混频后的输出中频信号频率为 2.5 MHz。参考电路如图 4－1－34 所示。其中 J_7 端为本振信号输入端，J_8 端为接收信号输出端，其中 J_8 可以直接采用 AM 信号源作为混频输入信号，也可以采用任务 2 中的调幅子电路作为混频信号源的输入。

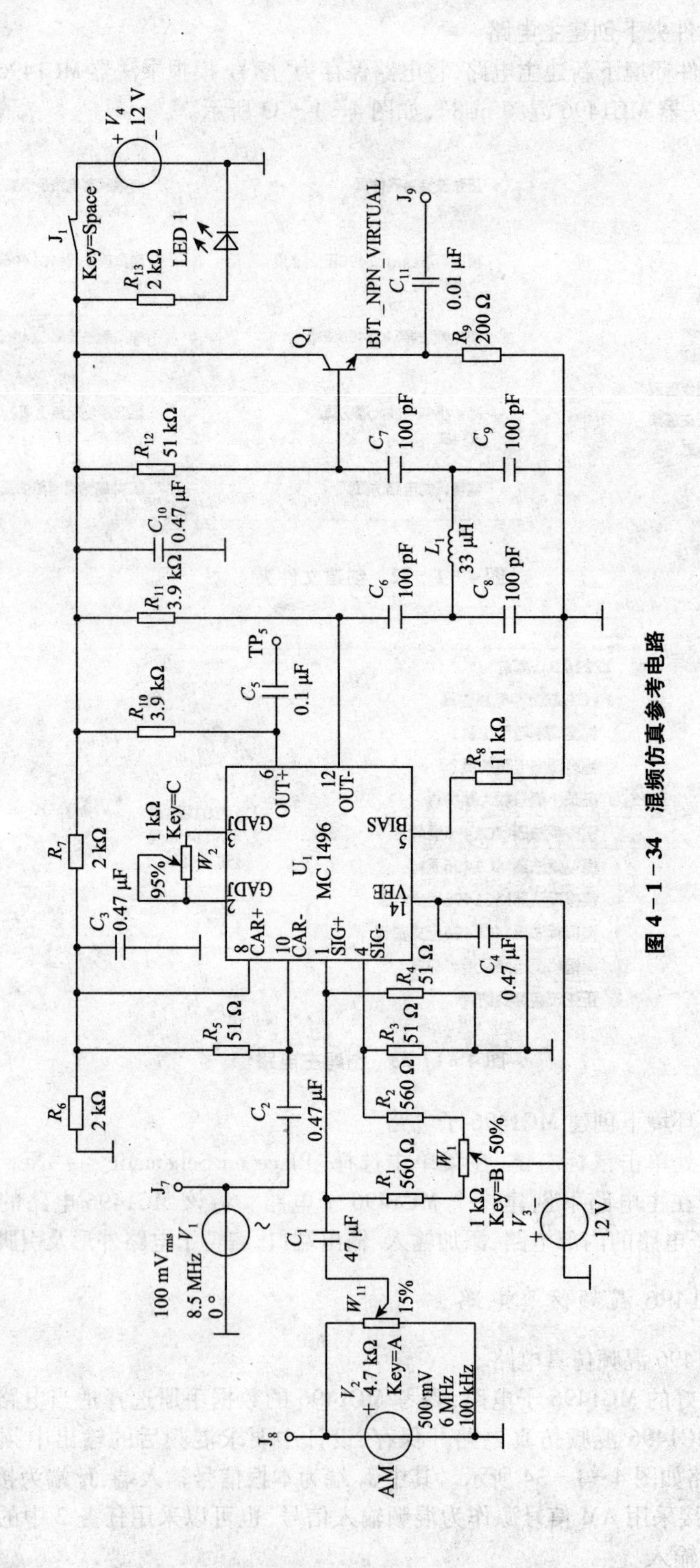

图 4-1-34　混频仿真参考电路

(2) 仿真电路调试

① MC1496 的直流工作点调测

已知 MC1496 在正常工作时，各引脚偏置电压的参考电压值如表 4－1－1 所示。在调测 MC1496 静态工作点时，电路输入端不能输入信号，即电路中的 J_7、J_8 处应先断开，运行静态工作点分析功能(DC Operating Point Analysis)，分析 MC1496 对应引脚的直流工作点电压，并与表 4－1－1 的参考值进行比对。在仿真调测的过程中，需要通过不停地调整电位器 W_1，使得芯片的 1、4 引脚电压接近于 0 V，以确保 MC1496 工作于小信号放大状态。将仿真运行后的静态工作点电压值截图保存。

② 混频电路仿真调试及分析

在仿真电路的两个输入端分别输入 8.5 MHz 的本振信号和中心频率为 6 MHz、调制信号频率为 100 kHz 的已调波信号，对电路进行仿真，运用示波器和频谱分析仪分别观察时域下的波形及频域下的频谱分布。将示波器输出波形截图保存，参考波形如图 4－1－35 所示。

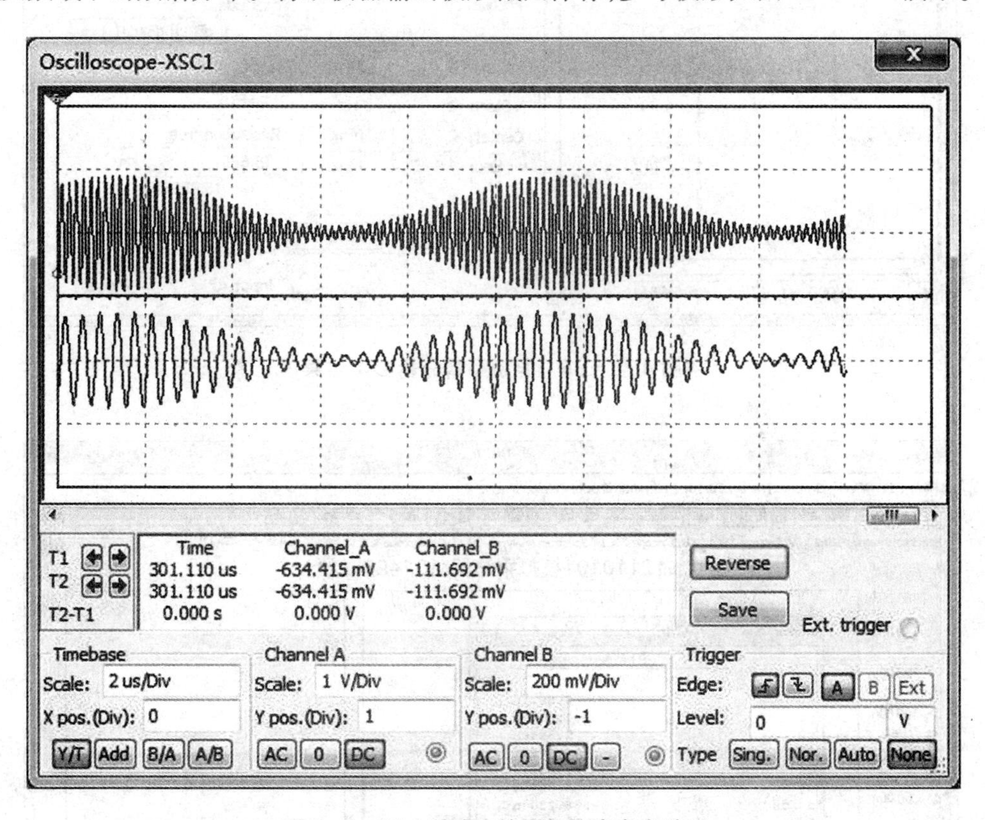

图 4－1－35　时域下的混频仿真参考波形

再运用频谱分析仪分析该混频信号的频谱，将混频信号的频谱分析结果截图保存，并填写表 4－1－4 的频谱结构。参考分析结果如图 4－1－36 所示，为混频信号的频谱图，点击快捷操作栏中的图标(“Grapher/Analyses List”)图标可以放大频谱分析结果，可以很清晰地看到载波与上下边频分量的频谱分布，运用软件中的光标，如图 4－1－37 所示，可以自动测读到幅度最大的载波分量的频率为 2.5 MHz，幅度约为 65.56 mV，上边频频率约为 2.59 MHz，下变频频率约为2.4 MHz。

通过比较和分析可以看出,该仿真结果与理想混频信号的频谱分布及幅度关系基本一致,说明该电路的混频功能在仿真环境下已较为理想地实现。

表4-1-4 混频频谱结构

序号	频 率	幅 度
1		
2		
3		

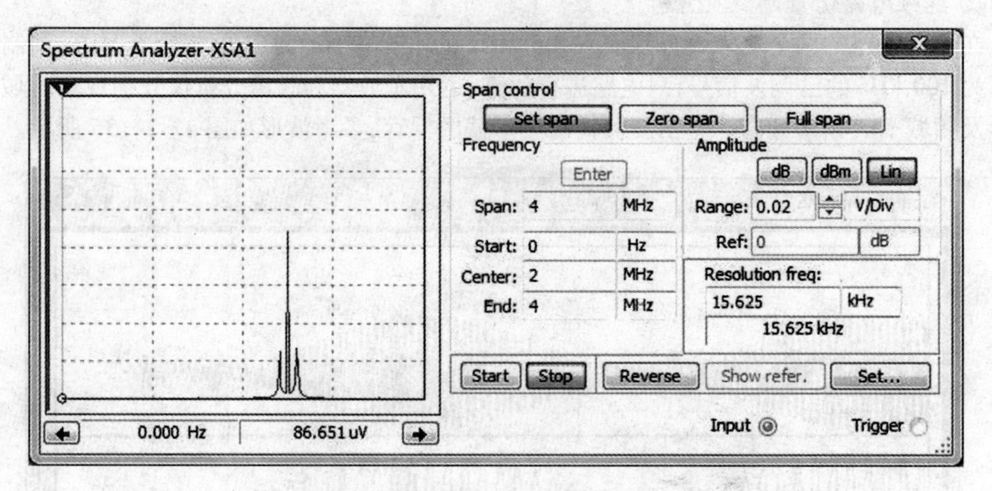

图4-1-36 混频频谱分析参考结果

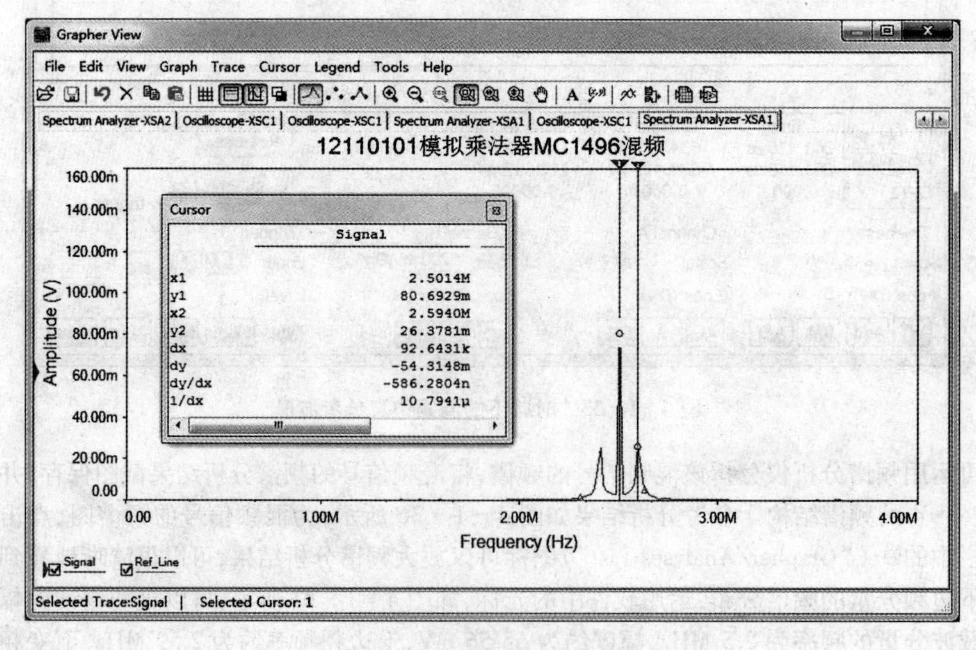

图4-1-37 混频频谱分析图

4.1.3.3 任务总结

（1）在已建立好的以自己学号和姓名命名的文件夹中创建名为“模拟乘法器 MC1496 混频”的子文件夹。

（2）在以上文件夹中新建 Multisim 仿真电路（1 个）文件，含 MC1496 子电路，文件命名为“学号 电路名.ms8”，如“ * * 模拟乘法器 MC1496 混频.ms8”。

（3）将电路的仿真结果截图（MC1496 静态工作电压仿真结果截图、混频输出波形截图、混频频谱分析结果截图共 3 个）以及结果记录表格（1 个）保存为 Word 文档，文档命名为“学号 姓名”。

（4）回答思考题，并将结论写在仿真报告中。

4.1.3.4 思考题

（1）模拟乘法器混频的混频原理是什么？

（2）本设计中，混频前已调波中心频率 f_s 为多少赫兹，本振信号频率 f_L 为多少赫兹，混频后中频信号的中心频率 f_I 为多少赫兹，写出三者之间的关系式。

（3）混频中的典型混频干扰有哪些？如何解决混频中的混频干扰问题？

4.1.4 任务 4：正交鉴频电路仿真设计（选做）

4.1.4.1 任务要求

（1）掌握正交鉴频电路的构成原理。

（2）学会运用子电路和层次设计的方法仿真较为复杂的电路。

（3）掌握 MC1496 在高频电路中的应用。

4.1.4.2 实施步骤

1）构建 MC1496 子电路

（1）创建指定文件夹

在指定盘符下新建一个以学号和姓名命名的文件夹，在该文件夹下创建名为“模拟乘法器 MC1496 正交鉴频”的子文件夹，如图 4－1－38 所示。

（2）在指定文件夹下创建主电路

在 Multisim 软件环境下新建主电路，将电路保存为“学号模拟乘法器 MC1496 正交鉴频.ms8”，例如“ * * 模拟乘法器 MC1496 正交鉴频.ms8”，如图 4－1－39 所示。

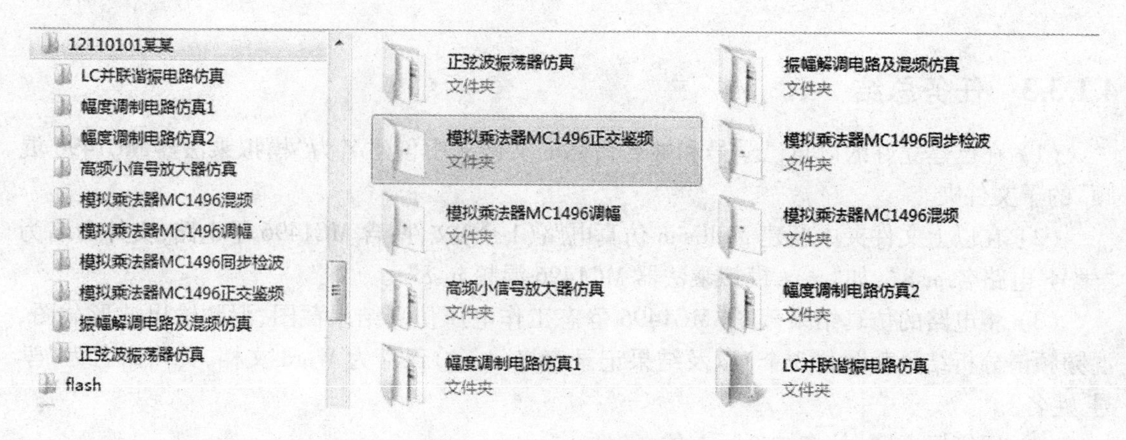

图 4-1-38　创建文件夹

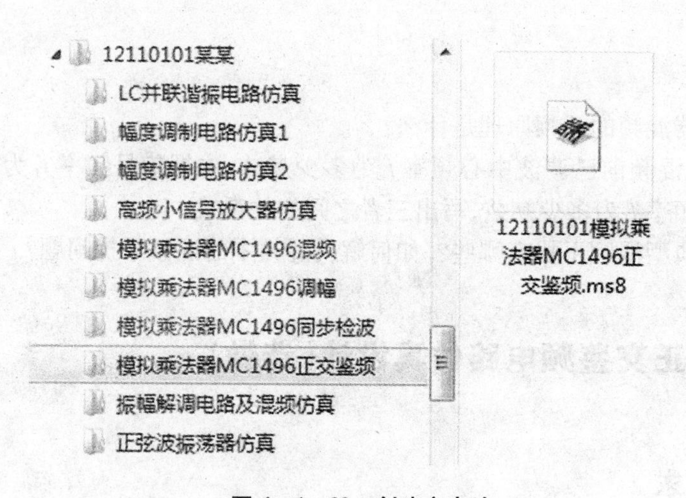

图 4-1-39　创建主电路

(3) 在主电路环境下创建 MC1496 子电路

在工作区空白处单击鼠标右键，在菜单中选择“Place on Schematic”→“New Subcircuit”，单击鼠标右键即可在主电路下创建一个 MC1496 子电路。将该 MC1496 电路的标号修改为 U_1；绘制 MC1496 子电路的内部电路，添加输入/输出端口，编辑子电路外形及引脚。

2) 构建 MC1496 正交鉴频仿真电路

(1) 绘制 MC1496 正交鉴频仿真电路

利用已经构建好的 MC1496 子电路，参考 MC1496 的数据手册选择适当的电路元器件设计一个模拟乘法器正交鉴频仿真电路并保存，本次设计中要求输入的调频 FM 信号为载波中心频率 $f_c = 4.5$ MHz，调制频率 $f_\Omega = 1$ kHz，最大频偏 $\Delta f_{max} = 75$ kHz。参考电路如图 4-1-40 所示，其中 J_6 端为调频信号输入端，J_7 端为鉴频输出端。

(2) 仿真电路的调试、分析

① MC1496 的直流工作点调测

已知 MC1496 在正常工作时，各引脚偏置电压的参考电压值如表 4-1-1 所示。在调测

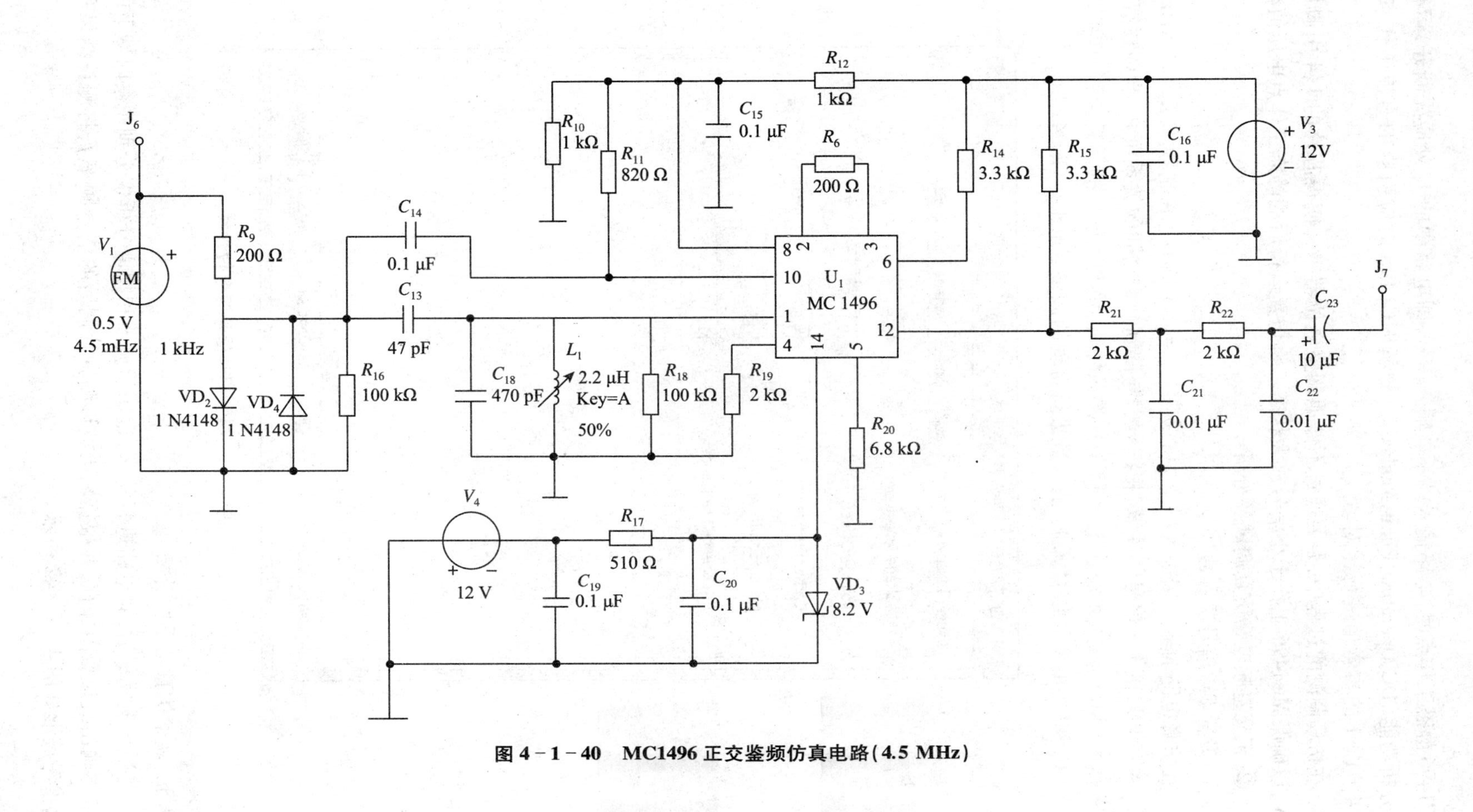

图 4-1-40　MC1496 正交鉴频仿真电路(4.5 MHz)

MC1496 静态工作点时,电路输入端不能输入信号,即电路中的 J_6 处应先断开,运行静态工作点分析功能(DC Operating Point Analysis),分析 MC1496 对应引脚的直流工作点电压,并与表 4-1-1 的参考值进行比对。

在仿真调测的过程中,需要通过不停地调整电位器 W_1,使得芯片的 1、4 引脚电压接近于 0 V,以确保 MC1496 工作于小信号放大状态。将仿真运行后的静态工作点电压值截图保存。

② 正交鉴频电路仿真调试及分析

a. 设置 FM 信号源参数

在仿真电路的输入端输入一个中心频率 f_c = 4.5 MHz, 调制频率 f_Ω = 1 kHz, 最大频偏 Δf_{max} = 75 kHz 的 FM 信号。注意,根据频偏与调制频率之间的关系可知,当调频信号满足调制频率 f_Ω = 1 kHz, 最大频偏 Δf_{max} = 75 kHz 的条件时,该调频信号的调频指数 m_f =75, 则需要对图 4-1-40 中的调频信号源 V_1 的参数进行合理的调整,如图 4-1-41 所示。

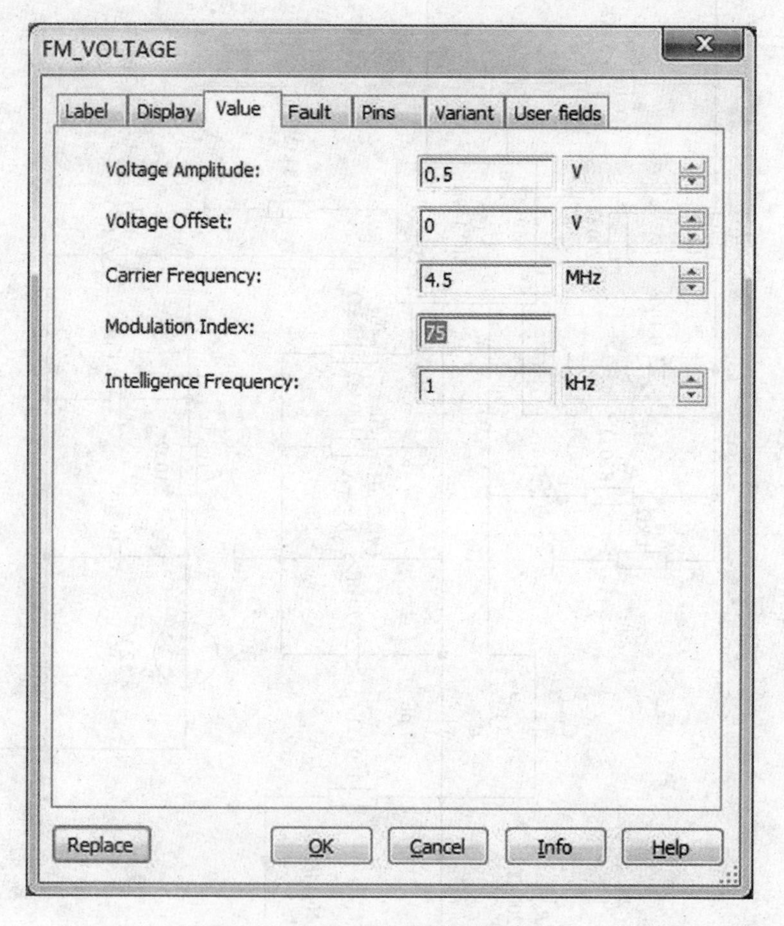

图 4-1-41 调频信号源参数设置

b. 观察仿真结果并分析

参数设置完成后,对电路进行仿真,运用示波器和频谱分析仪分别观察时域下的波形。将示波器输出波形截图保存,并根据输出波形测算解调后的信号频率 f,将测算结果写入实验报告,参考波形如图 4-1-42 所示。

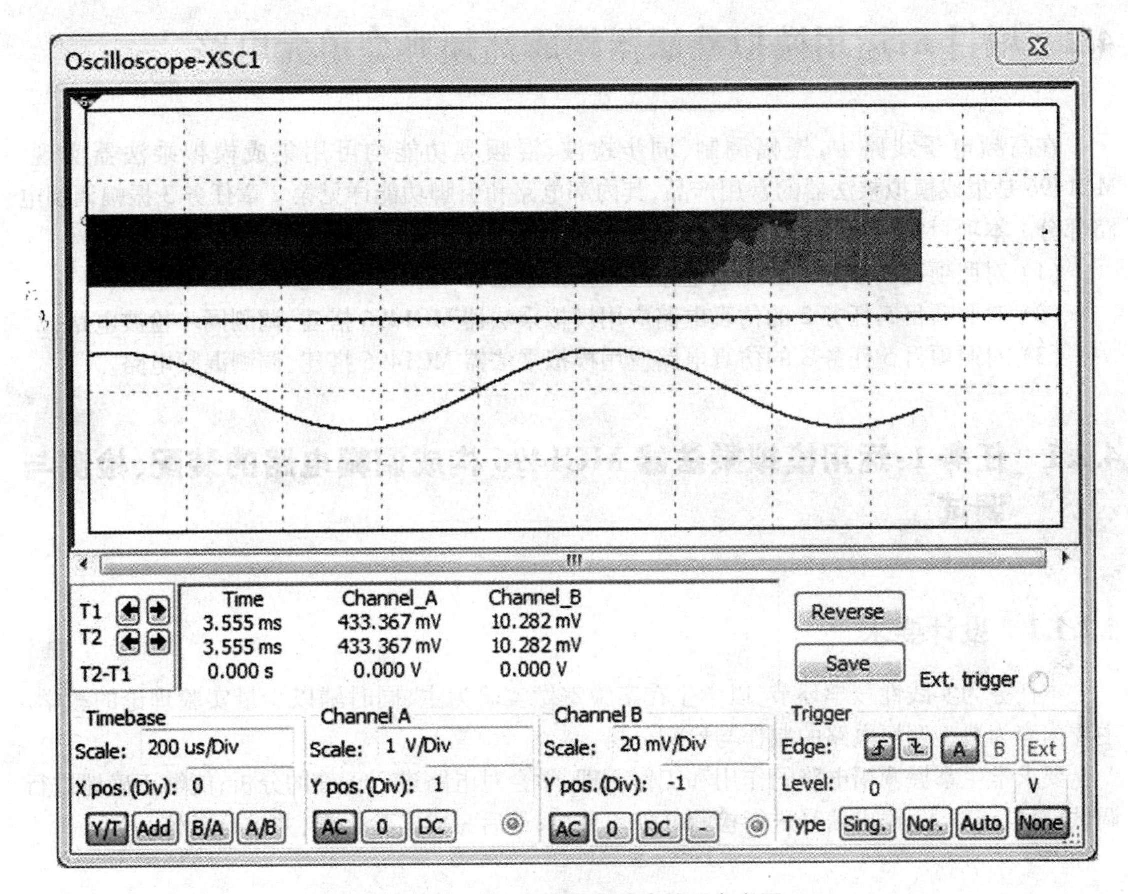

图 4-1-42　正交鉴频仿真结果参考图

4.1.4.3　任务总结

(1) 在已建立好的以自己学号和姓名命名的文件夹中创建名为“模拟乘法器 MC1496 正交鉴频”的子文件夹。

(2) 在以上文件夹中新建 Multisim 仿真电路文件(1 个),含 MC1496 子电路,文件命名为“学号 电路名.ms8”,如“ * * 模拟乘法器 MC1496 正交鉴频.ms8”。

(3) 将电路的仿真结果截图(MC1496 静态工作电压仿真结果截图、鉴频输出波形截图共 2 个)保存为 Word 文档,文档命名为“学号 姓名”。

(4) 回答思考题,并将结论写在仿真报告中。

4.1.4.4　思考题

(1) 模拟乘法器正交鉴频的工作原理是什么?

(2) 本设计中,鉴频输出频率 f 为多少? 为什么示波器显示的调频信号波形无法看清?

(3) 常用的鉴频方法有哪些? 正交鉴频又称为什么鉴频?

4.2 项目6:运用模拟乘法器构成高频典型单元电路

在高频电子线路中,振幅调制、同步检波、混频等功能均可用集成模拟乘法器实现。MC1496是集成模拟乘法器的常用产品,其内部电路和引脚功能详见第2章任务3振幅调制电路部分。本项目实施主要包含3个任务:

(1) 对照项目5任务1的仿真电路应用模拟乘法器MC1496搭建、调测调幅电路;

(2) 对照项目5任务2的仿真电路应用模拟乘法器MC1496搭建、调测同步检波电路;

(3) 对照项目5任务3的仿真电路应用模拟乘法器MC1496搭建、调测混频电路。

4.2.1 任务1:运用模拟乘法器MC1496构成调幅电路的装配、检测与调试

4.2.1.1 设计要求

本任务为实践性教学环节,以学生在实验室做实验为主,同时辅以少量实验理论的教学。主要内容为典型调幅电路的制作与检测分析。

要求学生掌握调幅电路的作用和工作原理,学会对电路进行正确的分析;能够正确地进行调试,对电路输入/输出信号进行检测并加以分析;最后完成实验报告,并进行考核。

4.2.1.2 设计说明

1) 设计目的

(1) 理解通信系统的基本组成。

(2) 理解调幅电路在无线调幅发射机中的重要作用。

(3) 掌握典型调幅电路的电路原理。

2) 典型调幅电路的制作与检测分析

(1) 调幅电路搭建与制作的要求

① 了解模拟乘法器MC1496的工作原理与使用方法;

② 根据调幅电路的原理以项目5任务1中的仿真电路为模型设计一个运用模拟乘法器实现幅度调制的电路,要求该电路可以产生普通调幅AM信号与双边带调幅DSB信号;

③ 画出该调幅电路的布线图;

④ 在多孔焊接板上搭建调幅电路;

⑤ 要求在多孔焊接板上将输入/输出接口分别用相应的接线预留,便于进行进一步的调试与检测。

调幅电路元器件清单如表4-2-1所示。

表 4-2-1 调幅元器件清单

序号	名称	型号	数量(个)
1	电阻	200 Ω	3
		3.3 kΩ	2
		6.8 kΩ	1
		510 Ω	1
		1 kΩ	5
		10 kΩ	3
2	电位器	5 kΩ	1
		20 kΩ	1
3	稳压管	8.2 V	1
4	电解电容	10 μF/16 V	1
5	瓷片电容	0.1 μF(104)	6
6	集成块	MC1496	1
		TL082	1
7	管座	DIP14	1
		DIP8	1
8	多孔板	CVOT904A	1

(2) 调幅电路调试与检测要求

① 调幅电路组装要求:

a. 对有条件检测的元器件进行检测,并能正确地分析其作用;

b. 焊接中,要求焊点光亮、圆滑,无虚焊;

c. 准确、高质量地进行电路板的焊接;

d. 正确地进行调试,能够实现普通调幅(AM)与双边带调幅(DSB)的功能。

② 调幅电路测试、分析要求:

a. 掌握调幅的概念以及典型调幅电路的特点;

b. 掌握模拟乘法器 MC1496 的电路特点;

c. 掌握运用模拟乘法器构成的调幅电路的特点;

d. 能够对自己组装的电路进行测试;

e. 能够通过测试,对典型的调幅电路的性能进行分析并加深理解;

f. 整理测试数据。

3) 模拟乘法器 MC1496 调幅电路参考图

参考图 4-2-1。

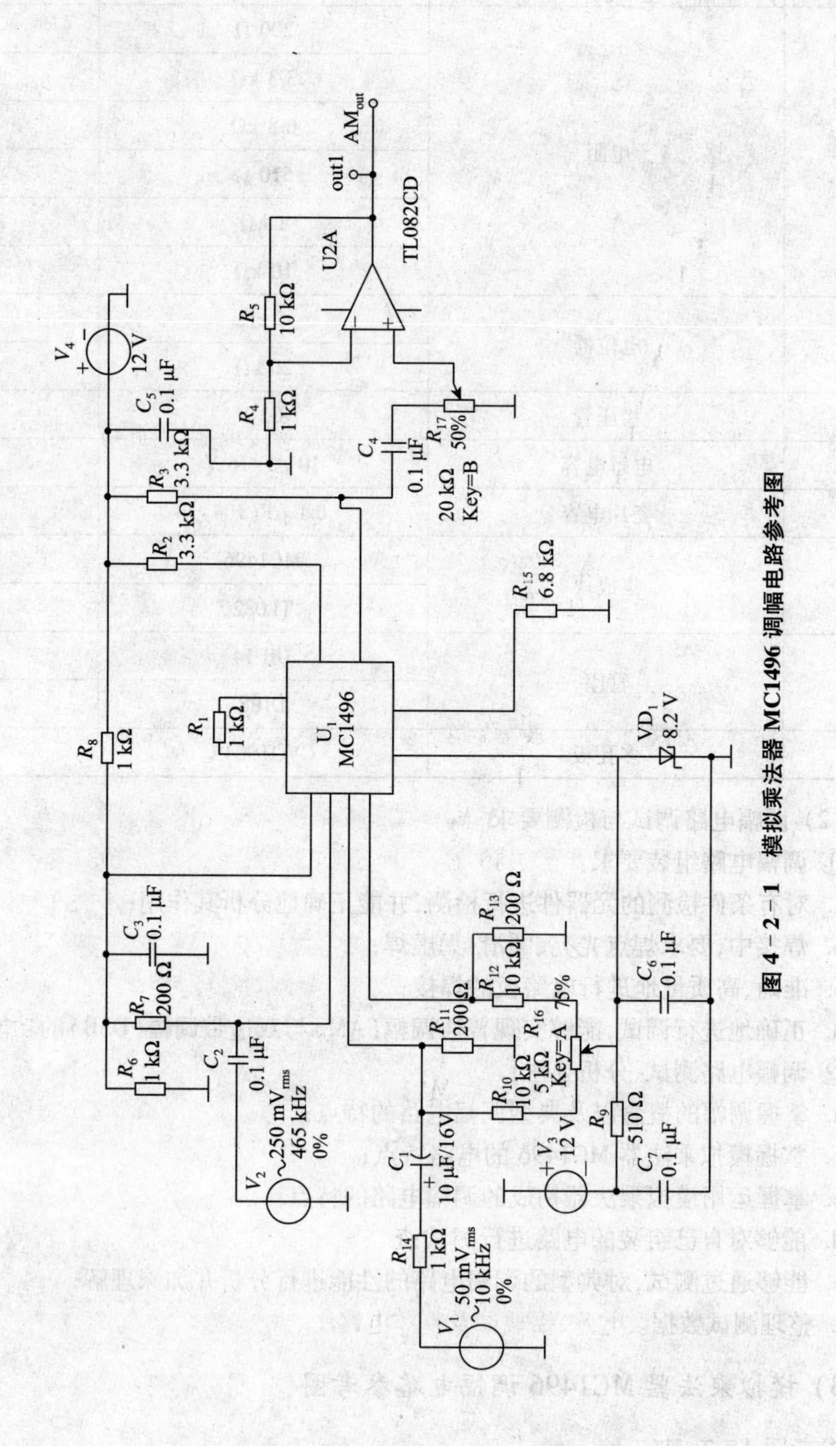

图 4-2-1 模拟乘法器 MC1496 调幅电路参考图

4.2.1.3 调幅电路的搭建

1) 画出模拟乘法器 MC1496 调幅电路的布线图

电路的布线图本着合理、美观的原则，在布局中要考虑以下几个问题：

(1) 构建合理的布局图

由于在同一块多孔焊接板上既要搭建调幅电路又要搭建同步检波电路，因此在布局时要根据输入/输出信号的走向自左向右为调幅电路构建合理的布局图，并为同步检波电路的搭建预留空间。

(2) 构建合理的电源与接地端

电路的布线还需要注意电源与接地端的合理布局，模拟乘法器调幅电路、同步检波电路搭建在同一块多孔板中，可共用+12 V、-12 V 电源与接地端，因此可用相关的共用引线将这三个部分引出，便于电路供电测试。

(3) 为电路的信号输入/输出端预留测试接头

在电路的调试中，需要在调幅电路的输入端输入两路信号，一路为低频调制信号，另一路为高频载波信号，而电路的输出信号（调幅信号）既要便于接入示波器进行观测，又要作为下一级电路（同步检波电路）的检波输入信号，因此在布局中要为这三路输入/输出信号预留接头，以便于电路的调测。

(4) 调幅电路、同步检波电路共用一个 TL082

在调幅与同步检波电路中用到了 TL082 双运算放大器，该芯片的 1、2、3 号引脚与 5、6、7 号引脚有着相同的功能，因此，在调幅和同步检波电路中只需要用一片 TL082 芯片，在调幅电路中使用该芯片的 1、2、3 号引脚，在同步检波电路中使用其 5、6、7 号引脚。在布局时需要合理布置该芯片的位置。

在搭建硬件电路时需要注意电源部分的电路引线，由于在仿真环境下，运放元器件的电源并未连接，系统在仿真时会自动给对应引脚提供供电电压，但是在实际电路中 TL082 的 4、8 号引脚务必分别连接到-12 V、+12 V 的电源上，以保证运放的正常运作。

2) 搭建、焊接模拟乘法器 MC1496 调幅电路

(1) 领取元器件及焊接板；

(2) 对照并核查元器件；

(3) 对照布局图安装元器件并检查；

(4) 在焊接板上焊接元器件；

(5) 检查焊点、电源、接地端及整体电路。

4.2.1.4 调幅电路的调试

该调幅电路的调试过程与仿真环境下的调试过程基本相似。

(1) 应对搭建的硬件电路进行整体检查，包括电路的连线，电源的连接，元器件的外观是

否有损坏等,确保电路连接的正确性。

(2) 调节 MC1496 的静态工作点,使之工作于小信号放大状态。在调节静态工作点时必须注意:电路此时仅接入直流供电电源而不接入载波信号和调制信号。此时,调节电路中的电位器 R_{16},用万用表测量芯片 1、4 端口的电压,使之尽可能趋近于零。

(3) 分别测量 MC1496 各引脚电压值,将测得的值与参考值进行比对(参考值见表 4-1-1),判断 MC1496 是否正常工作。

(4) 当 MC1496 工作正常时,在电路的输入端分别输入 465 kHz 的载波信号与 10 kHz 的调制信号,用示波器观测电路输出端波形的变化,根据要求,调节 R_{16},使得示波器输出端输出一个不失真的 AM 信号。

(5) 可根据电路设计的需要,调节电位器 R_{16},输出抑制载波的双边带调幅 DSB 信号。

4.2.1.5 设计总结

(1) 设计题目。

(2) 设计任务与要求。

(3) 系统框图及说明,单元电路设计、参数计算和器件选择。

(4) 画出完整的电路图并标明元器件参数,说明电路的工作原理,列出元器件清单。

(5) 画出布线图,说明电路组装与调试步骤,对调试中出现的问题进行分析,并说明解决的措施。

(6) 列出经整理归纳后的实验数据并进行分析,总结规律。

(7) 实训注意事项与实训心得。

4.2.2 任务 2:运用模拟乘法器 MC1496 构成同步检波电路的装配、检测与调试

4.2.2.1 设计要求

本任务为实践性教学环节,以学生在实验室做实验为主,同时辅以少量实验理论的教学。主要内容为典型同步检波电路的制作与检测分析。

要求学生掌握同步检波电路的作用和工作原理,学会对电路进行正确的分析;能够正确地进行调试,对电路输入/输出信号进行检测并加以分析;最后完成设计报告,并进行考核。

4.2.2.2 设计说明

1) 设计目的

(1) 理解通信系统的基本组成。

(2) 理解同步检波电路在无线调幅接收机中的重要作用。

(3) 掌握典型同步检波电路的电路原理。

2) 同步检波电路的搭建及制作要求

(1) 了解模拟乘法器 MC1496 的工作原理与使用方法。

(2) 根据检波的原理以项目 5 任务 2 中的仿真电路为模型设计一个运用模拟乘法器实现同步检波的电路。

(3) 画出该同步检波电路的布线图。

(4) 在多孔焊接板上搭建同步检波电路。

(5) 要求在多孔焊接板上将输入/输出接口分别用相应的接线预留,便于进行进一步的调试与检测。

同步检波电路元器件清单如表 4-2-2 所示。

表 4-2-2 同步检波电路元器件清单

序号	名称	型号	数量(个)
1	电阻	200 Ω	3
		10 kΩ	1
		510 Ω	1
		6.8 kΩ	1
		3.3 kΩ	4
		1 kΩ	4
2	电位器	20 kΩ	1
3	稳压管	8.2 V	1
4	电解电容	10 μF/16 V	1
5	瓷片电容	1 nF(102)	2
		0.1 μF(104)	6
		330 pF(331)	1
6	集成块	MC1496	1
		TL082	1(与调幅电路共用)
7	管座	DIP14	1
		DIP8	1
8	多孔板	CVOT904A	1(与调幅电路共用)

3) 同步检波电路的调试与检测要求

(1) 同步检波电路的组装要求:

a. 对有条件检测的元器件进行检测,并能正确地分析其作用;

b. 焊接中,要求焊点光亮、圆滑,无虚焊;

c. 准确、高质量地进行电路板的焊接；

d. 正确地进行调试，能够实现对普通调幅(AM)与双边带调幅(DSB)的检波功能。

(2) 同步检波电路的测试、分析要求：

a. 掌握检波电路的原理；

b. 掌握包络检波与同步检波电路的特点；

c. 掌握运用模拟乘法器构成的同步检波电路的特点；

d. 能够对自己组装的电路进行测试；

e. 能够通过测试，对典型的检波电路的性能进行分析，加深理解；

f. 整理测试数据。

4) 模拟乘法器 MC1496 同步检波电路参考图

电路参考图如图 4－2－2 所示。

4.2.2.3 同步检波电路的搭建

1) 画出模拟乘法器 MC1496 同步检波电路的布线图

电路的布线图本着合理、美观的原则，参考调幅电路部分的布线要求。

2) 搭建、焊接模拟乘法器 MC1496 同步检波电路

(1) 领取元器件及焊接板。

(2) 对照、核查元器件。

(3) 对照布局图安装元器件并检查。

(4) 在焊接板上焊接元器件。

(5) 检查焊点、电源、接地及整体电路。

4.2.2.4 同步检波电路的调试

该同步检波电路的调试过程与仿真环境下的调试过程基本相似。

(1) 应对搭建的硬件电路进行整体检查，包括电路的连线，电源的连接，元器件的外观是否有损坏等，确保电路连接的正确性。

(2) 调节同步检波电路部分的 MC1496 的静态工作点，使之工作于小信号放大状态。在调节静态工作点的时候必须注意：电路此时仅接入直流供电电源而不接入载波信号和调制信号。此时，调节电路中的电位器 W_1，用万用表测量芯片 1、4 端口的电压，使之尽可能趋近于零。

(3) 分别测量该 MC1496 各引脚电压值，将测得的值与参考值进行比对(参考值见表 4－1－1)，判断 MC1496 是否正常工作。

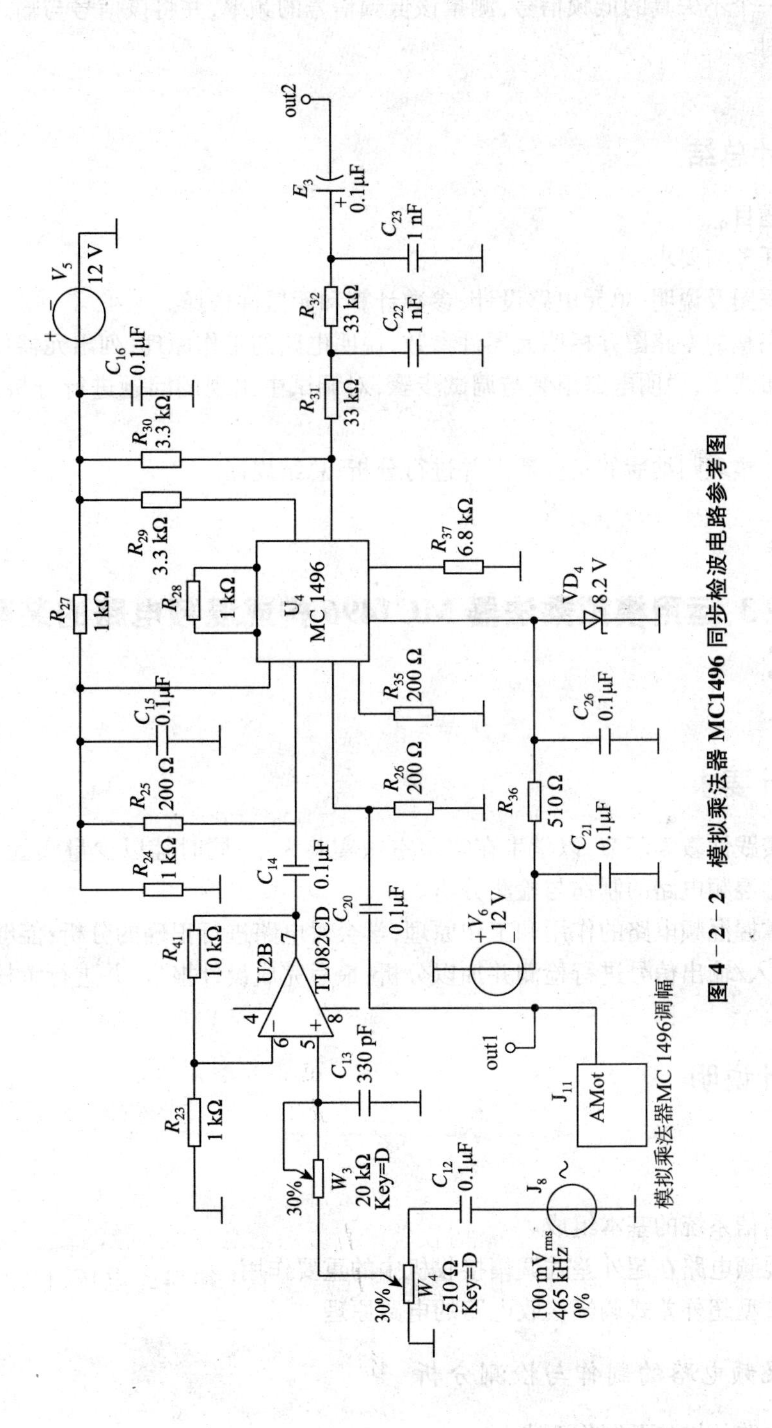

图 4－2－2　模拟乘法器 MC1496 同步检波电路参考图

（4）当 MC1496 工作正常时，在电路的输入端分别接入 465 kHz 的同步信号与前级调幅电路的输出调幅信号，用示波器观测电路输出端波形的变化，根据要求，调节电位器，使得示波器输出端输出一个不失真的低频信号，测量该低频信号的频率，并将该信号与输入的调幅信号的包络进行比对。

4.2.2.5 设计总结

（1）设计题目。

（2）设计任务与要求。

（3）系统框图及说明，单元电路设计、参数计算和元器件选择。

（4）画出完整的电路图并标明元器件参数，说明电路的工作原理，列出元器件清单。

（5）画出布线图，说明电路组装与调试步骤，对调试中出现的问题进行分析，并说明解决的措施。

（6）列出经整理归纳后的实验数据并进行分析，总结规律。

（7）实训注意事项与实训心得。

4.2.3 任务 3：运用模拟乘法器 MC1496 构成混频电路的装配、检测与调试

4.2.3.1 设计要求

本任务为实践性教学环节，以学生在实验室做实验为主，同时辅以少量实验理论的教学。主要内容为典型混频电路的制作与检测分析。

要求学生掌握混频电路的作用和工作原理，学会对电路进行正确的分析；能够正确地进行调试，对电路输入/输出信号进行检测并加以分析；最后完成设计报告，并进行考核。

4.2.3.2 设计说明

1）设计目的

（1）理解通信系统的基本组成。

（2）理解混频电路在超外差式调幅接收机中的重要作用。

（3）掌握典型超外差式调幅接收电路的电路原理。

2）典型混频电路的制作与检测分析

（1）混频电路的搭建及制作要求

① 了解模拟乘法器 MC1496 的工作原理与使用方法；

② 根据混频电路的原理以项目 5 任务 3 中的仿真电路为模型，设计一个运用模拟乘法器

实现混频的电路，要求该电路可以对接收到的高频已调波信号进行混频，混频后的中频频率为2.5 MHz；

③ 画出该混频电路的布线图；

④ 在多孔焊接板上搭建混频电路；

⑤ 要求在多孔焊接板上将输入/输出接口分别用相应的接线预留，便于进行进一步的调试与检测。

混频电路元器件清单如表4－2－3所示。

表4－2－3 混频电路元器件清单

序号	名称	型号	数量(个)
1	电阻	200 Ω	1
		3.9 kΩ	2
		11 kΩ	1
		51 Ω	3
		2 kΩ	4
		560 Ω	2
2	电位器	1 kΩ	2
		4.7 kΩ	1
3	三极管	9018	1
4	发光二极管		1
5	电容	0.01 μF(103)	1
		0.1 μF(104)	1
		47 μF	1
		0.47 μF	4
		100 pF	4
6	集成块	MC1496	1
7	管座	DIP14	1
8	多孔板	CVOT904A	1
9	开关		1

(2) 混频电路的调试与检测要求

① 混频电路的组装要求：

a. 对有条件检测的元器件进行检测，并能正确地分析其作用；

b. 焊接中，要求焊点光亮、圆滑，无虚焊；

c. 准确、高质量地进行电路板的焊接；

d. 正确地进行调试，能够实现混频的功能。

② 混频电路的测试与分析要求：

a. 掌握混频、变频的概念以及典型混频电路的特点;
b. 掌握模拟乘法器 MC1496 的电路特点;
c. 掌握运用模拟乘法器构成的混频电路的特点;
d. 能够对自己组装的电路进行测试;
e. 能够通过测试,对典型的混频电路的性能进行分析并加深理解;
f. 整理测试数据。

3) 模拟乘法器 MC1496 混频电路参考图

电路参考图如图 4-2-3 所示。

4.2.3.3 混频电路的搭建

1) 画出模拟乘法器 MC1496 混频电路的布线图

电路的布线图本着合理、美观的原则,在布局中要考虑以下几个问题:
(1) 构建合理的布局
在布局时要根据输入/输出信号的走向自左向右为混频电路构建合理的布局图。
(2) 构建合理的电源与接地端
电路的布线还需要注意电源与接地端的合理布局,模拟乘法器混频电路中使用+12 V、-12 V电源与接地端,因此可用相关的共用引线将这三个部分引出,便于电路供电测试。
(3) 为电路的信号输入/输出端预留测试接头
在电路的调试中,需要在混频电路的输入端输入两路信号,一路为本机振荡调制信号,另一路为高频已调波信号,而电路的输出信号(中频信号)要便于接入示波器进行观测,因此,在布局中要为这三路输入/输出信号预留接头,以便于电路的调测。

2) 搭建、焊接模拟乘法器 MC1496 混频电路

(1) 领取元器件及焊接板;
(2) 对照并核查元器件;
(3) 对照布局图安装元器件并检查;
(4) 在焊接板上焊接元器件;
(5) 检查焊点、电源、接地端及整体电路。

4.2.3.4 混频电路的调试

该混频电路的调试过程与仿真环境下的调试过程基本相似。

(1) 应对搭建的硬件电路进行整体检查,包括电路的连线,电源的连接,元器件的外观是否有损坏等,确保电路连接的正确性。

(2) 调节 MC1496 的静态工作点,使之工作于小信号放大状态。在调节静态工作点时必须注意:电路此时仅接入直流供电电源而不接入载波信号和调制信号。此时,调节电路中的电

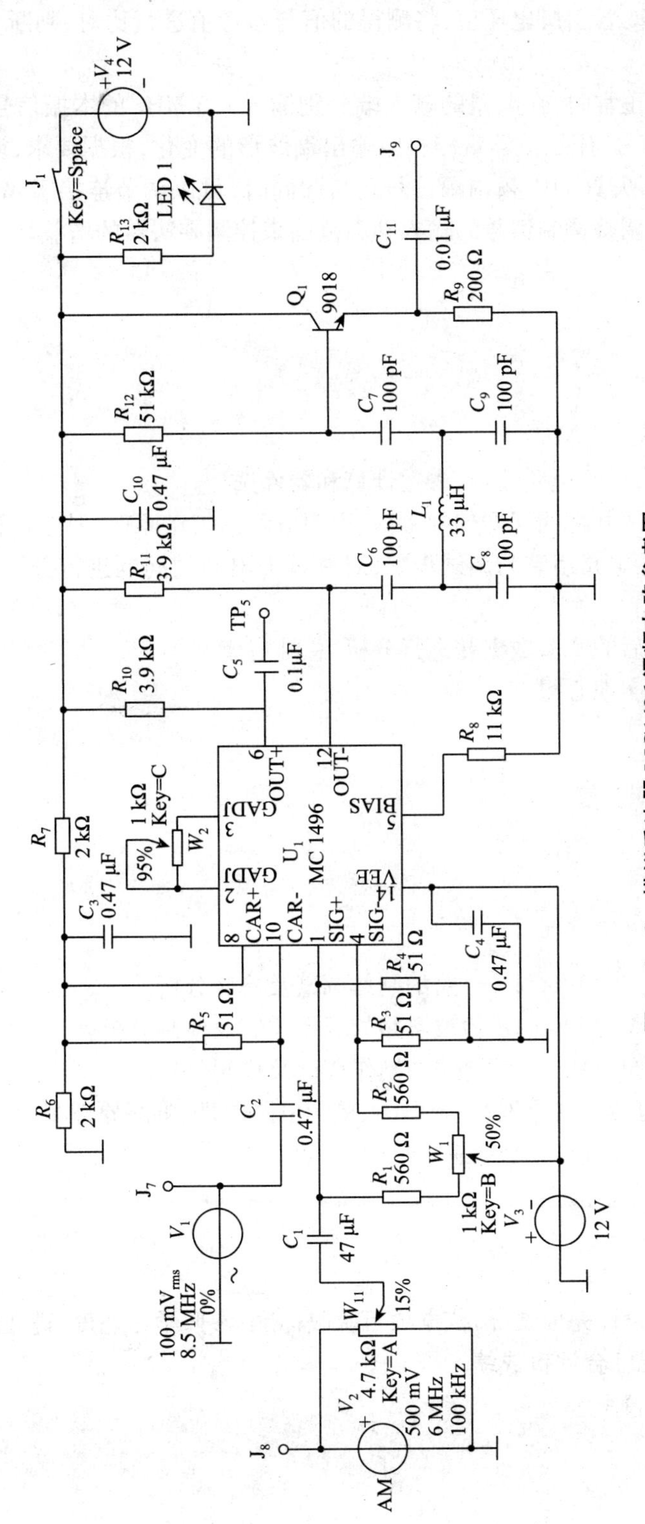

图 4－2－3 模拟乘法器 MC1496 混频电路参考图

位器 W_1,用万用表测量芯片 1、4 端口的电压,使之尽可能趋近于零。

（3）分别测量 MC1496 各引脚电压值,将测得的值与参考值进行比对,判断 MC1496 是否正常工作。

（4）当 MC1496 工作正常时,在电路的输入端分别输入 8.6 MHz 的本振信号与中心频率为 6 MHz 的高频已调波信号,用示波器观测电路输出端波形的变化,根据要求,调节 W_1,使得示波器输出端输出一个不失真的中频调幅信号。与此同时,可以调节连接于 MC1496 的 2、3 号引脚间的电位器 W_2,以调整调制信号的输入动态范围来控制乘法器的增益。

4.2.3.5 设计总结

（1）设计题目。

（2）设计任务与要求。

（3）系统框图及说明,单元电路设计、参数计算和器件选择。

（4）画出完整的电路图并标明元器件的参数,说明电路的工作原理,列出元器件清单。

（5）画出布线图,说明电路组装与调试步骤,对调试中出现的问题进行分析,并说明解决的措施。

（6）列出经整理归纳后的实验数据并进行分析,总结规律。

（7）实训注意事项与实训心得。

4.2.4 任务 4:电路验收

4.2.4.1 验收内容

（1）完成模拟乘法器 MC1496 调幅电路的制作调试及检测分析。

（2）完成模拟乘法器 MC1496 同步检波电路的制作调试及检测分析。

（3）完成模拟乘法器 MC1496 混频电路的制作调试及检测分析。

（4）完成设计报告,包括系统原理、系统框图、单元电路原理、电路原理图、元器件清单、电路调试报告、电路检测及信号特点分析结果、设计小结等。

4.2.4.2 验收标准

（1）根据每位同学的设计完成情况,依据项目验收标准,参照学习态度、遵守纪律、仪器维护、环境卫生等方面的情况综合评价成绩。

（2）项目验收标准见表 4－2－4。

表 4-2-4　项目验收标准

等级	标准要求
A 优秀	① 独立完成设计，技术参数与功能完全达到设计要求； ② 面板元器件布置及布线合理、整齐、美观； ③ 设计思路清晰，分析、解决问题能力强，有一定的创新； ④ 叙述流畅，表达准确，回答问题正确； ⑤ 设计报告及技术资料格式规范，内容正确、完整。
B 良好	① 独立完成设计，技术参数与功能基本能达到设计要求； ② 面板元器件布置基本整齐、合理； ③ 设计思路较清晰，有一定的分析与解决问题的能力； ④ 能较流畅地表达自己的观点，回答问题基本正确； ⑤ 设计报告与技术资料格式规范，内容基本正确、完整。
C 中等	① 基本能独立完成设计，个别技术参数和功能未达到设计要求； ② 面板元器件布置部分欠合理、整齐； ③ 设计思路基本清晰，能解决常见的问题； ④ 基本能表达自己的观点，个别问题回答得欠妥当； ⑤ 设计报告与技术资料基本符合要求。
D 及格	① 基本能完成设计，部分技术参数和功能未达到设计要求； ② 面板元器件布置不合理； ③ 设计思路欠清晰，解决问题能力一般； ④ 能部分表达自己的观点，问题回答得欠妥当； ⑤ 设计报告与技术资料基本完整。
E 不及格	① 未能完成设计制作； ② 设计思路不清晰； ③ 叙述含糊、观点错误； ④ 设计报告与技术资料不完整。

4.3　项目 7：无线电调频收音对讲机系统设计

4.3.1　任务 1：设计要求

简易调频收音机兼对讲机的设计与制作基本要求如下：

（1）调频收音机的工作频率为 88～108 MHz，供电电压为 4.5 V，输出功率大于 350 mW。对讲机的工作电流为 18 mA，对讲距离为 50～100 m。

（2）采用 DC1800 收音机专用集成电路和 D2800 功放电路进行设计。

（3）理解收音机的变频、功放电路，对讲机的振荡、发射功放电路的工作原理，能够进行理论设计计算。

4.3.2　任务2:方案论证

目前市场上的对讲机针对不同的用户和不同的行业,一般可以分为专业无线电对讲机和业余无线电对讲机。这两种对讲机有不同的性能和参数,各自发挥着不同的功用,适用于不同的场合。

专业无线电对讲机大都是在群体团队的专业业务中使用。因此,专业无线电对讲机的特点是功能简单实用。在设计时都留有多种通信接口供用户进行二次开发。其频率设计大都是通过计算机编程,使用者无法改变频率,其面板显示的只是信道数,不直接显示频率点,频率的保密性较好,频率的稳定性也较高,不易跑频。在长期工作中,其稳定性、可靠性都较高,工作温度范围较宽,一般都在-30°~+60°。专业无线电对讲机的工作频率在VHP段的V高段(148~174 MHz)和V低段(136~160 MHz),另有一部分是全段(136~174 MHz)。但在UHF频段,大部分是U高段(450~470 MHz)和U低段(400~430 MHz),极少数是U全段(400~470 MHz)。专业无线电对讲机的性能、可靠性、稳定性较业余无线电对讲机高,其价格也自然比业余无线电对讲机要高,有的甚至高出很多。

业余无线电对讲机的主要特色是体积小巧,功能齐全,可进行频率扫描,可在面板上直接置频,面板上可显示频率点。其技术指标、设备的稳定性、频率稳定性、可靠性以及工作环境也相对专业无线电对讲机要差些。但业余无线电对讲机的成本也较低些,以适应个人购买的需要。基于以上考虑,调频收音机对讲机的设计理念和需求就出来了。

方案一:发射采用调频无线送话器,接收采用集成电路KC538,具有中频放大、鉴频和音频功率放大等功能。KC538中频放大器采用三极管差分放大器,故有增益高和调配抑制比较好的特点。

方案二:采用集成电路D1800,它作为收音机接收专业集成电路,功放部分则用D2822。具有电路体积小、外围元器件少、灵敏度极高、性能稳定等优点。

方案选择:综上所述,接收频率和工作电流都在要求范围之内,具有良好的抗干扰能力,经过比较,方案二更具有简洁性,电路简单。因此本系统采用方案二设计。

4.3.3　任务3:电路设计与计算

本设计采用D1800为收音集成电路,功放选用D2822,对讲的发射部分采用两级放大电路,第一级为振荡兼放大电路,第二级为发射部分,采用专用的发射管使发射效率和对讲距离大大提高。调频收音对讲机电路图如图4-3-1所示。

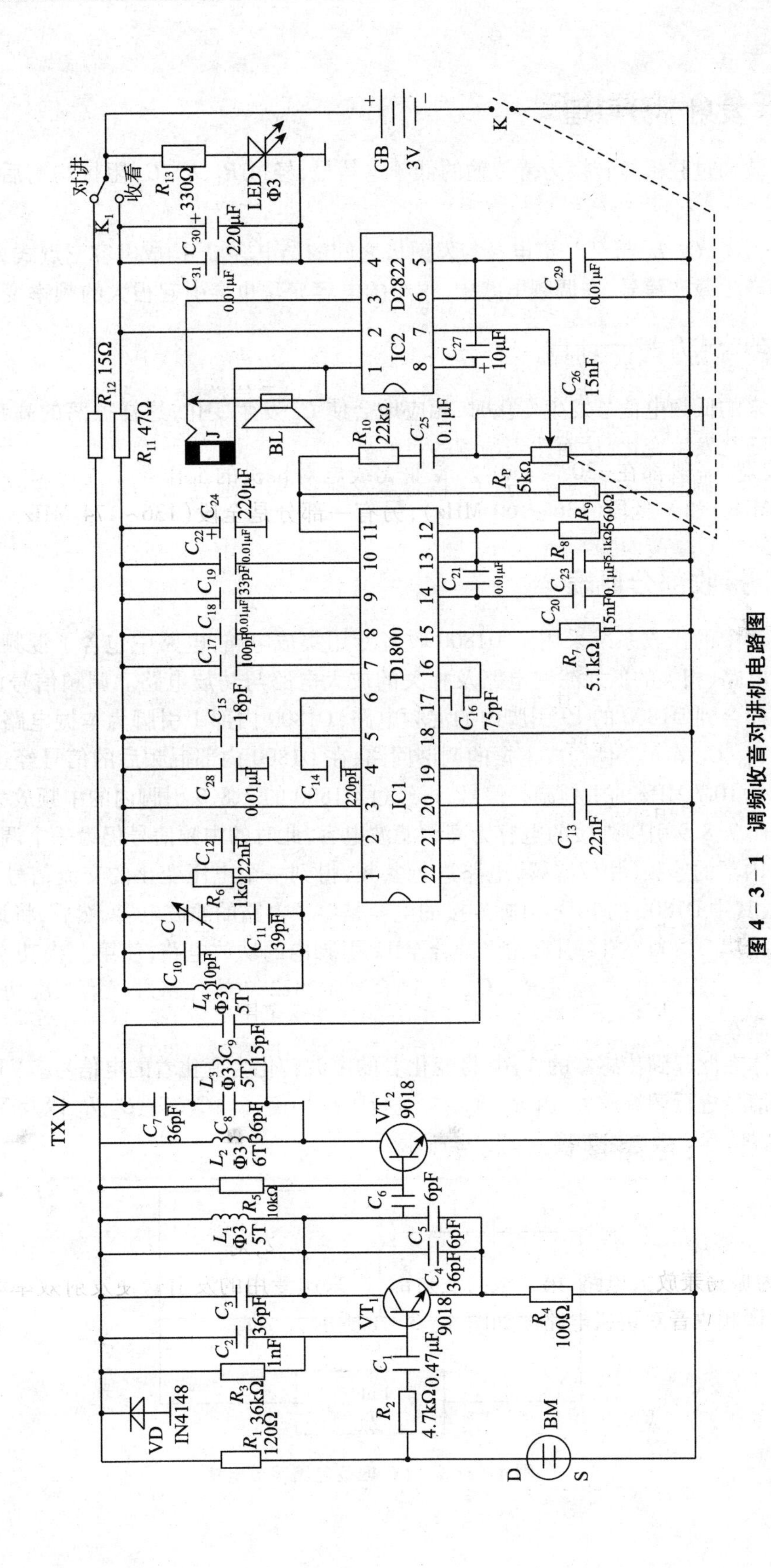

图 4－3－1　调频收音对讲机电路图

4.3.3.1 发射部分原理

将声波通过驻极体转换为待传输的低频电信号，经过 R_1、R_2、C_1 阻抗均衡后，由 VT_1 进行调制放大。

C_2、C_3、C_4、C_5、L_1 与 VT_1 集电极与发射极之间的结电容 C_{ce} 构成电容三点式 LC 振荡电路，用于振荡产生载波信号，在调频电路中，很小的电容变化也会引起很大的频率变化（根据振荡频率产生的公式 $f_0=\frac{1}{2\pi\sqrt{LC_\Sigma}}$）。

当外来的低频电信号发生变化时，相应地会使 C_{ce} 发生变化，这样振荡的高频信号的瞬时频率也会随之发生变化，从而达到调频的目的。

经过 VT_1 调制放大的信号经过 C_6 耦合至发射管 VT_2，通过 TX、C_7 向外发射该调频信号。

4.3.3.2 接收部分原理

本设计中的接收系统采用了 D1800 收音专用集成电路，电路中包含了混频、本振、中放、相位鉴频电路、相关的低通滤波电路及相关的放大电路与功放电路。调频信号由天线 TX 接收，经 C_9 耦合到 D1800 的 19 引脚内的混频电路，D1800 内部 1 引脚为本振电路，为本振输入端，L_4、C、C_{10}、C_{11} 等元器件构成本振的调谐回路；在 D1800 内部混频后的信号经过低通滤波器后变为一个 10.7 MHz 的中频调频信号，再经过 D1800 的 7、8、9 引脚内的中频放大电路进行放大、滤波，而 7、8、9 引脚外接的电容为高频滤波电容，此时的中频信号仍为一个调频信号；再经过 D1800 内部的鉴频（相位鉴频）电路进行鉴频，得到一个电压变化的交流信号，该信号就是音频信号，其中 D1800 的 10 号引脚外接的电容是鉴频电路的滤波电容；然后，将该音频信号经过静噪电路从 D1800 的 14 引脚输出耦合至 12 引脚内的功放电路，使第一次功率放大后的音频信号从 11 引脚输出；再经过 R_{10}、C_{25}、R_P 耦合到 D2822 功放电路进行第二次功率放大，从而推动扬声器发声。

驻极体在此起到传感器的作用，将变化着的声波转化为变化着的电信号。VT_1 选用 9018，它主要对信号进行调制放大，由 R_1、R_2、C_1 进行阻抗均衡，C_2、C_3、C_4、C_5、L_1 以及 VT_1 构成一个 LC 振荡电路，其等效电路如图 4-3-2 所示。

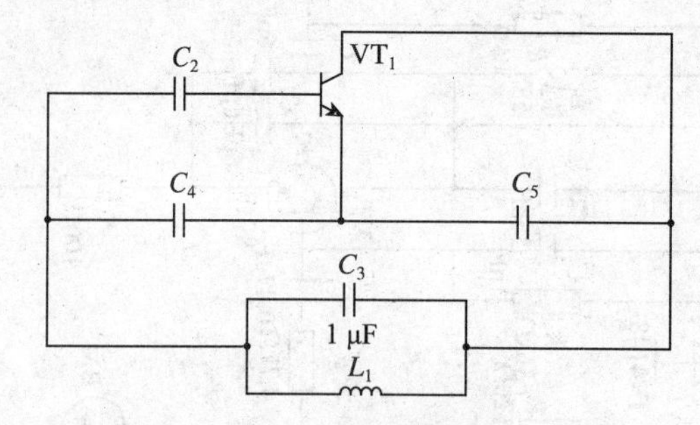

图 4-3-2 *LC* 振荡电路等效电路

D1800 作为收音接收专用集成电路，调频信号经 C_9 耦合到其 19 引脚内进行混频，本振信号进入 1 引脚形成本机震荡电路，L_4、C、C_{10}、C_{11} 等元器件构成本振的调谐回路。

D2822 作为功放电路的核心芯片，主要是对音频信号进行第二次功率放大，推动扬声器发出声音。

4.3.4　任务 4：系统测试

首先要经过认真仔细检查后再进行通电测试，然后进行收音（或接收）部分的调整，最后在接收部分正常接收的情况下再进行发射部分的调整。

4.3.4.1　收音部分的调试

首先用万用表 100 mA 电流挡（其他挡也行，只要不小于 50 mA 的挡位即可）的正、负表笔分别跨接在地和 GB 的负极之间，这时的读数应在 10～15 mA 左右，这时打开电源开关 K，并将音量开至最大，再细调双联，这时应能接收到广播电台，若还收不到应检查有没有元器件装错，印刷电路板有没有短距或开路，有没有因焊接质量不高而导致短路或开路等，还可以试换一下 IC_1。排除故障后找一台标准的调频收音机，分别在低端和高端接收一个电台，并调整被调收音机 L_4 的松紧度，使被调收音机能收到这两个电台，那么这台被调收音机的频率覆盖就调好了。如果在低端收不到这个电台，说明应减少线圈 M 的匝数，在高端收不到这个电台，说明应增加 L_4 的匝数，直至这两个电台都能收到为止，调整时注意要用无感起子拨动 L_4 的松紧度。当 L_4 拨松时，这时的频率就增高，反之则降低，注意调整前请将频率指示牌贴好，使整个圆弧数值都能在前盖的小孔内看得见（旋转调台拨盘）。用高频信号发生器输出 88 MHz 调频信号，将收音机调谐至波段低端起点位置，微调本振线圈的电感量（线圈匝间距），使毫伏表读数最大。用高频信号发生器输出 108 MHz 调频信号，将收音机调谐至波段高端中点位置，微调本振回路补偿电容（半可变电容），使毫伏表读数最大。

在业余条件下，可用已知频率的电台先进行调整，在波段低端接收一调频信号，检查调谐指针指示的频率是否与该电台频率相符。若指示的频率偏高，则可将本振线圈的电感量减小；反之，若指示的频率偏低，则应将本振线圈的电感量增大。上述过程重复几次，直到调准为止。在波段高端接收调频广播信号，观察调谐指针指示的频率是否与该电台频率相符，若指示的频率偏高，可减小本振回路中的补偿电容；反之，则增大补偿电容，直到调准为止。

4.3.4.2　发射部分的调试

首先将一台标准的调频收音机的频率指示调在 100 MHz 左右，然后将被调的发射部分和开关 K_1 按下，并调节 L_1 的松紧度，使标准收音机有啸叫，若没有啸叫则可将距离拉开 0.2～0.5 m左右，直到有啸叫声为止，然后再拉开距离对着驻极体讲话，若有失真，则可调整标准收音机的调台旋钮，直到消除失真。还可以调整 L_Z 和 L_3 的松紧度，使距离拉得更开，信号更稳定。若要实现对讲，请再装一台本套件并按同样的方法进行调整，对讲频率可以自己定，如

88 MHz、98 MHz、108 MHz 等,这样可以实现互相保密也不致相互干扰。

4.3.4.3 统调(调整频率跟踪)

调频收音机的统调方法与调幅的相同。接收波段低端某一频率信号,调整高放调谐回路的电感量(线圈匝间间距),使声音(或毫伏表读数)最大,发光二极管亮度达到最大;接收波段高端某一频率信号,调整高放调谐回路的补偿电容,使声音(或毫伏表读数)最大。实物如图 4-3-3。

图 4-3-3 调频收音机实物展示图

4.4 项目 8:简易无线电调频收发系统设计

4.4.1 任务 1:设计要求

利用 TY303 调频无线发射器模块与 TY3387-3 调频接收器模块,制作一个使用方便的无线发射、接收系统。

4.4.2 任务 2:方案论证

TY303 是一种小型调频无线发射器,它和调频无线耳机配套用来转发,如:电脑、电视机、影碟机、卡座、MP3 等的音乐节目。它解决了有线耳机的不方便,并且声音洪亮、行动自如、还不影响他人的生活和学习。本电路设计简洁,元器件较少,所以组装极易成功。TY3387-3 调频耳机是一个集成电路式无线调频收音机(即调频接收器),它由 IC_1、IC_2 两块集成电路组成,具有外围元器件少、调试简单的特点,适合做实训教学使用。

本实训的目的是应用以上两个模块，制作一个简单的无线发射、接收系统。了解所选模块的功能特性，掌握无线调频与鉴频的实现原理，进而达到掌握无线调频发射、接收系统的应用的目的。

4.4.3 任务 3：电路设计与计算

4.4.3.1 调频无线电发射器的工作原理

TY303 无线电发射器的电路原理图如图 4－4－1 所示。

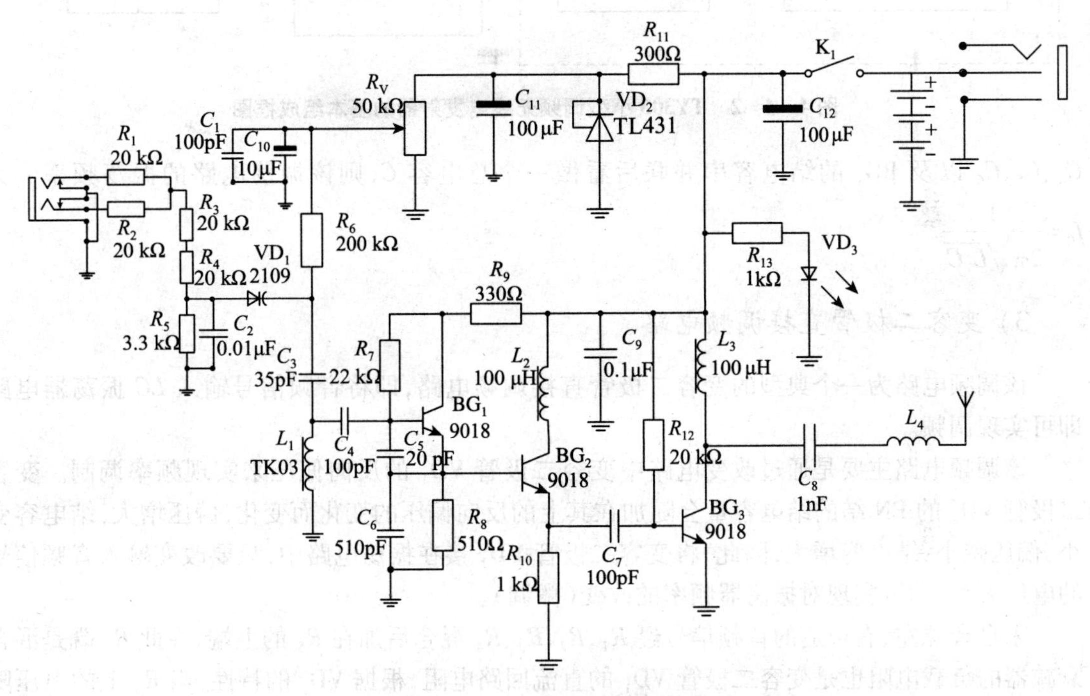

图 4－4－1 TY303 电路原理图

作为一个典型的调频无线电发射系统，该模块的基本组成方框图如图 4－4－2 所示。

1）音频信号输入电路

由信号输入插座和 R_1、R_2 及 R_3、R_4 组成的信号（衰减器）向振荡电路输入调谐信号，其中衰减器主要是对各类型信号源与振荡电路达到匹配阻抗。

2）*LC* 振荡器电路

振荡电路由 BG_1(9018) 和 L_1(TKO3) 及 C_2、VD_1、C_3、C_4、C_5、C_6 组成，是一个电容三点式振荡器电路。其中 C_4、C_5、C_6 与 BG_1（三极管）组成电容三点式振荡电路，其中的连接关系为：C_2、VD_1 与 C_3 串联后并联 L_1，C_4、C_5、C_6 与 BG_1 的结电容串联后也并联在 L_1 上，可把 C_2、VD_1、C_3、

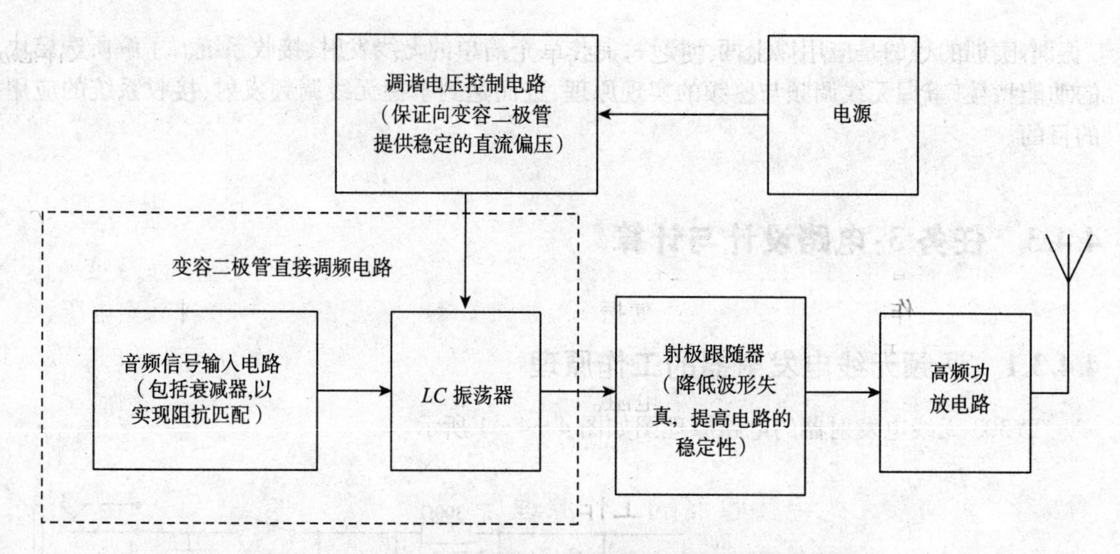

图 4－4－2　TY303 小型调频无线电发射器的基本组成框图

C_4、C_5、C_6 以及 BG_1 的结电容串并联后看做一个总电容 C，则该振荡电路的振荡频率 f_0 为 $f_0=\frac{1}{2\pi\sqrt{L_1 C}}$。

3）变容二极管直接调频电路

该调频电路为一个典型的变容二极管直接调频电路，即将音频信号输入 LC 振荡器电路即可实现调频。

该调频电路主要是通过改变电路中变容二极管 VD_1 的反向偏压来实现频率调制。变容二极管 VD_1 的 PN 结的结电容量会随加在其上的反向偏压的变化而变化，偏压增大，结电容变小，偏压减小，结电容增大，因此，将变容二极管 VD_1 接在振荡电路中，只要改变输入音频信号的电压大小，即可实现对振荡器频率的改变（微调）。

来自音源左、右声道的音频信号经 R_1、R_2、R_3、R_4 混合后加在 R_5 的上端，在此 R_5 既是混合衰减器的负载电阻也是变容二极管 VD_1 的直流回路电阻，根据 VD_1 的特性，当 R_5 上的电压随着输入音频信号变化而改变时，变容二极管 VD_1 的结电容也发生微小变化，从而导致该振荡电路的等效电容 C 的大小发生变化，最终使得振荡频率 f_0（即该振荡器的中心频率）随之发生改变。该振荡电路的振荡频率范围是 78～85 MHz。

4）射极跟随器电路

BG_2 是射极跟随器，其作用是将被调制的振荡信号传输到末端功率放大器。因振荡电路输出能力小，为了降低波形失真，提高电路的稳定性，射极跟随器在这里起关键作用，它的电压增益为 1，由电路特性所决定。

5）高频功率放大电路

BG_3 和 C_8，L_4，L_3 及天线组成一个功率放大的射频电路。C_7 是耦合电容，C_8、L_4 及天线组成功放输出单元，同时也是一个串联谐振回路，其谐振频率在 81 MHz 左右。串联谐振电路谐振时阻抗最大(进入谐振状态),使之与天线单元匹配,使发射功率最大,同时降低了人体感应对天线的干扰。

6) 调谐电压控制电路与电源电路

发射器供电电压为直流 4.5 V,由三节 5 号电池供电。由 C_{12}、R_{11}、VD_2、C_{11}、R_V 及 C_1、C_{10} 等元器件组成调谐电压控制电路。变容二极管随着反向电压的变化其电容量也发生变化,从而导致电路各工作电压发生变化,为了使振荡电路频率稳定,采用 D2 - TL431 来稳定电压。

R_{11} 是 VD_2 及调谐电压电路的限流电阻,C_{11}、C_1、C_{10} 是滤波电容,VD_3 是普通的发光二极管,作为电源接通的指示,R_{13} 是限流电阻。

4.4.3.2 调频无线电接收器的工作原理

TY3387 - 3 调频无线电接收机是一个调频耳机,是一个集成电路式无线调频收音机,它由 IC_1、IC_2 两块集成电路组成,具有外围元器件少、调试简单的特点。该无线电接收器电路原理图如图 4 - 4 - 3 所示。

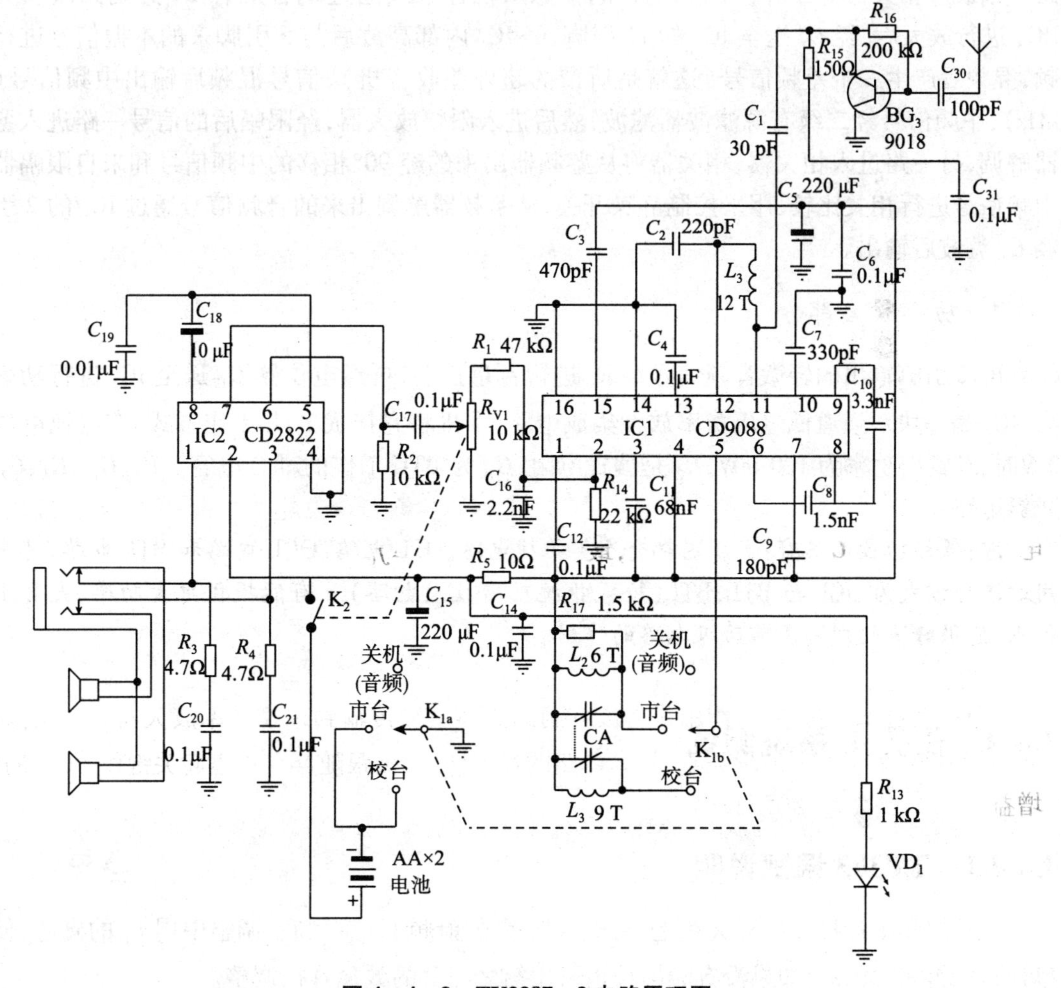

图 4 - 4 - 3 TY3387 - 3 电路原理图

作为一个典型的调频无线电接收系统，该模块的基本组成方框图如图 4-4-4 所示。

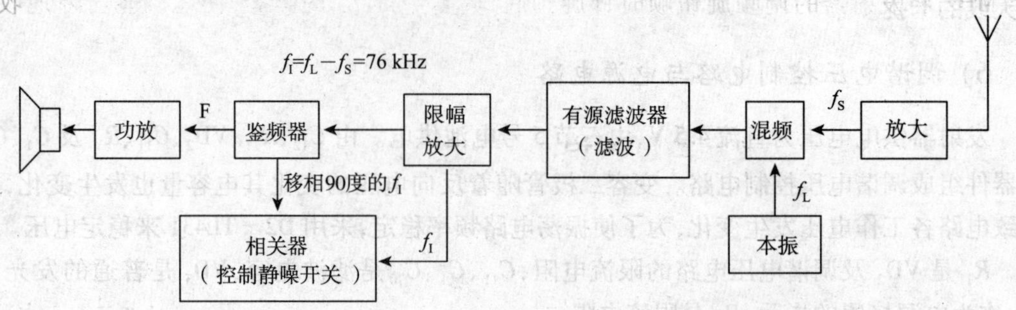

图 4-4-4　TY3387-3 调频无线电接收器的基本组成框图

1）调频接收部分

调频接收电路由集成电路 IC1—9088 担任，由它完成调频接收电路的高放、本振（VCO）、混频、二极有源 *RC* 中频滤波器、限幅器、正交鉴频器和低放静噪电路以及用来控制静噪电路的中频波形相关器等工作。调频电台的信息从拉杆天线通过耦合电容 C_{30}送到天线放大管 BG_3 进行放大后，经 C_1 送至 IC_1 的 11 引脚，经 IC_1 内部高放后与 5 引脚来的本振信号进行混频，混频后产生一个差频信号（这就是所谓的超外差收音机），信号混频后输出中频信号（76 kHz），中频信号经二级有源滤波器滤波，然后进入限幅放大器，经限幅后的信号一路进入鉴频器解调，另一路进入相关器，相关器将从鉴频器出来的经 90°相移的中频信号和来自限幅器的中频信号进行相关比较，用来控制静噪开关，从鉴频器解调出来的音频信号通过 IC_1 的 2 引脚经 C_{16}滤波后输出。

2）功率放大部分

$IC_1$2 引脚输出的轻微音频信号经 R_1 进行音量控制，再经电位器 C_{17}送至 IC_2 进行功率放大，IC_2 是一块双通道低电压功率放大集成电路，本机将它接成 BTL 工作方式，在电池电压为 3 V时，其输出功率为 120 mW，R_2 是偏置电阻，C_{18}为 BTL 工作的耦合电容。R_3、C_{20}、R_4、C_{21}为防振电路。

注：低频功放电路有：变压器耦合乙类推挽电路、OTL 电路、OCL 电路和 BTL 电路，其中常用的工作方式为 OCL 与 BTL，BTL（桥式推挽功率放大电路）具有能提供更大功率、失真小的优点，能很好地起到隔离前后级电路的作用。

4.4.4　任务 4：系统测试

4.4.4.1　TY303 调试说明

（1）把频率计接在拉杆天线上，将电位器调节钮顺时针旋到底，调整中周 L_1 的磁芯，使频率计显示为 85 MHz。如果没有频率计也可用与之配套的数显耳机调整。

（2）方法：将耳机功能开关置于校台，这时耳机自动开机，将音量开至最大，将接收频率调到 85 MHz，将发射器的调频旋钮顺时针旋到底，调节中周 L_1 的磁芯，使耳机能清晰地收到信号。

4.4.4.2　TY3387－3 安装与调试说明

1）电路板调试

电路板插焊完成后经查确认无误就可进行通电试验，正常情况下应该是喇叭有声音，然后进行接收频率范围的调整，市台指定频率范围是：88 MHz～108 MHz，调整这一频段时先调整低端的频率方法是：将双联拨盘逆时针方向旋到底，拨动线圈 L_2 的匝距使显示频率稍小于 88 MHz，然后将双联拨盘顺时针方向旋到底，调整双联相关联上的微调电容，使显示频率稍大于 108 MHz，经过反复调整后应确保低端稍小于 88 MHz，高端稍大于 108 MHz，然后将开关拨至校台，校台指定频率范围是：68 MHz～88 MHz，调整方法同上，低端调 L_3、高端调节相关的微调电容，经反复调整后确保低端稍小于 68 MHz、高端稍大于 88 MHz。

2）总装

将安装完好的头架、左右机盒与已调整完好的线路板整合。对照原理连接好过线，一般接法是：四芯线内的红色作电源线正极、黄色线作电源线负极、蓝线和绿线作喇叭线，最后安装喇叭壳时要注意不能把连接线给卡断了。另外，这些线在电路板上摆放的位置也很重要，尽量不要让它们靠近高频振荡部分，如 L_2、L_3、CA（见图 4－4－3）附近。实物图如图 4－4－5 所示。

图 4－4－5　耳机的实物展示图

参考文献

[1] 谢俊国,丁向荣.高频电子技术.北京:中国劳动社会保障出版社,2007

[2] 朱小祥.高频电子技术.北京:北京大学出版社,2012

[3] 崔新跃,张宏.高频电子线路.哈尔滨:哈尔滨工程大学出版社,2011

[4] 高吉祥.高频电子线路.第二版.北京:电子工业出版社,2007

[5] 高吉祥,吴佳,步凯.全国大学生电子设计竞赛培训系列教程——高频电子线路设计.北京:电子工业出版社,2007

[6] 蒋卓勤,黄天录,邓玉元.Multisim 及其在电子设计中的应用.第二版.西安:西安电子科技大学出版社,2011

[7] 聂典,丁伟.Multisim 10 计算机仿真在电子电路设计中的应用.北京:电子工业出版社,2009